钢结构施工质量控制技术及案例

柯晓军　编著

中国建筑工业出版社

图书在版编目（CIP）数据

钢结构施工质量控制技术及案例／柯晓军编著．—
北京：中国建筑工业出版社，2024.8
ISBN 978-7-112-29802-0

Ⅰ.①钢… Ⅱ.①柯… Ⅲ.①钢结构—工程施工—质
量控制—案例 Ⅳ.①TU758.11

中国国家版本馆CIP数据核字（2024）第084184号

钢结构工程施工质量的好坏直接关系到工程质量的优劣，加强钢结构施工质量的控制与管理势在必行。本书重点介绍了钢结构各阶段施工质量控制技术，收集了具有典型代表的工程案例并汇编成书，案例均是实际应用中的总结凝练，覆盖面广，资料翔实，可以帮助使用者更好地掌握不同类型钢结构工程中施工质量的通病以及常用质量保障措施。

本书可作为施工技术相关课程的教材，供土木工程、智能建造、工程造价和工程管理等专业的专科生、本科生、研究生使用，也可作为建筑行业管理人员和技术人员的学习参考用书，以及相关执业资格证的培训用书。

责任编辑：戚琳琳　率　琦
书籍设计：锋尚设计
责任校对：王　烨

钢结构施工质量控制技术及案例
柯晓军　编著
*
中国建筑工业出版社出版、发行（北京海淀三里河路9号）
各地新华书店、建筑书店经销
北京锋尚制版有限公司制版
建工社（河北）印刷有限公司印刷
*
开本：787毫米×1092毫米　1/16　印张：15¾　字数：333千字
2024年9月第一版　2024年9月第一次印刷
定价：**69.00**元
ISBN 978-7-112-29802-0
（42802）

电话：（010）58337283　QQ：2885381756
（地址：北京海淀三里河路9号中国建筑工业出版社604室　邮政编码：100037）

前　言

随着我国国民经济的飞速发展，建设工程的规模日益扩大，同时钢材产量也得到了大幅度增长，使得建筑钢结构在全国各地蓬勃兴起。钢结构行业是绿色、环保、可持续发展的新兴产业，钢结构建筑的占比也是衡量一个国家现代化程度的重要指标，因此，推广钢结构建筑对于我国推进绿色建筑和建筑工业化、促进传统建筑业产业转型升级等具有重要意义。

钢结构工程是以钢材制作为主的结构，主要由型钢和钢板等制成的钢梁、钢柱、钢桁架等构件组成，各构件或部件之间通常采用焊缝、螺栓或铆钉连接，是主要的建筑结构类型之一。钢结构因其强度大、自重轻、抗震性能强、工业化程度高和建设周期短等优点，被广泛应用于大型厂房、桥梁、场馆、超高层建筑等领域。

近年来，我国大跨、异形钢结构建筑日益增多，平面布局与结构类型复杂多变，工程所处场地的地理位置、地形地貌条件等因素对施工技术的影响不容忽视。随着各种高性能材料的应用、传统建造方式的重大变革，相应出现了施工技术不完全适用于新执行的施工规范、标准等问题。然而，钢结构工程施工质量控制是一个复杂问题，即使是同一性质的质量问题，其背后的原因也截然不同，另外，不少施工企业（特别是中小型施工企业）的技术力量薄弱，对建筑工程施工验收规范缺乏了解，质量检验评定水平不一，导致单位工程竣工质量评定度低。这些都会增大对钢结构质量问题分析、判断和处理的复杂性和困难度。因此，加强钢结构施工质量的控制与管理势在必行，它直接关系到钢结构工程质量的好坏。

本书主要依据现行国家标准《钢结构设计标准》（GB 50017）、《钢结构工程施工标准》（GB 50755）、《钢结构焊接规范》（GB 50661）、《钢结构工程施工质量验收标准》（GB 50205）等进行编写，阐述了钢结构材料，钢结构工厂制作，钢结构的运输、堆放与预拼装，钢结构的连接，钢结构涂装工程，钢结构安装，并进行了经典案例分析。本书以钢结构工程项目各阶段施工技术进行分析讲解，取材新颖，案例众多，覆盖面广，将施工的方法、工艺、操作原理与图表融合，摆脱了学习中的枯燥，让识图更简单、工艺展示更清晰，可作为高等院校相关专业的教材，也可作为高校、岗位培训和相关专业人员的参考书。

本书由广西大学组织编写，并由柯晓军副教授编著、统稿完成。各章节的执笔分工如下：柯晓军副教授编写第2章、第4章、第5章和第7章；彭修宁教授编写第6章和第7章；杨海峰教授编写第1章；韦良讲师编写第5章；李剑讲师编写第3章。

在编写过程中，本书参考和引用了部分已经出版的相关技术资料，并得到了中建三局第一建设工程有限责任公司等施工单位的大力支持，很多同志在提供案例资料方面给予了热情帮助，在此谨对所有文献的作者和关心、支持本书的同志们表示由衷的感谢。

限于作者的经验和能力，编写过程中难免存在疏漏，恳请各位批评指正，我们将不胜感激并努力改进！

目　录

第7章 经典案例分析

第 1 章

钢结构材料

1.1

钢结构原材料及选用原则

钢结构工程具有强度大、自重轻、抗震性能强、工业化程度高和建设周期短等优点，被广泛应用于大型厂房、桥梁、场馆、超高层建筑等领域。目前，我国已经建成一批举世瞩目的重大工程项目，标志着钢结构建设的综合实力处于世界领先水平。众所周知，钢结构工程施工技术难度高，因此其质量控制是无数建设者首先要考虑的问题，其中钢材的选用和验收是钢结构制作前的重要步骤。市面上现有的品种有建筑结构用钢、厚度方向钢、耐候钢、耐火钢、截面特性优异的热轧或冷弯型材等，钢厂生产的专业化钢材品种逐渐满足了钢结构产业的发展要求。

我国钢结构中常用钢材的分类方式有三种：第一种是根据化学成分的不同，钢种可分为碳素结构钢、低合金高强度结构钢、优质碳素结构钢、桥梁用结构钢、建筑结构用钢、耐候结构钢、焊接结构用铸钢件、一般工程与结构用低合金钢铸件等；第二种是按钢材屈服强度，可以分为Ⅰ、Ⅱ、Ⅲ、Ⅳ四个等级，常用钢材类别及屈服强度见表1-1；第三种是根据供货状态的不同，可以分为热轧钢、正火钢、控轧钢、控轧控冷（TMCP）钢、TMCP+回火处理钢、淬火+回火钢、淬火+自回火钢等。三种分类可任意组合选用，以满足不同类型钢结构。

常用钢材等级　　表1-1

类别	屈服强度/MPa	对应国家标准
Ⅰ	≤295	GB/T 700、GB/T 1591
Ⅱ	295 ~ 370	GB/T 699、GB/T 714
Ⅲ	370 ~ 420	GB/T 19879、GB/T 4171
Ⅳ	≥420	GB/T 7659、GB/T 14408

1.1.1　国内钢结构常用钢材牌号

常用钢材的牌号可查阅现行国家标准《钢结构焊接规范》（GB 50661），常用牌号举例见表1-2。随着标准不断更新，原标准中部分牌号已经过时或改变表达方式。例如，《低合金高强度结构钢》（GB/T 1591）标准实施后，新标准中不再有Q295牌号，并用Q355钢级替代Q345钢级，目的是与国际标准接轨，钢材力学性能测试时取上屈服点替代下屈服点，指标相应提高了10～15MPa。

常用钢材牌号举例　表1-2

国家标准	钢材牌号举例
GB/T 700	Q195、Q215、Q235、Q275
GB/T 1591	Q355、Q390、Q420、Q460、Q550、Q620、Q690
GB/T 714	Q355q、Q370q、Q420q、Q460q、Q500q、Q550q
GB/T 19879	Q235GJ、Q355GJ、Q390GJ、Q420GJ、Q460GJ、Q500GJ、Q550GJ、Q620GJ、Q690GJ
GB/T 4171	Q235Nh、Q295Nh 、Q355Nh、Q415Nh、Q460Nh、Q500Nh

假设选用屈服强度355MPa等级、20mm厚、在北方地区使用的钢板，需要考虑低温性能，但没有强调使用领域，可先了解市场上的可选钢材：

（1）低合金高强度结构钢。可选择现行国家标准《低合金高强度结构钢》（GB/T 1591）中的Q355D、Q355ND、Q355MD等牌号，该类钢的特点有：适用于一般结构与工程；需明确交货状态是热轧、正火或热机械轧制；若要选择具有厚度方向性能，需选在牌号后加上代表厚度方向（Z向）性能级别符号的钢种，如Q355qEZ15。

（2）建筑结构用钢。可选择现行国家标准《建筑结构用钢板》（GB/T 19879）中的Q355GJ牌号，该类钢的特点有：适用于建造高层建筑结构、大跨度结构及其他重要建筑结构；需明确交货状态是热轧、控轧或正火；若要选择具有厚度方向性能，需选在牌号后加上代表厚度方向（Z向）性能级别符号的钢种，有关P、S含量要求见表1-3，如果这些含量要求高时，有些转炉炼钢未达到上述水平，还需采用电炉炼钢。建筑结构用钢板与普通碳素结构钢、低合金高强度结构钢比较，其化学成分不同，相同等级牌号的C、P、S含量、抗拉强度、冲击功要求更严，对碳当量或焊接裂纹敏感性指数提出了要求，尤其是屈强比方面。

有厚度方向性能时P、S含量的要求　表1-3

质量方向上性能级别	磷含量（质量分数）	硫含量（质量分数）
Z15	≤0.020%	≤0.010%
Z25		≤0.007%
Z35		≤0.005%

（3）桥梁用结构钢。可选择现行国家标准《桥梁用结构钢》（GB/T 714）中的Q355qD牌号，该类钢的特点有：适用于桥梁工程；需明确交货状态是热轧、正火、热

机械轧制或调质钢；热处理方式非常严格，正火状态交货的钢材，当采用比在空气中冷却速率快的其他介质中冷却时，应进行高温回火（不小于580℃）处理，对于裸露使用的具有耐大气腐蚀性能的钢材，不能采用正火状态交货，当采用比在空气中冷却速率快的冷却方式进行冷却时，应进行回火处理；化学成分检测中对残余元素B、H含量有限制；需明确钢板是否具备耐候（Nh）性能、厚度方向（Z向）性能；化学成分的控制有特殊要求，如D级钢P≤0.025%、S≤0.020%，E级钢P≤0.020%、S≤0.010%，可以提高在-20℃、-40℃环境下低温韧性的稳定性。

（4）耐候结构钢。可选择现行国家标准《耐候结构钢》（GB/T 4171）中的Q355DNh、Q355DGNh等牌号，该类钢的特点有：适用于耐大气腐蚀性能的建筑工程和车辆、集装箱、塔架等的结构件；需明确交货状态是热轧、控轧或正火状态；钢材通过添加少量的合金元素（如Cu、P、Cr、Ni等），使其在金属基体表面形成保护层，以提高耐大气腐蚀性能。

1.1.2 钢结构工程中钢材的选用原则

1. 严格按用途选用。

钢结构选用钢材应遵循“满足性能、保证安全”的原则，并结合行业特点，选择行业特殊用途的钢材。对桥梁工程、高层建筑结构、大跨度结构、场馆建筑结构、耐腐蚀环境的结构等重要工程，须选用钢厂特制的行业钢材品种。

2. 选材兼顾其他因素。

根据现行国家标准《建筑结构可靠性设计统一标准》（GB 50068）的规定，结构和构件按其用途、部位和破坏后果的严重性可分为重要、一般和次要三类，相应的安全等级则为一级、二级和三级。不同类别的结构或构件应选用不同的钢材，重型工业建筑结构、大跨度结构、高层或超高层的民用建筑结构以及重级工作制吊车梁或构筑物等都是重要的一级结构，应选用优质钢材；一般工业与民用建筑结构等属于二级结构，可按工作性质选用普通质量的钢材；临时性房屋的骨架，一般建筑物内的附属构件如梯子、栏杆等，则属于次要的三类结构，可选用质量较差的钢材。

钢桥梁制造中的单件构件体积大、外形复杂，不能整体热处理，需选择热轧或正火、热机械轧制、调质处理等出厂状态的钢种直接制作。桥梁结构多采用冷弯及焊接制作工艺，要求金属材料的时效敏感性低、焊接性能优良。桥梁钢结构长期处于低温或暴露于外部环境中，要求钢材具有良好的低温韧性和耐候性。桥梁结构长期承受动荷载，钢材需要很好的强度、塑性及冲击韧性；桥梁用结构钢的横向试样冲击吸收能量KV_2值远大于其他用途钢，才能很好地满足低温、动荷载要求。几种常用钢材相同等级牌号的冲击吸收能量比较见表1-4。

相同等级钢材的冲击吸收能量　表1-4

钢材	牌号	冲击吸收能量/（KV_2/J）（横向，-20℃）
低合金高强度结构钢	Q355	≥27
建筑结构用钢	Q355GJ	≥45
桥梁用结构钢	Q355q	≥120
耐候结构钢	Q355Nh	≥34

钢结构设计中，角接接头、十字形、T形接头翼缘板较厚（≥40mm）、节点形式复杂、焊缝集中，由于节点拘束度大，焊接收缩应力显著，在焊缝熔合线附近或钢板厚度中心区易产生层状撕裂，想要从根本上解决此类问题，须选用具有厚度方向（Z向）性能的钢材。

综上所述，钢结构工程中为了保证施工质量、确保结构安全、降低建设成本，应做到合理选用钢材，并严格按用途选用钢材。对于桥梁工程、高层建筑结构、大跨度结构、场馆建筑结构、耐腐蚀环境结构等重要工程，需综合考虑结构重要性、静态或动态荷载性质、服役温度和腐蚀环境等因素，选用钢铁行业特殊用途钢材品种。

1.2

原材料成品及验收要点

建立钢材检验制度，是保证钢结构工程质量的重要环节之一。因此，钢材在正式入库前必须严格执行检验制度，经检验合格的钢材方可办理入库手续。

1.2.1　钢材的检验

根据钢材信息和保证资料的具体情况，钢材质量检验程度分为免检、抽检和全部检验三种。

（1）免检，即免去质量检验过程。对于有足够质量保证的一般材料，以及实践证明质量长期稳定且保证资料齐全的材料，可予免检。

（2）抽检，即按随机抽样的方法对材料进行抽样检验。当对于材料性能不清楚，或质量保证有怀疑，或成批生产构配件，均应按一定比例进行抽样检验。

（3）全部检验。凡进口材料、设备的重要工程部位的材料，以及贵重的材料，应进行全部检验，以确保材料和工程质量。

1．钢材检验的方法。

钢材的质量检验方法有书面检验、外观检验、理化检验和无损检验四种。

（1）书面检验。对提供的材料质量保证资料、试验报告等进行审核，取得认可后方能使用。

（2）外观检验。对材料从品种、规格、标志、外形尺寸等进行直观检查，判断有无质量问题。

（3）理化检验。借助试验设备和仪器对材料样品的化学成分、机械性能等进行科学鉴定。

（4）无损检验。在不破坏材料样品的前提下，利用超声波、X射线、表面探伤仪等进行检测。

2．钢材检验的内容。

钢材检验的主要内容包括以下几方面：

（1）钢材的数量和品种应与订货合同相符。

（2）钢材的质量保证书应与钢材上打印的记号相符。每批钢材必须具有生产厂家提供的材质证明书，注明钢材的炉号、钢号、化学成分和机械性能。钢材的各项指标可根据国标规定进行核验。

（3）核对钢材的规格尺寸。各类钢材尺寸的容许偏差可参照有关国标规定进行核对。

（4）钢材表面质量检验。不论是扁钢、钢板或型钢，其表面均不容许有结疤、裂纹、折叠和分层等缺陷。若有缺陷，应另行堆放，以便研究处理。钢材表面锈蚀深度，不得超过其厚度负偏差值的1/2。

若经检验发现《钢材质量保证书》上出现数据不清、不全，材质标记模糊，表面质量、外观尺寸不符合有关标准要求等问题时，应视具体情况重新进行复核和复验鉴定。经复核和复验鉴定合格的钢材方可入库，不合格钢材应另作处理。

1.2.2　钢材检验的要求与项目

1．钢材检验的一般要求。

钢材的进场验收，应符合现行国家标准《钢结构工程施工规范》（GB 50755）和《钢结构工程施工质量验收标准》（GB 50205）的有关规定。

（1）钢材、钢铸件的品种、规格、性能等应符合现行国家产品标准和设计要求。进口钢材产品的质量应符合设计和合同规定标准的要求。

（2）对属于下列情况之一的钢材，应进行抽样复验，复验结果应符合现行国家产品标准和设计要求：

①国外进口钢材。

②钢材混批。

③板厚等于或大于40mm，且设计有Z向性能要求的厚板。

④建筑结构安全等级为一级，大跨度钢结构中主要受力构件所采用的钢材。

⑤设计有复验要求的钢材。

⑥对质量有疑义的钢材。

（3）钢板厚度、型钢规格尺寸及其容许偏差应符合相应产品标准的要求。

（4）钢材的表面外观质量除应符合国家现行有关标准的规定外，尚应符合下列规定：

①当钢材表面有锈蚀、麻点或划痕等缺陷时，其深度不得大于该钢材厚度负容许偏差值的1/2。

②钢材表面的锈蚀等级，应符合现行国家标准《涂覆涂料前钢材表面处理 表面清洁度的目视评定 第1部分：未涂覆过的钢材表面和全面清除原有涂层后的钢材表面的锈蚀等级和处理等级》（GB/T 8923.1）、《涂覆涂料前钢材表面处理 表面清洁度的目视评定 第2部分：已涂覆过的钢材表面局部清除原有涂层后的处理等级》（GB/T 8923.2）、《涂覆涂料前钢材表面处理 表面清洁度的目视评定 第3部分：焊缝、边缘和其他区域的表面缺陷的处理等级》（GB/T 8923.3）、《涂覆涂料前钢材表面处理 表面清洁度的目视评定 第4部分：与高压水喷射处理有关的初始表面状态、处理等级和闪锈等级》（GB/T 8923.4）规定的C级及C级以上。

③钢材端边或断口处不应有分层、夹渣等缺陷。

2. 钢材检验项目。

钢材质量的检验项目，如表1-5所示。

钢材质量的检验项目　　表1-5

材料名称	书面检查	外观检查	理化试验	无损检测
钢板	必须	必须	必要时	必要时
型钢	必须	必须	必要时	必要时

1.3 质量预控项目及防治措施

1.3.1 钢材复验

1. 钢材复验内容。

钢材复验的内容，包括化学成分分析和钢材性能试验。

（1）化学成分分析。化学成分复试是钢材复试中的常见项目，对钢厂生产能力有怀疑、钢材表面铭牌标记不清、钢号不明时，一般都要取样做化学成分分析。

（2）钢材性能试验。钢材性能复试项目中主要是力学性能和工艺性能的复试。由于钢材轧制方向等方面原因，钢材各个部位的性能不尽相同，按标准规定截取试样才能正确反映钢材的性能。

2. 钢材复验要求。

（1）钢材复验的取样、制样及试验方法，可按表1-6所列的标准执行。

钢材试验标准　　表1-6

标准编号	标准名称
GB/T 228.1	金属材料 拉伸试验 第1部分：室温试验方法
GB/T 232	金属材料 弯曲试验方法
GB/T 20066	钢和铁 化学成分测定用试样的取样和制样方法
GB/T 222	钢的成品化学成分容许偏差

（2）当设计文件无特殊要求时，钢结构工程中常用牌号钢材的抽样复验检验批宜按下列规定执行。

①牌号Q390的钢材，应按同一生产厂家、同一质量等级的钢材组成检验批，每批质量不应大于60t；同一生产厂家的钢材供货质量超过600t且全部复验合格时，每批的组批质量可扩大至300t。

②牌号Q355GJ、Q390GJ的钢板，应按同一生产厂家、同一牌号、同一质量等级的钢材组成检验批，每批质量不应大于60t；同一生产厂家、同一牌号的钢材供货质量超过600t且全部复验合格时，每批的组批质量可扩大至300t。

③牌号Q420、Q460、Q420GJ、Q460GJ的钢材，每个检验批应由同一牌号、同一

质量等级、同一炉号、同一厚度、同一交货状态的钢材组成，每批质量不应大于60t。

④有厚度方向要求的钢板，宜附加逐张进行超声波无损探伤复验。

（3）进口钢材复验的取样、制样及试验方法，应按设计文件和合同规定执行。海关商检结果经监理工程师认可后，可作为有效的材料复验结果。

1.3.2　钢材验收

钢材验收是保证钢结构工程质量的重要环节，应该按照规定执行。钢材验收应达到以下要求：

（1）钢材的品种和数量是否与订货单一致。

（2）钢材的质量保证书是否与钢材上打印的记号相符。

（3）核对钢材的规格尺寸，测量钢材尺寸是否符合标准规定，尤其是钢板厚度的偏差。

（4）进行钢材表面质量检验，表面不容许有结疤、裂纹、折叠和分层等缺陷，钢材表面锈蚀深度不得超过其厚度负偏差值的1/2，有以上问题的钢材应另行堆放，以便研究处理。

1.3.3　原材管控

钢材在正式入库前必须严格执行检验制度，经检验合格的钢材方可办理入库手续。检验包括以下内容：

（1）钢材的数量和种类应与订货合同相符。

（2）每批钢材必须具备生产厂提供的产品合格证书，其内容应特别注明钢材炉号、钢号、化学成分、机械性能等性能指标。进场时，应首先核对钢材喷号与保证书一致，其性能指标应根据现行国家标准逐一核对。

（3）逐一检测核对钢材的规格尺寸、外观质量，其容许偏差、表面锈蚀程度应按现行国家标准验收。

（4）钢材收料后，应按现行国家标准进行取样复验，厚板应按规定进行探伤复验合格后，再办理入库手续。针对具体工程项目的材料，需要第三方检测或监理见证取样时，应按国家标准的要求进行。

第2章

钢结构工厂制作

2.1 钢结构制作施工要点

钢结构制作的依据是设计图和国家规范。国家现行规范主要有《钢结构工程施工质量验收标准》(GB 50205)、《钢结构焊接规范》(GB 50661)等。此外，如网架结构、高耸结构、输电杆塔钢结构等还会有相应的施工技术规程。钢结构制作单位根据设计图和国家有关标准编制工艺图、卡，下达到车间，工人则根据工艺图、卡进行生产。

2.1.1 钢结构制作特点

钢结构制作一般在工厂内完成，制作条件好、标准严、精度高，相比现场施工条件优越很多，便于保证质量，提高效率。钢结构的制作工艺有严格技术标准，每道工序应该怎样做，容许误差多大，都有详细规定，对于特殊构件的加工，还需通过工艺试验来制订相应技术标准，因此钢结构加工质量和精度相比一般土建结构有较大提高，与之配套的土建结构部分需要采取可调节措施来保证两者兼容。钢结构加工可实现机械化、自动化，使得劳动生产率大幅度提高。另外由于钢结构工厂加工过程中几乎不占用施工现场时间，采用钢结构可以缩短工期，提高施工效率等。

2.1.2 钢结构制作工艺要点

1. 审阅施工图纸。

(1)图纸审查的目的。审查图纸就是审查图纸设计深度是否符合施工要求、图纸中各部件数量及安装尺寸、各部件间是否存在冲突等。同时，对图纸进行工艺审核，即审查技术上的合理性、制作上是否便于施工、图纸上的技术要求按加工单位施工水平来实现等。另外，运输单元需要合理分割。

如果加工单位自行或深化设计的施工详图在制图时已经审查过，则审图程序可相应简化。

(2)图纸审查的内容。工程技术人员审查图纸的主要内容如下：

①设计文件是否齐全。设计文件包括设计图、施工图、图纸说明和设计变更通知单等；

②构件几何尺寸是否齐全，相关构件尺寸是否正确；

③节点是否清楚、是否符合国家标准；

④标题栏内构件数量是否符合工程总数；

⑤构件之间的连接形式是否合理；

⑥加工符号、焊接符号是否齐全；

⑦结合本单位设备和技术条件的考虑，能否满足图纸上的技术要求；

⑧图纸的标准化、规范化是否符合国家规定等。

2. 备料。

备料前要深入了解材料的《质保书》，所述牌号、规格及机械性能是否与设计图纸相符，并做到以下几点：

（1）备料时，应根据施工图纸材料表计算出各种材质、规格的材料净用量，再计入一定数量的损耗，编制材料预算计划。工程预算一般按实际所需加放10%提出材料需用量。

（2）提出材料预算时，需根据使用长度合理订货，以减少不必要的拼接和损耗，优选翼缘板、腹板、切割后剩余材料制成小块的连接板。小块连接板不能采用整块钢板切割，否则计划所需整块钢板可能不够用，翼缘和腹板割下的余料也没有用处。如果技术要求不容许拼接，其实际损耗还需增加。

（3）使用前，应核对每一批钢材质量保证书，必要时对钢材的化学成分和力学性能进行复验；还应核对来料的规格、尺寸和重量，以及材质。如需进行材料代用，必须经设计部门同意，并将图纸上所有的相应规格和有关尺寸进行修改。

3. 编制工艺规程。

钢结构零部件的制作是一个严密的流水作业过程，其指导技术文件除生产计划外，最为重要的是工艺规程。工艺规程一经制定，必须严格执行，不得随意更改。

（1）工艺规程的编制要求。

①在一定生产规模和条件下编制的工艺规程，不仅能保证图样的技术要求，而且能更加可靠、顺利地实现这些要求，即工艺规程应尽可能依靠工厂现有设备，而不是依靠劳动者的技巧来保证产品质量和产量稳定性。

②所编制的工艺规程要保证在最佳经济效果下达到技术条件的要求。因此，对于同一产品，通过不同工艺方案的比较，从中选择最优方案，力争做到以最少劳动量、最短生产周期、最低的材料和能源消耗，生产出质量可靠的产品。

③所编制的工艺规程，既要满足工艺和经济条件，又要保证使用最安全的施工方法，并尽量减轻劳动强度，减少流程中的往返性。

（2）工艺规程的内容。

①成品技术要求；

②为保证成品达到规定的标准而需要制订的措施：a. 关键零件的精度要求、检查方法和使用的量具、工具；b. 主要构件的工艺流程、工序质量标准、工艺措施（如组装次序、焊接方法等）；c. 采用的加工设备和工厂现有设备。

4. 设计工艺装备。

设计工艺装备主要是根据产品特点设计加工模具、装配夹具、装配台架等。

工艺装备生产周期长，因而必须按照工艺要求提前准备好。工艺装备设计方案主要由生产规模、产品结构形式、制作工艺等因素决定。工艺装备制造是影响钢结构产品质量最为重要的环节，所以工艺装备制造应符合下列要求：

（1）工装夹具的使用要方便、操作容易、安全可靠。

（2）结构要简单、加工方便、经济合理。

（3）容易检查构件尺寸和取放构件。

（4）容易获得合理的装配顺序和精确的装配尺寸。

（5）方便焊接位置的调整，并能迅速散热，以减少构件变形。

（6）减少劳动量，提高生产率。

5. 工艺评定及工艺试验。

工艺评定能够有效控制焊接过程质量，确保焊接质量符合标准的要求。工艺试验一般可分为焊接性试验、摩擦面抗滑移系数测试试验两类。

（1）焊接性试验。焊接性试验主要包括钢材可焊性试验、焊材工艺性试验、焊接工艺评定试验等，其中焊接工艺评定试验是各类钢结构工程制作时最常见的试验。

焊接工艺评定是指对焊接工艺进行检定，属于生产前期技术准备，是评价制造单位有无生产能力的重要技术资料。焊接工艺评定对于提高劳动生产率、降低成本、提高产品质量等都至关重要，没有经过焊接工艺考核的焊接方法和技术参数不得应用于钢结构工程施工。

焊接接头力学性能试验主要有拉伸、冷弯试验，对于冲击试验则需要根据设计要求而定。冷弯主要是面弯和背弯，当有特殊要求时，要进行侧弯试验。通常，各焊接位置试样数量要求如下：拉伸、面弯、背弯和侧弯各2个，冲击试验9个焊缝。

（2）摩擦面抗滑移系数测试试验。当钢结构构件采用高强度螺栓摩擦连接时，应通过喷砂和喷丸技术处理连接面，使抗滑移系数满足设计要求。摩擦面需要做必要的检验性试验，以获得摩擦面处理方法的正确性和可靠性。

抗滑移系数试验可以根据工程量以200t每批进行，小于200t的视为一批，每批留备六组试件，其中三组试件由制作厂试验测试，三组试件供安装单位在吊装前进行复验。

对于结构复杂部件，必要时在投入生产前还应进行工艺试验。工艺性试验可以是单工序、几个工序或全部工序；它可以是单个零部件、整个部件，甚至一个安装单元或所有安装部件。

工艺性试验获得的技术资料和数据是编制技术文件的重要依据，试验结束后，要将测试数据添加到工艺文件中以指导施工。

6. 技术交底。

工艺编制完成后，应结合产品结构特点和技术要求，向工人进行技术交底。按工程实施阶段来划分，可以将技术交底会分为两个层次：

（1）第一层次的技术交底会是工程开工前的技术交底会，参与者主要有设计单位、工程建设单位、工程监理及制作单位的有关人员。

技术交底的主要内容有：①工程概况；②工程结构件的类型和数量；③图纸中关键部位的说明和要求；④设计图纸的节点情况介绍；⑤对钢材、辅料的要求和原材料对接的质量要求；⑥工程验收的技术标准说明；⑦交货期限、交货方式的说明；⑧构件包装和运输要求；⑨涂层质量要求；⑩其他需要说明的技术要求。

（2）第二层次的技术交底会是在投料加工前进行的本工厂施工人员交底会，主要参与者为制作单位的技术人员、质量负责人，技术部门与质检部门的技术人员、质检人员，生产部门的负责人，施工员，以及有关工序的代表人员。这类技术交底主要内容除了上述十点以外，还应增加工艺方案、工艺规程、施工要点、主要工序控制方法、检查方法以及其他与实际施工有关的部分。

技术交底会对于贯彻设计意图和实施工艺措施有着不可取代的重要作用，并为保证工程质量创造了有利条件。

7. 首件检验。

进行批量生产前，先制作一个样品，对其产品质量做全面检查，总结经验后再全面铺开。

8. 巡回检查。

了解工艺执行情况、技术参数、工艺装备及其使用情况，与工人沟通，及时解决施工中的技术工艺问题。

9. 基础工艺管理。

（1）划分工号。根据产品特点、工程量大小和安装施工进度，将整个工程划分成若干个生产工号（或生产单元），以便分批投料，配套加工。生产工号的划分应遵循以下几点：

①在条件容许的情况下，同一张图纸上的构件宜安排在同一生产工号中加工。

②相同构件或特点类似、加工方法相同的构件宜放在同一生产工号中加工，如按钢柱、钢梁、桁架、支撑分类划分工号进行加工。

③工程量较大的工程划分生产工号时，要考虑安装施工顺序，先安装的构件应优先安排工号进行加工，以保证顺利安装。

④同一生产工号中的构件数量不要过多，可与工程量统筹考虑。

（2）制定工艺流程表。将零件从施工详图上取下，编制工艺流程表（或工艺过程卡）。加工工艺过程包括若干依次排列的程序，工艺流程表是反映该工艺的工艺文件。

工艺流程表的具体格式虽各厂不同，但内容大致相同，包括零件名称、件号、材料牌号、规格、件数、工序顺序号、工序名称与内容、使用设备与工艺装备的名称和编号，以及工时定额。除此之外，关键零件还应注明加工尺寸及公差、重要工序应绘制工序图等。

（3）编制工艺卡、零件流水卡。依据工程设计图纸和技术文件中对构件成品的要求确定每道工序的精度要求、质量要求，并综合考虑本单位设备状态、实际加工能力以及技术水平等因素，确定每道工序下料及加工流水顺序，也就是制作零件流水卡。零件流水卡为编制工艺卡及配料提供了基础。工艺卡包括的内容通常有：决定每道工序使用的装置；确定每道工序所用工装模具；确定每道工序的技术参数、技术要求、加工余量、加工公差、检验方法与标准，并制定材料定额与工时定额。

（4）编写车间常用的工艺手册。编写车间通用工艺手册把常用工艺参数和规程汇编成册，这样，工艺师就能抽出时间研究新工艺、新技术、新材料与新设备，并获得新知识应用于新产品。产品工艺的编制是在通用工艺的基础上进行的，有些内容可以简化写成“参考通用工艺的某个部分”。对大批量生产的产品，可以编写专门技术手册，随身携带。

10. 归档。

产品竣工后及时完成竣工图纸，将技术资料归档，这是一项非常重要的工作。

2.2 钢零件、钢部件加工

建筑工程钢零件、钢部件的加工包括一般钢零件、钢部件加工、网架结构的节点球及杆件加工。加工前应熟悉设计文件和施工详图，做好各项工序的工艺准备，并结合加工的实际情况编制加工工艺文件。

2.2.1 放样和号料

放样和号料这道工序，目前大部分厂家已用数控切割和数控钻孔来取代，只有中、小型厂家仍保留此道工序。

1．放样。

（1）放样前要熟悉施工图纸，并逐个核对图纸之间的尺寸和相互关系。以1：1的比例放出实样，支撑样板作为下料、成型、边缘加工和成孔的依据。

（2）样板一般用0.50 ~ 0.75mm的镀锌薄钢板制作。样杆一般用扁钢制作，当长度较短时可用木杆。样板精度要求见表2–1。

样板精度要求　　表2–1

项目	平行线距离和分段尺寸	宽、长度	孔距	两对角线差	加工样板的角度
偏差极限	± 0.5mm	± 0.5mm	± 0.5mm	1.0mm	± 20′

（3）样板（样杆）上应注明工号、零件号、数量及加工边、坡口部位、弯折线和弯折方向、孔径和滚圆半径等。样板（样杆）妥善保存，直至工程结束方可销毁。

（4）放样时，需要边缘加工的工件应考虑加工预留量，焊接构件应按规范要求放出焊接收缩量。由于边缘加工时常成叠加工，尤其当长度较大时不宜对齐，所有加工边一般要留加工余量2 ~ 3mm。

（5）刨边时的加工工艺参数见表2–2。

刨边时的最小加工余量　　表2–2

钢材性质	边缘加工形式	钢板厚度（mm）	最小余量（mm）
低碳结构钢	剪断机剪或切割	≤16	2
	气割	＞16	3
优质高强度低合金钢	气割	各种厚度	＞3

（6）放样和样板（样杆）的容许偏差见表2–3。

放样和样板（样杆）的容许偏差　　表2–3

项目	平行线距离和分段尺寸	样板长度	样板宽度	样板对角线差	样杆长度	样板的角度
容许偏差	± 0.5mm	± 0.5mm	± 0.5mm	1.0mm	± 1.0mm	± 20′

2．号料。

为了合理使用和节约原材料，应尽量提高原材料的利用率，一般常用的号料方法见表2–4。

常用号料方法 表2-4

项目	内容
集中号料法	由于钢材规格样式多，为减少原材料的浪费，提高生产效率，应把同厚度的钢板零件和相同规格的型钢零件集中在一起进行号料，这种方法称为集中号料法
套料法	在号料时，精心安排板料零件的形状位置，把同厚度的各种不同形状的零件和同一形状的零件进行套料，这种方法称为套料法
统计计算法	号料时应将所有同规格型钢零件的长度归纳在一起，先把较长的排出来，再算出余料的长度，然后把和余料长度相同或略短的零件排上，直至整根料被充分利用为止。这种先进行统计安排再号料的方法，称为统计计算法
余料统一号料法	将号料后剩下的余料，按厚度、规格与形状基本相同的集中在一起，把较小的零件放在余料上进行号料，此法称为余料统一号料法

钢材号料要求如下：

（1）以样板（样杆）为依据，在原材料上画出实际图形，并打上加工记号。

（2）根据配料表和样板进行套裁，尽可能节约材料。

（3）主要零件应根据构件的受力特点和加工状况，按工艺规定的方向进行号料。

（4）操作人员画线时，要根据材料厚度和切割法留出适当的切割余量。气割下料的切割余量见表2-5。

气割下料的切割余量（单位：mm） 表2-5

材料厚度	≤10	10～20	20～40	40以上
切割缝余量	1.0～2.0	2.5	3.0	4.0

（5）号料的容许偏差应符合表2-6的规定。

号料的容许偏差（单位：mm） 表2-6

项目	零件外形尺寸	孔距
容许偏差	±1.0	±0.5

2.2.2 切割

钢材在下料画线后，必须按其所需的形状和尺寸进行切割，钢材切割可以通过冲剪、切削、气体切割、锯切、摩擦切割和高温热源来实现。

1. 钢材切割方法。

钢材的切割下料应根据钢材的截面形状、厚度及切割边缘质量要求而选取切割方法。目前，常用的切割方法有机械切割、气割、等离子切割三种，其使用设备、特点及适用范围见表2-7。

各种切割方法分类比较　表2-7

类别	使用设备	特点及适用范围
机械切割	剪板机 型钢冲剪机	切割速度快、切口整齐、效率高，适用于薄钢板、压型钢板、冷弯檀条的切割
	无齿锯	切割速度快，可切割不同形状、不同尺寸的各类型钢、钢管和钢板，但切口不光滑、噪声大，适于锯切精度要求较低的构件或下料留有余量，最后尚需精加工的构件
	砂轮锯	切口光滑、噪声大、粉尘多，适于切割薄壁型钢及小型钢管，切割材料的厚度不宜超过4mm
	锯床	切割精度高，适于切割各类型钢及梁、柱等型钢构件
气割	自动切割	切割精度高、速度快，在数控气割时可省去放样、画线等工序而直接切割，适于钢板切割
	手工切割	设备简单、操作方便、费用低、切口精度较差，能够切割各种厚度的钢材
等离子切割	等离子 切割机	切割温度高，冲刷力大，切割边质量好、变形小，可以切割任何高熔点金属，特别是不锈钢、铝、铜及其合金等

钢结构制造厂通常对12～16mm厚钢板进行直线切割，是常用的剪切方法；气割常用于切割有曲线零件和厚板；各种型钢、钢管等下料一般都要用锯割来完成，但对于一些中小型角钢及圆钢，还常用剪切或者气割的方式。等离子切割主要应用于熔点很高的不锈钢材料和有色金属，例如铜和铝。

2. 钢材切割要求。

钢材切割面应无裂纹、夹渣、分层和大于1mm的缺棱。

（1）钢材机械切割。

钢材机械切割是一种高效率切割金属的方法，切口比较光洁、平整。一般在斜口剪床、龙门剪床、圆盘剪床等专用机床上进行。机械剪切的零件厚度不宜大于12mm，剪切面应平整。碳素结构钢在环境温度低于-20℃、低合金结构钢在环境温度低于-15℃时，不得进行剪切、冲孔。机械剪切的容许偏差见表2-8。

机械剪切的容许偏差（单位：mm）　　表2-8

项目	零件宽度、长度	边缘缺棱	型钢端部垂直度
容许偏差	±3.0	1.0	2.0

①斜口剪床剪切。一般斜口剪床适用于剪切厚度在25mm以下的钢板。斜口剪床剪切施工时，上、下剪刀片之间的间隙应根据剪切钢板厚度不同进行调整，其间隙见表2-9。

斜口剪床上、下剪刀片之间的间隙（单位：mm）　　表2-9

钢板厚度	<5	6~14	15~30	30~40
刀片间隙	0.08~0.09	0.10~0.30	0.40~0.50	0.50~0.60

在斜口剪床上剪切时，为使剪刀片具有足够的剪切能力，上剪刀片沿长度方向的斜度一般为10°~15°，截面角度为75°~80°，这样可避免剪切时剪刀和钢板材料之间产生摩擦，如图2-1所示。

②龙门剪床剪切。剪切之前，先清洗钢板表面并绘制剪切线，然后将钢板放置于工作台上。剪切时，要保证剪切线两端与下刀口对齐。剪床压紧机构应预先压牢钢板，使其一次完成整个剪切长度，不像斜口剪床是分成若干段。龙门剪床上剪切长度不大于下刀口长度。多人操作时，需要选择一人指挥和控制操纵机构。

③圆盘剪床剪切。圆盘剪切机用剪刀包括上下两个锥形圆盘，上下盘位置多为倾斜且可调整，如图2-2。上盘为主动盘并通过齿轮驱动，下盘为从动盘并与机座固定连接，钢板置于两圆盘中间并能剪切出任何曲线形。剪切之前，先要根据剪切后钢板的厚度来调节上下两圆盘剪刀之间的间距。

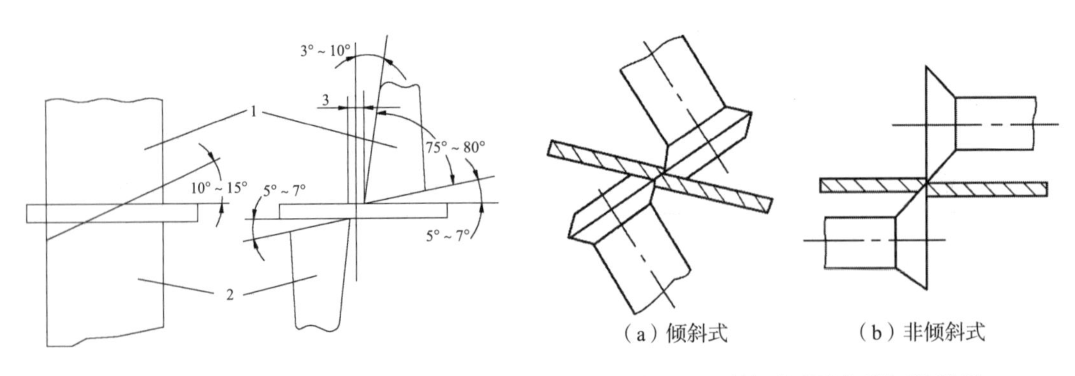

图2-1　剪切刀的角度图
1—上剪刀片；2—下剪刀片；
3—上、下剪刀片的间隙（见表2-9）

图2-2　两种不同圆盘剪切的装置

（2）钢材气割。

火焰切割即气割，是利用氧化铁燃烧过程中产生的高温来切割金属的方法，适用于纯铁、低碳钢、中碳钢、普通低合金钢等金属的切割。钢材切割前，首先要检查工作场地是否符合安全要求，清除工件表面的油污和铁锈，然后垫好。工件下面要预留空隙便于吹氧化铁渣，且下方空间不能密闭，否则气割之后会引起爆炸。应注意切割氧气流线（风线）的检查方法为点燃割炬，调整预热火焰适当后，打开切割氧阀门，观察切割氧阀门的形状。切割氧流线应是一个笔直、清晰、长度适当的圆柱体，使工件切口表面光滑干净、宽窄一致。如果流线形状不规则，则应关闭所有阀门、使用透针和其他工具对割嘴的内表面进行修整。

钢材气割时，应首先点燃割炬，随即调火。火焰尺寸，应根据工件的粗细调整适当，然后进行切割。当预热钢板边缘呈微红色时，火焰应局部移出边缘线外，再缓慢打开切割氧阀门。如果预热红点受到氧流的吹动，此时应该打开大切割氧气阀门。有氧化铁渣随氧流飞离的情况下，证明是割破的，这时能正常切割。在切割过程中，必须从钢板中间开始，首先是割孔，然后用切割线碾压。割孔时，先在待割孔处预热后，将割嘴提起至钢板约15mm，然后缓慢开启切割氧阀门并同时使割嘴微偏向一侧移动，将熔渣吹出，直至钢板切割完毕，最后沿切割线切割。

切割过程中，有时会因为割炬嘴头上温度过高或者氧化铁渣溅出，导致嘴头上的塞被堵塞或者乙炔供应不及时引起嘴头鸣爆和回火，这时应迅速被关闭预热的氧气阀门和切割炬。如果割炬内仍有"嘶嘶"声，表明割炬内回火尚未熄灭，此时应快速关闭乙炔阀门或快速拔出割炬内乙炔气管以排出回火火焰。处理完毕后，应先检查割炬的射吸能力，然后方可重新点燃割炬。

切割临近终点时嘴头应略向切割前反方向倾斜，以利于钢板下部提前割开，使收尾处割缝规整。到达终点时，应迅速关闭切割氧气阀门，并抬起割炬，再相继关闭乙炔阀门、预热氧阀门。钢材气割的容许偏差见表2-10。

钢材气割的容许偏差（单位：mm）　　**表2-10**

项目	零件宽度、长度	切割面平面度	割纹深度	局部缺口深度
容许偏差	±3.0	0.05t且不大于2.0	0.3	1.0

注：t为切割面厚度。

（3）等离子切割。

等离子切割是应用特殊的割矩，在电流、气流及冷却水的作用下，产生高达15000～30000℃的等离子弧熔化金属而进行切割的方法。等离子切割注意事项如下：

①等离子切割的回路采用直流正接法，即工件接正、钨极接负，减少电极的烧损，

以保证等离子弧的稳定燃烧；

②手工切割时不得在切割线上引弧，切割内圆或内部轮廓时，应先在板材上钻出ϕ12～16mm的孔，切割由孔开始进行；

③自动切割时，应调节好切割厚度和小车行走速度。切割过程中要保持割轮与工件垂直，避免产生熔瘤，保证切割质量。

2.2.3　矫正和成型

1．矫正。

钢结构制造过程中原材料形变、气割和剪切形变、焊接形变以及运输形变都会对构件制造和安装的质量产生影响。

碳素结构钢在环境温度低于-16℃时，低合金结构钢在环境温度低于-12℃时，不应进行冷矫正和冷弯。碳素结构钢、低合金结构钢加热矫正的加热温度应在700～800℃之间，最高温度禁止高于900℃，最低温度不应低于600℃。

矫正是通过新产生的形变抵消已出现的形变。矫正可采用机械矫正、加热矫正、加热与机械联合矫正等方法。在型钢矫正时，先要确定弯曲点的位置（又称找弯），这是矫正工作不可缺少的步骤。现场确定型钢变形位置，通常可以借助平尺靠量、拉直粉线来检验，但多数是目测，如图2-3所示。

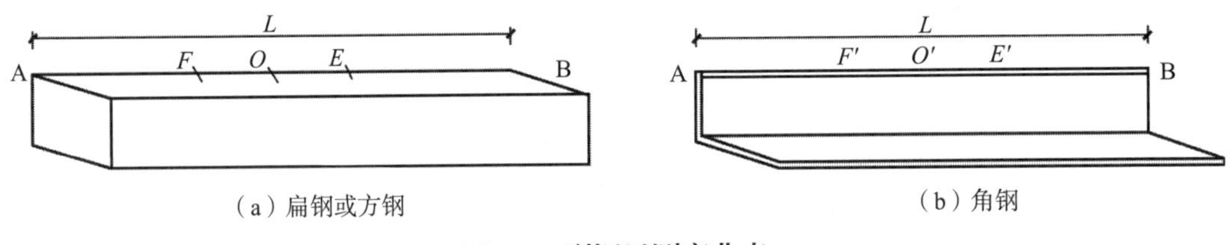

图2-3　型钢目测弯曲点

在确定型钢弯曲点时，应注意型钢自重下沉引起的弯曲情况，因此对于较长型钢，应置于水平面上或置于矫架上进行测弯。目测型钢弯曲点时，应以全长（L）中间O点为界，A、B两人分别站在型钢的两端，并翻转各面找出所测的界前弯曲点（A视E段长度、B视F段长度），然后用粉笔标注。这种方法适合经验丰富的工人使用，经验不足的人目测误差就会很大。所以，短型钢弯曲点要用直尺测量，而长型钢弯曲点则要用拉线法测量。

（1）机械矫正。

机械矫正是在型钢矫直机上进行的，如图2-4所示。型钢矫直机的工作力有侧向水平推力和垂直向下压力两种。两种型钢矫直机的工作部分是由两个支承和一个推撑构成的。推撑可以作伸缩运动且伸缩距离可以根据要求控制，两支承与机座固定连接，可以根据型钢的弯曲程度调节两支撑点间的间距。一般矫大弯距离则大，矫小弯距离则小。矫直机支撑、推撑间下平面到两端通常安装有若干带有轴承或滚筒支架设施的转动轴，以便于纠正较长型钢前后运动，节省人力。

（2）加热矫正。

用氧-乙炔焰或其他气体的火焰对部件或构件变形部位进行局部加热，由于金属热胀冷缩的物理性能，钢材受热冷却时可通过产生很大的冷缩应力来矫正变形。加热方式分为点状加热、线状加热和三角形加热三种。

①点状加热的热点呈小圆形，如图2-5所示，直径为10～30mm，点距为50～100mm，呈梅花状布局，加热后“点”的周围向中心收缩，使变形得到矫正。

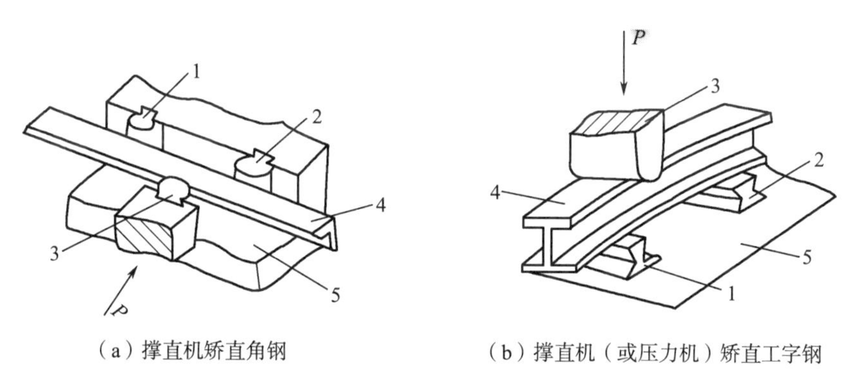

（a）撑直机矫直角钢　　（b）撑直机（或压力机）矫直工字钢

图2-4　型钢机械矫正

1、2—支承；3—推撑；4—型钢；5—平台

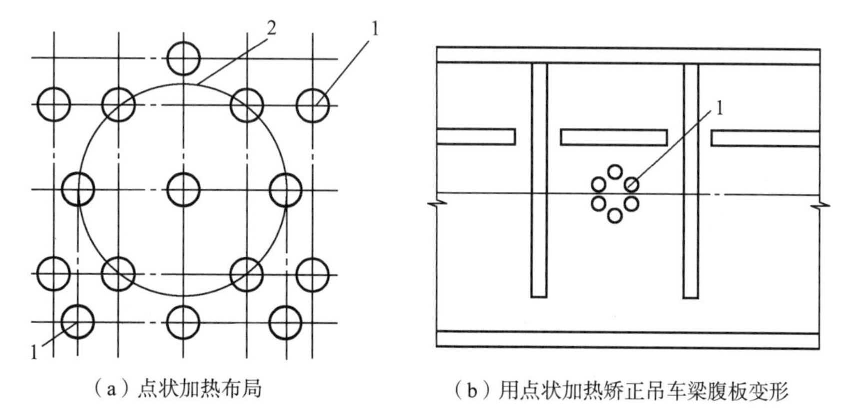

（a）点状加热布局　　（b）用点状加热矫正吊车梁腹板变形

图2-5　点状加热方式

1—点状加热点；2—梅花形布局

②线状加热，如图2-6（a，b）所示，即带状加热，加热带的宽度不大于工件厚度的0.5～2.0倍。由于加热后上、下两面存在较大的温差，加热带长度方向产生的收缩量较小，横向收缩量较大，因而产生不同收缩使钢板变直，但加热红色区的厚度不应超过

（a）线状加热方式

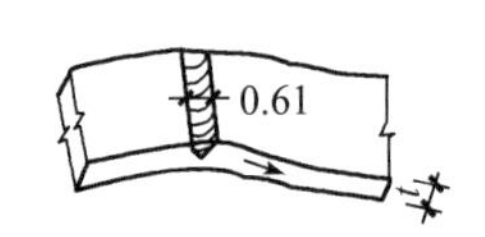

（b）用线状加热校正板变形

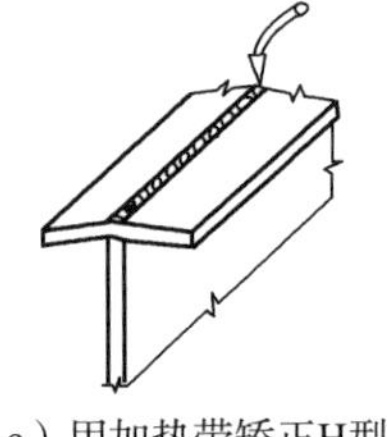

（c）用加热带矫正H型钢梁翼缘角变形

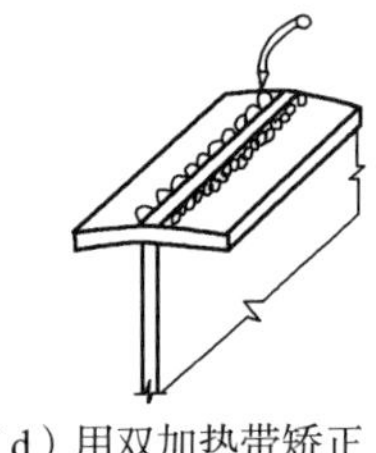

（d）用双加热带矫正H型钢梁翼缘角变形

图2-6　线状加热方式（*t*-板材厚度）

钢板厚度的1/2，常用于H型钢构件翼板角变形的纠正，如图2-6（c，d）所示。

③三角形加热，如图2-7（a）所示，加热面呈等腰三角形，加热面的高度与底边宽度一般控制在型材高度的1/5～2/3，加热面应在工件变形凸出的一侧，三角顶在内侧，底在工件外侧边缘处，一般对工件凸起处加热数处，加热后收缩量从三角形顶点起沿等腰边逐渐增大，冷却后凸起部分的收缩使工件得到矫正，常用于H型钢构件的拱变形和旁弯的矫正，如图2-7（b）所示。

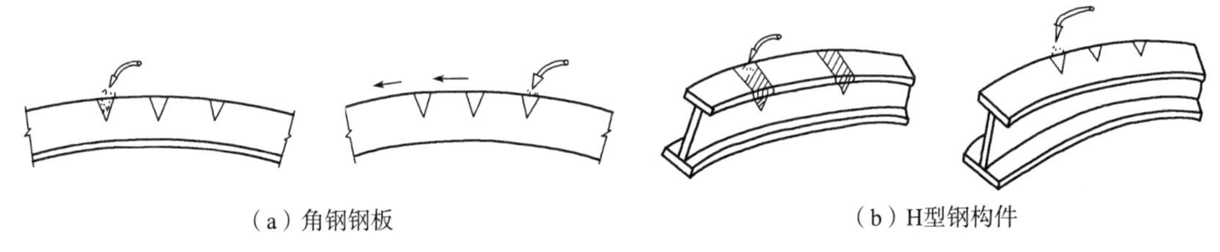

（a）角钢钢板　　（b）H型钢构件

图2-7　三角形加热方式

火焰加热温度一般为700℃左右，不应超过900℃，加热应均匀，不得有过热、过烧现象；火焰加热矫正较厚钢材时，加热后不得用凉水冷却；对于低合金钢，必须缓慢冷却。因凉水冷却会使钢材表面与内部温差过大，易产生裂纹；矫正时应将工件垫平，分析变形原因，正确选择加热点、加热温度和加热面积等，同一加热点的加热次数不宜超过3次。

加热矫正变形通常仅对低碳钢有效，而对中碳钢、高合金钢、铸铁及有色金属等脆性较强的材料，因其冷却收缩变形易开裂，不得使用。点状受热适用于板料局部弯曲或者凹凸不平的纠正；线状加热主要应用于较厚板（10mm以上）角变形及局部圆弧、弯曲变形的纠正；三角形加热面积较大，收缩量亦较大，适合型钢、钢板和构件（例如屋架、吊车梁的成品等）纵向弯曲和局部弯曲变形矫正。

2. 矫正的质量要求。

矫正后的钢材表面不应有明显的凹痕或损伤，划痕深度不得大于0.5mm，且不应超过钢材厚度容许负偏差的1/2。钢材矫正后的容许偏差见表2-11。

钢材矫正后的容许偏差（单位：mm）　　表2-11

项目		容许偏差	图例
钢板的局部平面度	$t \leqslant 6$	3.0	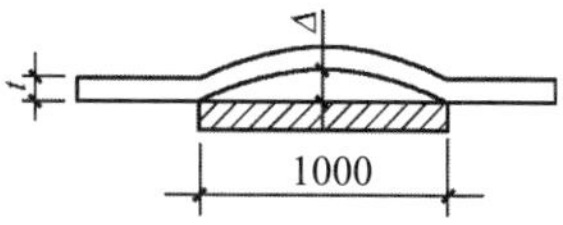
	$6 < t \leqslant 14$	1.5	
	$t \geqslant 14$	1.0	
型钢弯曲矢高		$l/1000$，且不大于5.0	
角钢肢的垂直度		$b/100$双肢栓接角钢的角度不得大于90°	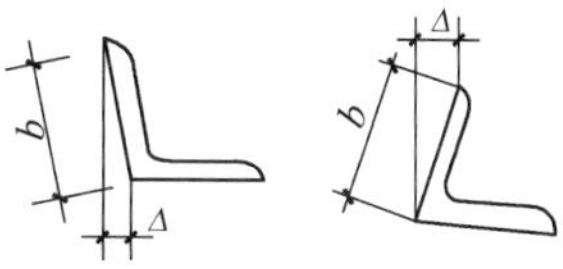
槽钢翼缘对腹板的垂直度		$b/80$	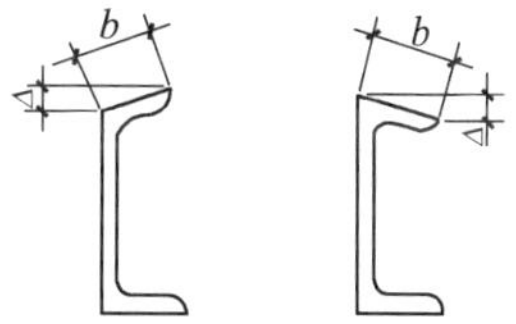
工字钢、H型钢翼缘对腹板的垂直度		$b/100$，且不大于2.0	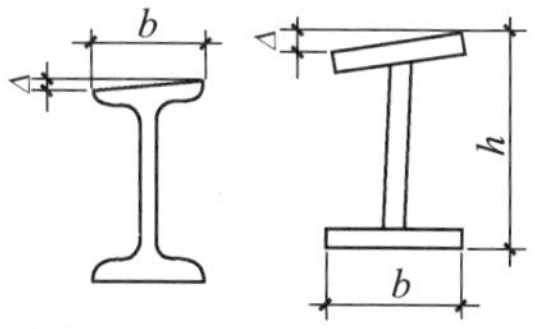

3. 成型。

钢结构成型加工主要采用热加工成型和冷加工成型，包括弯曲、卷板（滚圆）、折边和模具压制四种加工方法。其中，弯曲、卷板（滚圆）和模具压制等工序都涉及热加工和冷加工。

（1）弯曲加工。

弯曲加工指按照构件形状要求，用加工设备及一定工具、模具将板材或型钢弯曲成某种形状的技术。钢结构制造过程中采用弯曲方法处理的构件有很多种，可以根据其技术要求及现有设备条件选用，如表2-12所示。

钢材弯曲加工的方式　　表2-12

钢构件加工方法			构件加热程度	
压弯	滚弯	拉弯	冷弯	热弯
普通直角弯曲（V形件）、双直角弯曲（U形件）	滚制圆筒形构件、其他弧形构件	长条板材拉弯成曲率不一样的弧形构件	普通薄板、型钢等材料	厚板和形状较为复杂的构件、型钢等材料

①弯曲半径。在钢材弯曲过程中，弯曲件的圆角半径不宜过大，也不宜过小。过大会产生回弹影响，构件精度不易保证；过小则容易产生裂纹。根据实践经验，钢板最小弯曲半径在经退火和不经退火时较合理的推荐数值见表2–13。一般薄板材料弯曲半径R可取较小数值，$R \geqslant t$（t为板厚）。厚板材料弯曲半径R应取较大数值，$R=2t$（t为板厚）。

板材最小弯曲半径　　表2–13

图示	板材	弯曲半径（R）	
		经退火	不经退火
	15号、30号钢	$0.5t$	t
	A5、35号钢	$0.8t$	$0.5t$
	45号钢	t	$1.7t$
	铜	—	$0.8t$
	铝	$0.2t$	$0.8t$

②弯曲角度。弯曲角度是指弯曲件的两翼夹角，与弯曲半径不同，会影响构件材料的抗拉强度。当弯曲线和材料纤维方向垂直时，材料的抗拉强度较高，不易发生裂纹。当材料纤维方向和弯曲线平行时，材料的抗拉强度较差，容易产生裂纹，甚至断裂。随着弯曲角度的缩小，应将弯曲半径适当增大。一般弯曲件长度自由公差的极限偏差和角度的自由公差推荐数值分别见表2–14和表2–15。型钢冷矫正和冷弯曲的最小曲率半径和最大弯曲矢高应符合表2–16的规定。

弯曲件未标注公差的长度尺寸的极限偏差（单位：mm）　　表2–14

长度尺寸		3～6	6～18	18～50	50～120	120～260	260～500
材料厚度	<2	±0.3	±0.4	±0.6	±0.8	±1.0	±1.5
	2～4	±0.4	±0.6	±0.8	±1.2	±1.5	±2.0
	>4	—	±0.8	±1.0	±1.5	±2.0	±2.5

弯曲件角度的自由公差　　表2–15

L /mm	<6	6～10	10～18	18～30	30～50	50～80	80～120
$\Delta\alpha$	±3°	±2°30′	±2°	±1°30′	±1°15′	±1°	±50′
L /mm	120～180	180～260	260～300				
$\Delta\alpha$	±40′	±30′	±25′				

型钢冷矫正和冷弯曲的最小曲率半径和最大弯曲矢高　　表2-16

钢材类别	图例	对应轴	矫正		弯曲	
			r	f	r	f
钢板扁钢		x–x	$50t$	$\frac{l^2}{400t}$	$25t$	$\frac{l^2}{200t}$
		y–y（仅对扁钢轴线）	$100b$	$\frac{l^2}{800b}$	$50b$	$\frac{l^2}{400b}$
角钢		x–x	$90b$	$\frac{l^2}{720b}$	$45b$	$\frac{l^2}{360b}$
槽钢		x–x	$50h$	$\frac{l^2}{400h}$	$25h$	$\frac{l^2}{200h}$
		y–y	$90b$	$\frac{l^2}{720b}$	$45b$	$\frac{l^2}{360b}$
工字钢		x–x	$50h$	$\frac{l^2}{400h}$	$25h$	$\frac{l^2}{200h}$
		y–y	$50b$	$\frac{l^2}{400b}$	$25b$	$\frac{l^2}{200b}$

注：r为曲率半径，f为弯曲矢高，l为弯曲弦长，t为钢板厚度。

③型钢冷弯曲施工。型钢冷弯曲的工艺方法有滚圆机滚弯、压力机压弯、顶弯、拉弯等。各种工艺方法均应按照型材的截面形状、材质规格、弯曲半径制作相应的胎模，经试弯符合要求方准正式加工。

采用大型设备弯制时，可用模具一次压弯成型；采用小型设备压较大圆弧时，应多次冲压成型，边压边移位，边用样板检查直至符合要求为止。

④弯曲变形的回弹。弯曲过程是在材料弹性变形后，再达到塑性变形的过程。这个造成材料变形过程中，只要卸除外力作用，材料就会产生一定程度的回弹。影响回弹大小的因素很多，只有清楚回弹规律，才能减少或基本消除回弹，或使回弹后恰能达到设计要求。影响弯曲变形回弹的因素如下：

a．材料的机械性能：屈服强度越高，其回弹就越大；

b．变形程度：弯曲半径（r）和材料厚度（t）之比，r/t的数值越大，回弹越大；

c．摩擦情况：材料表面和模具表面之间摩擦，直接影响材料各部分的应力状态，大多数情况下会增大弯曲变形区的拉应力，从而回弹减小；

d．变形区域：变形区域越大，回弹越大；

e．钢管弯曲成型的容许偏差见表2-17。

钢管弯曲成型的容许偏差（单位：mm）　　　　表2-17

项目	直径	构件长度	管口圆度	管中间圆度	弯曲矢高
容许偏差	±d/200且≤±5.0	±3.0	d/200且≤±5.0	d/100且≤8.0	l/1500且≤5.0

注：d为钢管直径。

（2）卷板施工。

卷板也叫滚圆钢板，实际上就是在外力作用下，使钢板的外层纤维伸长、内层纤维缩短而产生弯曲变形。当圆筒半径较大时，可在常温状态下卷圆；当半径较小或钢板较厚时，应将钢板加热后卷圆。

卷圆是在卷板机（又称滚板机、轧圆机）上进行的，它主要用于卷圆各种容器、大直径焊接管道和高炉壁板等。常用的卷板机有三辗卷板机、四辗卷板机两类，其中三辗卷板机又可分为对称式和不对称式两种。

①钢板剩余直边。板料在卷板机上弯曲时，两端边缘总有剩余直边。理论的剩余直边数值与卷板机的形式有关，见表2-18。

理论剩余直边的大小　　　　表2-18

设备类别		卷板机			压力机
弯曲方式		对称弯曲	不对称弯曲		模具压弯
			三辊	四辊	
剩余直边	冷弯时	L	（1.5～2）t	（1～2）t	1.0t
	热弯时	L	（1.0～1.5）t	（0.75～1）t	0.5t

注：L为侧辊中心距的一半，t为板料厚度。实际上，剩余直边要比理论值大：一般对称弯曲时，为（6～20）t；不对称弯曲时，为对称弯曲时的1/10～1/6。

②钢板卷圆。根据卷制时板料温度的不同，分为冷卷、热卷和温卷三种，可根据板料的厚度和设备条件等来选择卷板的方法。

a．冷卷前，必须清除板料表面的氧化皮，并涂上保护涂料；

b．热卷时宜采用中性火焰，缩短高温下板料的停留时间，并采用防氧涂料等办法，尽量减少氧化皮的产生；

c．卷板设备必须保持干净，轴辊表面不得有锈皮、毛刺、棱角或其他硬性颗粒；

d．由于剩余直边难以完全消除，并造成较大的焊接应力和设备负荷，一般应预弯板料，使剩余直边弯曲到所需的曲率半径后再卷弯，通常预弯可在三辊、四辊或预弯水压机上进行；

e．将预弯的板料置于卷板机上滚弯时，为防止产生歪扭，应将板料对中，使板料的纵向中心线与滚筒轴线保持严格的平行；

f．卷板时，应不断吹扫内、外侧剥落的氧化皮，矫圆时应尽量减少反转次数等；

g．非铁金属、不锈钢和精密板料卷制时，最好固定专用设备并将轴辗磨光，消除棱角和毛刺等，必要时用厚纸板或专用涂料保护工作表面。

③圆柱面卷弯。圆柱面的卷弯一般有冷卷、热卷和温卷三种情况。冷卷时由于钢板回弹，卷圆时必须施加一定的过卷量，高强度钢材因回弹大，宜先退火后再卷弯。卷弯过程中，要用样板连续检查弯板的两端曲率半径。通常认为，当碳素钢板厚度大于或等于内径的1/40时，应采用热卷。为了克服冷卷板和热卷板的缺点，温卷新工艺在工程实际中应运而生。温卷使钢板升温到500 ~ 600℃，其塑性优于冷卷，从而降低卷板机过载的可能性，也会缓解氧化皮对钢板的伤害，且操作较热卷简单。

④矫圆。圆筒卷弯焊接后会发生变形，有必要对其进行矫圆。矫圆分为加载、滚圆和卸载三个步骤。先根据经验或计算，将圆筒调节到所需要的最大矫正曲率位置，使板料受压。板料在辗筒的矫正曲率下，来回滚卷1 ~ 2圈，要着重滚卷近焊缝区，使整圈曲率均匀一致，然后在滚卷的同时逐渐退回圆筒，使工件在逐渐减少矫正载荷下多次滚卷。

（3）折边加工。

钢结构制造时，将构件边缘压弯为倾角或者某种形状的作业称为折边。折边在薄板构件中被广泛应用，薄板通过折边可大幅度提高结构的强度和刚度。

常见折边加工机械有板料折边机。板料折边机结构上有狭长滑块与一些狭长通用模具或专用模具以及挡料装置相配合，下模与折边机工作台相固定。板料位于上模和下模中间，通过上模下行过程中的压力来完成更长的折边加工。

①机械操作的重点。为保证生产安全，机器启动前应先将机械设备四周障碍物清理干净，上下模具之间不容许堆放工具和其他物品，检查机械设备各部运转情况，确保电气绝缘和接地完好。启动机器后，当电动机、飞轮转速处于正常时，即可投入运转，不得超负荷工作。满负荷时须将板料置于两根立柱之间以保持两侧负荷的均匀性。确保上下模间留有缝隙，缝隙值大小根据折板要求设定，以不低于被折板料厚度为宜，避免出现“卡住”而引发事故的情况。

②板料折边施工。

a. 钢板冷弯加工的最低室温通常不应小于0℃，16Mn钢材不应小于5℃，各类低合金钢及合金钢根据其性能酌情而定；

b. 构件若用热弯的方法必须升温到1000～1100℃，低合金钢的升温温度在700～800℃之间。热弯工件的温度降低到550℃时应停机；

c. 折弯过程中应定期检查模具固定螺栓有无松动现象，以防模具发生移位。一旦移位，立即停机并及时固定调整；

d. 折弯时应尽量避免一次用力加压成型，切不可让折边的角度过大，导致来回反折、损坏构件。折弯时要注意常用样板检查构件；

e. 弯制多角复杂构件时，应预先考虑折弯顺序，通常从外到内顺次折弯。若折边顺序不合理，则会导致后弯角弯不出来。弯制批量较大的构件必须加强对第一个构件质量的控制。

（4）模具压制。

模具压制是指在压力设备上用模具将钢材压制成型。钢材和构件成型质量和精度，完全取决于模具形状尺寸及其制造质量。室温在-20℃以下时，应停止施工以避免钢板因冷脆造成开裂。

模具按其加工形式分为简易模、连续模、复合模三种类型。简易模适合单件或者小批量生产，满足普遍的精度要求；连续模多用于中批量生产，满足中级精度要求，用于加工复杂特殊外形零件；复合模多用于中批量生产，满足高级精度要求，零件的几何形状和尺寸受模具结构和强度的制约。

①模具安装地点。压力机中模具安装部位通常分为上模与下模两类。上模（凸模）、下模（凹模）通过螺栓分别与压力机的压柱横梁、工作台固定连接。上下模安装时，上模中心须与压柱中心吻合，使压柱力均匀分布于压模中，下模位置应视上模而定，上下模中心必须吻合，才能确保压制零件的外形及精度。

②模具的加工工序。

a. 冲裁模见表2-19中编号Ⅰ，在压力机上使板料或型材分离的加工工艺，其主要工序有落料成型、冲切成型等；

b. 弯曲模见表2-19中编号Ⅱ，在压力机上使板料或型材弯曲的加工工艺，其主要工序有压弯、卷圆等；

c. 拉深模见表2-19中编号Ⅲ，在压力机上使板料轴对称、非对称或变形拉深的加工工艺，其轴对称工序有拉深、变薄拉深等；

d. 压延模见表2-19中编号Ⅳ，在压力机上对钢材进行冷挤压或温热挤压的加工工艺，其主要工序有压延、起伏、胀形及施压等；

e. 其他成型模见表2-19中编号Ⅴ，在压力机上对板料半成品进行再成型的加工工艺，其主要再成型工序有翻边、卷边、扭转、收口、扩口、整形等。

模具分类示意图　　表2-19

编号	工序		图例	图解
Ⅰ	冲裁	落料	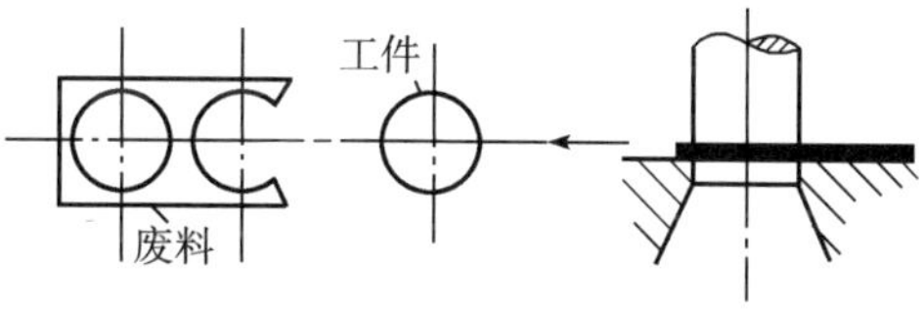 工件 废料	用模具沿封闭线冲切板料，冲下的部分为工件，其余部分为废料
		冲孔	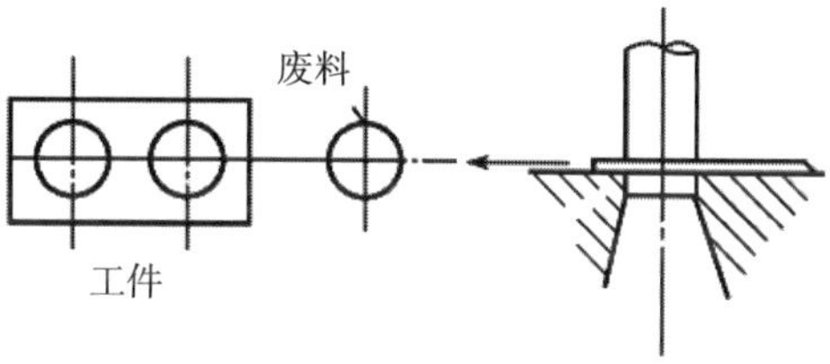 废料 工件	用模具沿封闭线冲切板料，冲下的部分为废料
Ⅱ	弯曲	压弯	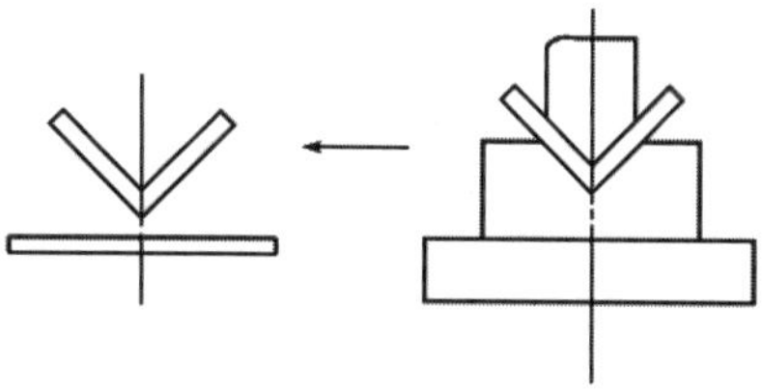	用模具使材料弯曲成一定形状
		卷圆	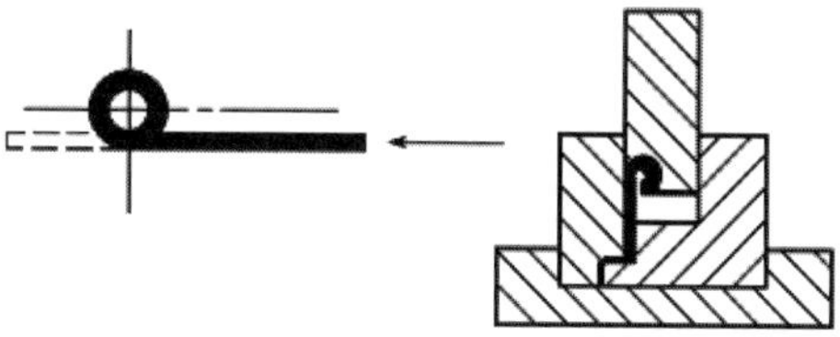	将板料端部卷圆
Ⅲ	拉深	拉深	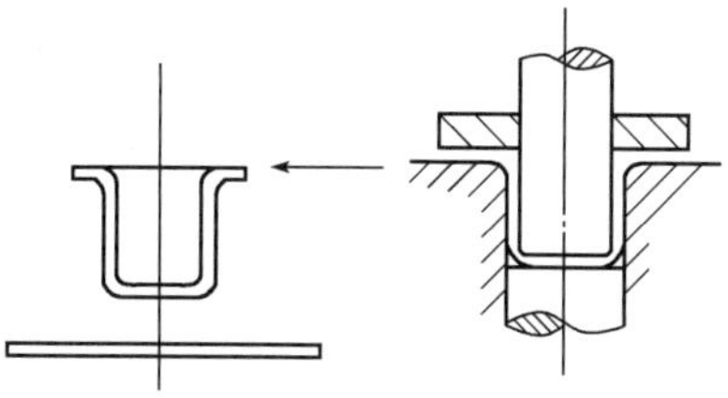	将板料压制成空心工件，壁厚基本不变
		变薄拉深	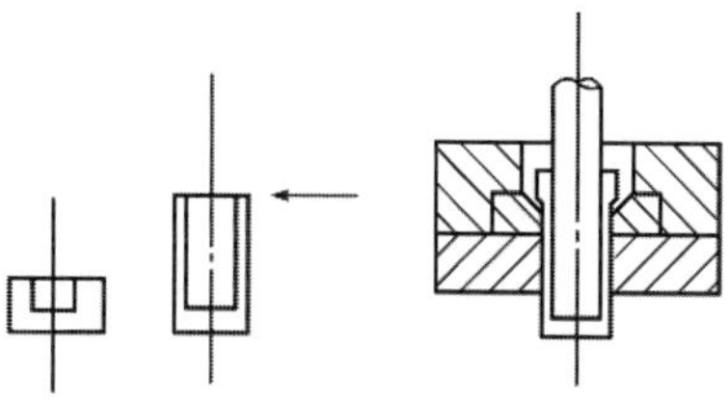	用减小直径与壁厚增加工件高度的方法来改变空心件的尺寸，以得到要求的底厚、壁薄的工件

续表

编号	工序		图例	图解
Ⅳ	压延	压延	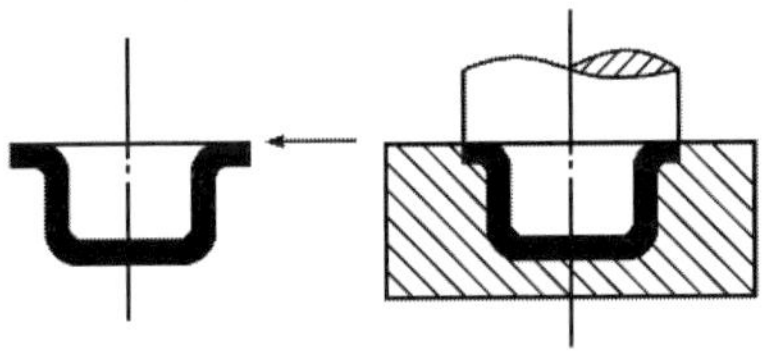	将拉伸或成型后的半成品边缘部分多余材料切掉；将一块圆形平板料坯压延成一面开口的圆筒
		起伏	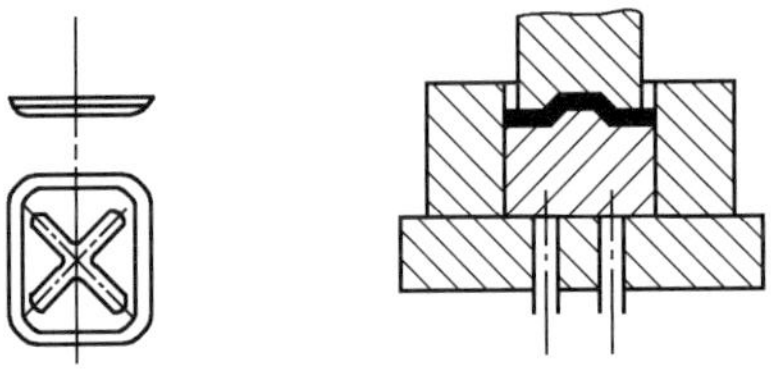	在板料或工件上压出筋条、花纹或文字，在起伏处的整个厚度上都有变薄
		胀形	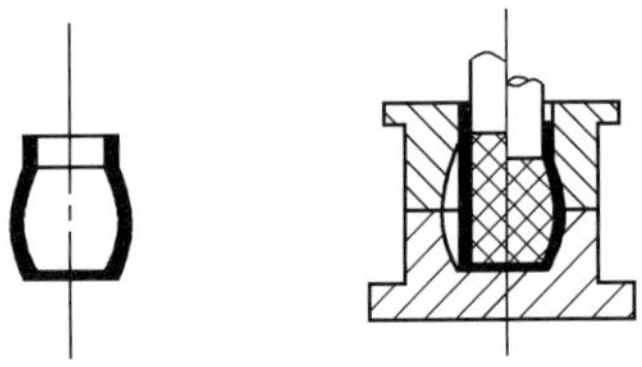	使空心件（或管料）的一部分沿径向扩张，呈凸肚形
		施压	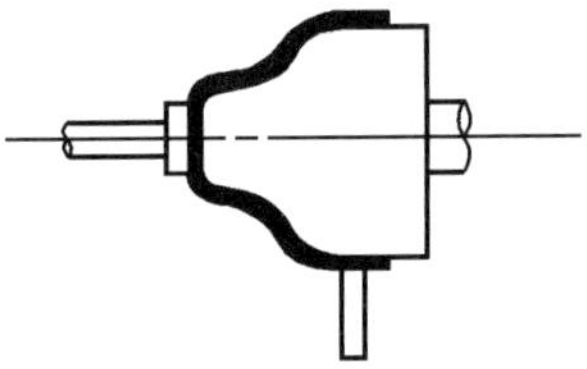	利用擀棒或滚轮将板料毛坯擀压成一定形状（分变薄和不变薄两种）
Ⅴ	其他成型	孔的翻边	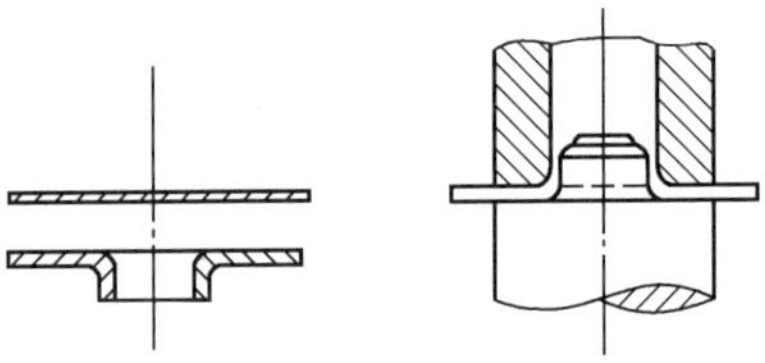	将板料或工件上有孔的边缘翻成竖立边缘
		外缘翻边	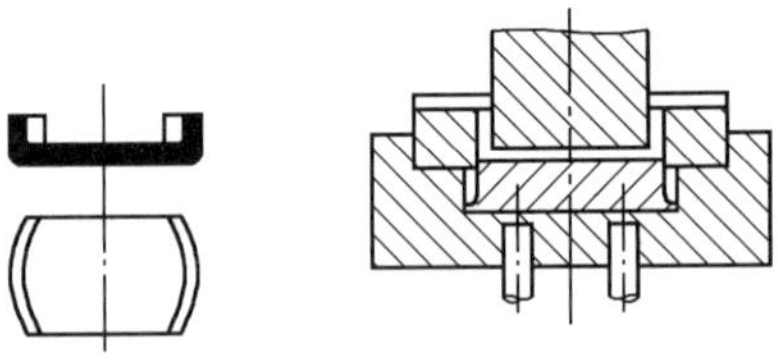	将工件的外缘翻成圆弧或曲线状的竖立边缘
		卷边	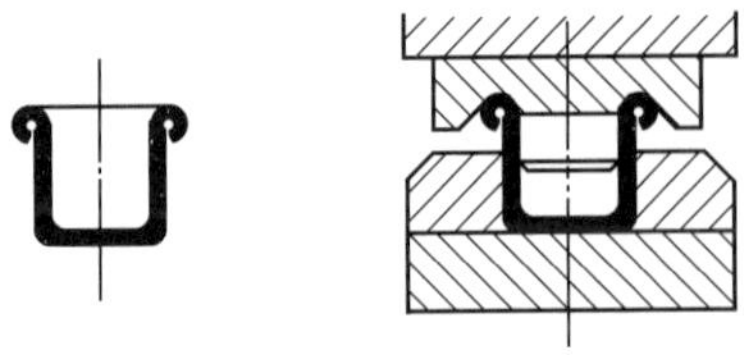	将空心件的边缘卷成一定的形状

续表

编号	工序		图例	图解
V	其他成型	扭转	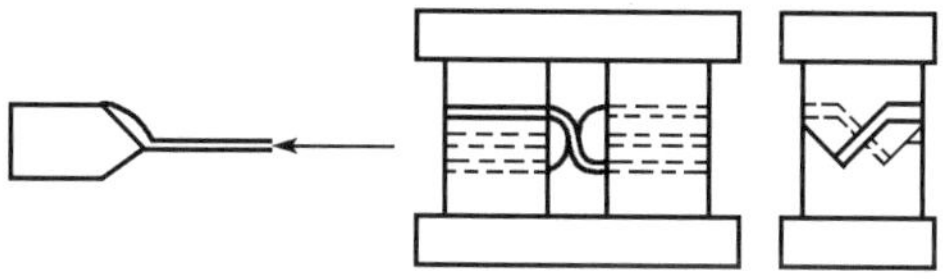	将平板坯料的一部分相对于另一部分扭转一个角度
		收口	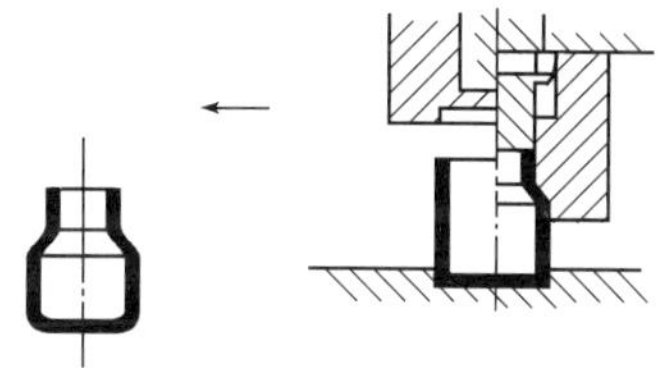	将空心件的口部缩小
		扩口	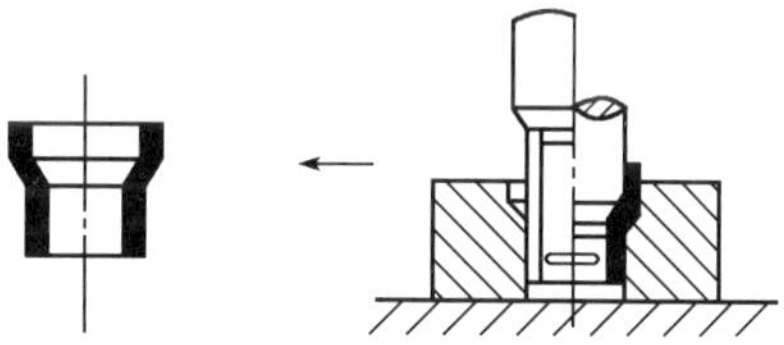	将空心件的口部扩大，常用于管子
		整形	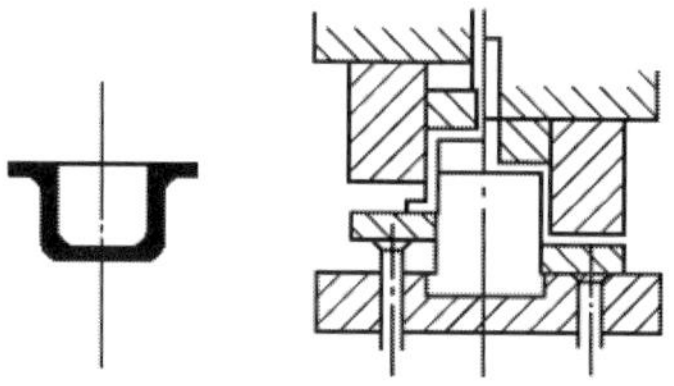	将形状不太准确的工件矫正成型

2.2.4　边缘加工

在钢结构制造中，为了保证焊缝质量和工艺焊透以及装配的准确性，不仅需将钢板边缘刨成或铲成坡口，还需要将边缘刨直或铣平。

1. 加工部位。

在钢结构制造中，常需要做边缘加工的部位主要有以下几个方面：

（1）起重机梁翼缘板、支座支承面等具有工艺性要求的加工面。

（2）设计图样中有技术要求的焊接坡口。

（3）尺寸精度要求严格的加劲板、隔板、腹板及有孔眼的节点板等。

2. 加工方法。

（1）铲边。对加工质量要求不高、工作量不大的边缘加工，可以采用铲边。铲边有手工铲边和机械铲边两种。手工铲边的工具有手锤和手铲等，机械铲边的工具有风动铲锤和铲头等。

（2）刨边。钢构件边缘刨边加工可以分为直边和斜边两种，通常借助刨边机来完成。钢构件刨边加工的余量随钢材厚度、钢板切割方法而不同。

（3）有些构件的端部可采用铣边（端面加工）的方法代替刨边。铣边是为了保持构件（如起重机梁、桥梁等接头部分，钢柱或塔架等的金属抵承部位）的精度，能使其力由承压面直接传至底板支座，以减小连接焊缝的焊脚尺寸。这种铣削加工一般是在端面铣床或铣边机上进行的。

3. 加工要求。

边缘加工应符合下列要求：

（1）坡口形式和尺寸应根据图样和构件的焊接工艺进行。除机械加工方法外，可通过气割或等离子弧切割方法，采用自动或半自动气割机进行切割。

（2）当用气割方法切割碳素钢和低碳合金钢的坡口时，对屈服强度小于400N/mm^{2}的钢材，应将坡口上的熔渣氧化层等清除干净，并将影响焊接质量的凹凸不平处打磨平整；对屈服强度大于或等于400N/mm^{2}的钢材，应将坡口表面及热影响区用砂轮打磨，除净硬质层。

（3）当用碳弧气割方法加工坡口或清除焊根时，对刨槽内的氧化层、淬硬层或铜迹必须彻底打磨干净。

（4）刨边应使用刨边机，将需切削的板材固定在作业台上，由安装在移动刀架上的刨刀来切削板材的边缘。刨边加工的余量随钢材厚度、钢板切割方法的不同而不同，一般的刨边加工余量为2～4mm。

（5）铣边利用滚铣切削原理，钢板焊前的坡口、斜边、直边、U形边应同时一次铣削成型，比刨边提高工效1.5倍且能耗少，操作维修方法简便。

（6）边缘加工的容许偏差应符合表2-20的规定。

边缘加工的容许偏差 **表2-20**

项目	零件宽度、长度	加工边直线度	加工面垂直度	加工面表面粗糙度
容许偏差	±1.0mm	l/3000，且不大于2.0mm	0.025t，且不大于0.5mm	R_a≤50μm

注：l为加工边的长度；t为加工面的厚度。

2.2.5 制孔

螺栓孔分为精制螺栓孔（A、B级螺栓孔—I类孔）和普通螺栓孔（C级螺栓孔—Ⅱ类孔）。精制螺栓孔的螺栓直径与孔径相等，其孔的精度与孔壁表面粗糙要求较高，一般先钻小孔，板叠组装后铰孔才能达到质量标准。普通螺栓孔包括高强度螺栓孔、普通强度螺栓孔、半圆头铆钉孔等，孔径应符合设计要求，其精度与孔粗糙程度比A、B级螺栓孔要求略低。

1. 制孔方法。

钢结构制作中，常用的加工方法有钻孔、冲孔、铰孔、扩孔等，施工时可根据不同的技术要求合理选用。

（1）钻孔。钻孔是钢结构制作中普遍使用的方法，适用于任何规格的钢板、型钢的孔加工。

（2）冲孔。冲孔是在冲孔机（冲床）上进行的，一般只能在较薄的钢板或型钢上冲孔。

（3）铰孔。铰孔是用铰刀对预先粗加工的孔进行精加工，以提高孔的光滑度和精度。

（4）扩孔。扩孔是通过麻花钻或扩孔钻对原有孔进行全部或局部扩大，主要用于构件的拼装和安装。

2. 制孔要求。

（1）构件制孔宜选用钻孔，钻孔对于螺栓孔孔壁的损伤较小，质量较好。利用钻床进行多层板钻孔时，应采取有效的防止窜动措施。钻孔前应磨好钻头，合理地选择切削余量。当保证某些材料质量、厚度和孔径冲孔后不会引起脆性影响时，可采用冲孔，冲孔的孔径必须大于板厚。

（2）钻透孔用平钻头，钻不透孔用尖钻头。当板叠较厚、直径较大或材料强度较高时，则应使用可以降低切削力的群钻钻头，便于排屑和减少钻头的磨损。

（3）当批量大、孔距精度要求较高时，采用钻模。钻模有通用型、组合型和专用钻模三种。

（4）长孔可用两端钻孔、中间氧割的办法加工，但孔的长度必须大于孔直径的2倍。

（5）高强度螺栓孔应采用钻成孔。高强度螺栓连接板上所有螺栓孔，均应采用量规或者游标卡尺检查，其通过率如下：

a. 用比孔的公称直径小1.0mm的量规检查，每组至少应通过85%；用比螺栓直径大0.3mm的量规检查，应全部通过。

b. 凡量规不能通过的孔，必须经施工图编制单位同意后，方可扩钻或补焊后重新钻孔。扩钻后的孔径不得大于原设计孔径2.0mm。补焊时，应用与母材力学性能相当的焊条，严禁用钢块填塞。每组孔中补焊重新钻孔的数量不得超过20%。处理后的孔应做好记录。

（6）A、B级螺栓孔（I类孔）应具有H12的精度，孔壁表面粗糙度*Ra*不应大于12.5μm。其孔径的容许偏差应符合表2–21的规定。C级螺栓孔（Ⅱ类孔），孔壁表面粗糙度*Ra*不应大于25μm，其容许偏差应符合表2–22的规定。螺栓孔间距的容许偏差应符合表2–23的规定，超出规定时应采用与母材材质相匹配的焊条补焊后重新制孔。

A、B级螺栓孔径的容许偏差（单位：mm）　表2-21

序号	螺栓公称直径、螺栓孔直径	螺栓公称直径容许偏差	螺栓孔直径容许偏差	检查数量	检验方法
1	10 ~ 18	0.00 ~ 0.18	+0.18 0.00	按钢构件数量抽查10%，且不应少于3件	用游标深度尺或孔径量规检查
2	18 ~ 30	0.00 ~ 0.21	+0.21 0.00		
3	30 ~ 50	0.00 ~ 0.25	+0.25 0.00		

C级螺栓孔的容许偏差（单位：mm）　表2-22

项目	容许偏差	检查数量	检验方法
直径	+1.0 0.0	按钢构件数量抽查10%，且不少于3件	用游标深度尺或孔径量规检查
圆度	2.0		
垂直度	0.03t，且不应大于2.0		

注：t为钢板厚度。

C级螺栓孔间距的容许偏差（单位：mm）　表2-23

螺栓孔距范围	≤500	501 ~ 1200	1201 ~ 3000	＞3000
同一组内任意两孔间距离	± 1.0	± 1.5	—	—
相邻两组的端孔间距离	± 1.5	± 2.0	± 2.5	± 3.0

2.2.6　螺栓球和焊接球加工

1. 螺栓球加工。

螺栓球是连接各杆件的零件，可分为螺栓球、半螺栓球及水雷球，宜采用45号钢锻造成型。螺栓球节点主要是由钢球、高强度螺栓、锥头或封板、套筒、螺钉和钢管等零件组成，如图2-8所示。

螺栓球宜热锻成型，加热温度宜为1150 ~ 1250℃，终锻温度不得低于800℃，成型后螺栓球不应有裂纹、褶皱和过烧。螺栓球加工的容许偏差应符合表2-24的规定。

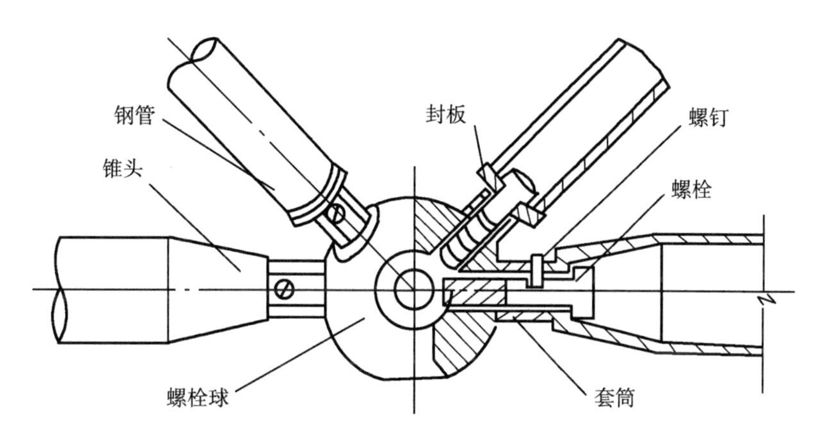

图2-8　**螺栓球节点**

螺栓球加工的容许偏差（单位：mm）　　表2-24

项目		容许偏差
球直径	$D \leq 120$	+2.0 −1.0
	$D > 120$	+3.0 −1.0
球圆度	$D \leq 120$	1.5
	$120 < D \leq 250$	2.5
	$D > 250$	3.5
同一轴线上两铣平面平行度	$D \leq 120$	0.2
	$D > 120$	0.3
铁平面距球中心距离		± 0.2
相邻两螺栓孔中心线夹角		± 30°
两铣平面与螺栓孔输线垂直度		$0.005r$

注：r为螺栓球半径；D为螺栓球直径。

2. 焊接球加工。

焊接球为空心球体，由两个半球拼接对焊而成。焊接球可分为不加肋和加肋两类（图2-9和图2-10）。钢网架重要节点一般均为加肋焊接球，加肋形式有加单肋、垂直双肋等。注意加肋高度不应超过球内表面，以免影响拼装。

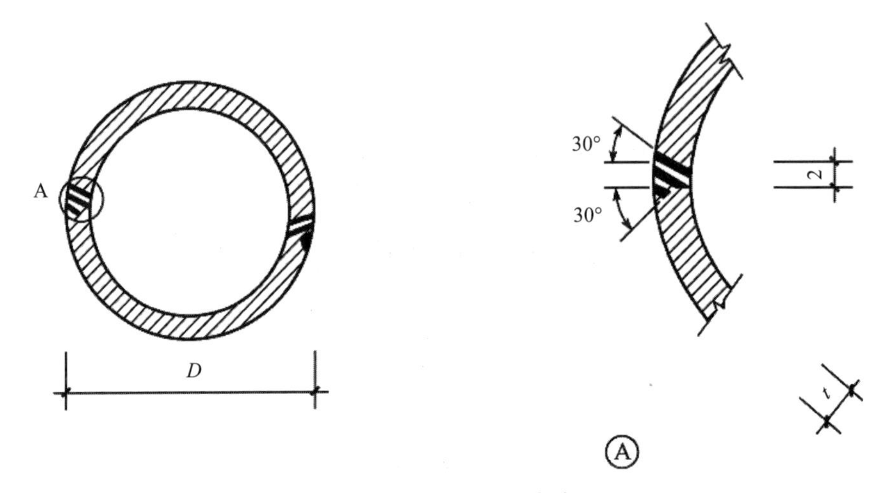

图2-9　不加肋的焊接球

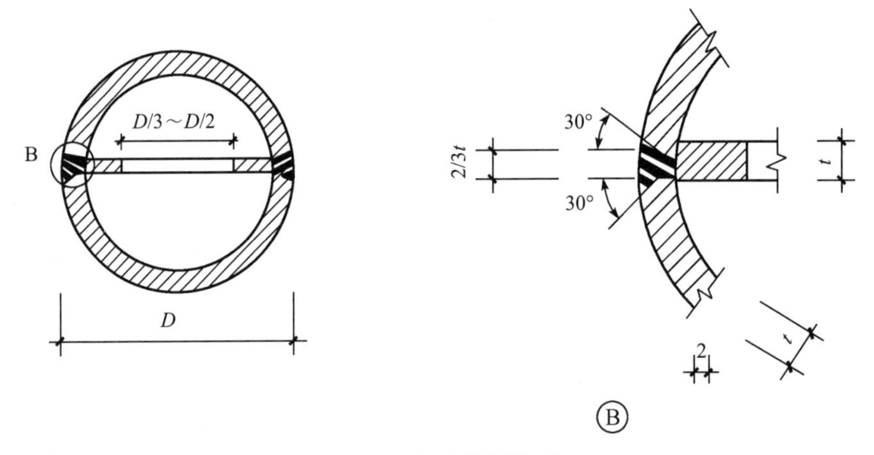

图2-10　加肋的焊接球

（1）焊接球下料时需控制尺寸，并应放出适当余量。

（2）焊接球材料用加热炉加热到1000～1100℃之间的适当温度，放到半圆胎具内，逐步压制成半圆形球，成型后，从胎具上取出冷却，并用样板修正，留出拼接余量。压制过程采取均匀加热的措施，压制时氧化镀锌薄钢板应及时清理，并应经机械加工坡口焊接成圆球。焊接后的成品球表面应光滑平整，不应有局部凸起或褶皱。

（3）焊接球拼接为全熔透焊缝，焊缝质量等级按设计要求。拼好的圆球放在焊接胎具上，胎具两边各打一个小孔固定圆球，并能慢慢旋转。圆球旋转一圈，调整各项焊接参数，用埋弧焊（也可以用气体保护焊）对焊接球进行多层多道焊接。

（4）焊接空心球加工的容许偏差应符合表2-25的规定。

焊接空心球加工的容许偏差（单位：mm）　表2-25

项目		容许偏差
球直径	$D≤300$	±1.5
	$300<D≤500$	±2.5
	$500<D≤800$	±3.5
	$D>800$	±4.0
球圆度	$D≤300$	1.5
	$300<D≤500$	2.5
	$500<D≤800$	3.5
	$D>800$	4.0
壁厚减薄量	$t≤10$	0.18t，且不大于1.5
	$10<t≤16$	0.15t，且不大于2.0
	$16<t≤22$	0.12t，且不大于2.5
	$22<t≤45$	0.11t，且不大于3.5
	$t>45$	0.08t，且不大于4.0
对口错边量	$t≤20$	1.0
	$20<t≤40$	2.0
	$t>45$	3.0
焊缝余高		0～1.5

注：D为焊接球外径；t为焊接球壁厚。

2.2.7　钢管加工

钢管段是组成短圆柱节点的一部分，另外，短圆柱节点还包括内部加劲板和连接杆件，如图2-11所示。

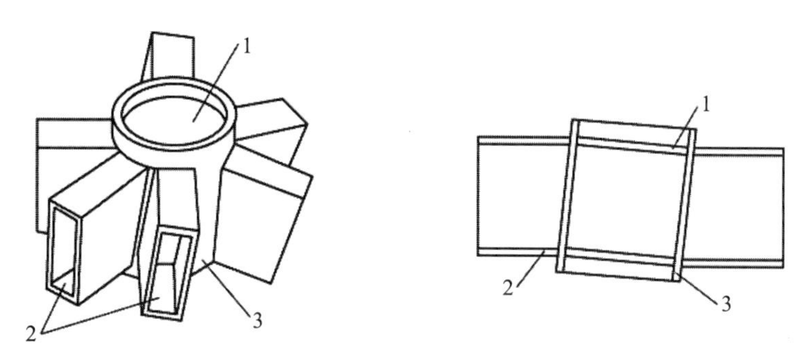

图2-11　短圆柱节点

1—内部加劲板；2—连接杆件；3—钢管段

1. 钢管卷制、压制成型。

在钢管桁架结构中，直径较大、壁厚较厚的钢管可采用卷翻或压制成型方法进行加工，其质量应符合现行国家标准《钢结构工程施工质量验收标准》(GB 50205)的规定。

(1)为防止板材表面损伤，卷制钢管前要将板材和辗轮表面的异物清理干净。

(2)钢管卷制宜采用卷板机沿钢板纵向卷曲成型，并应采用埋弧焊或CO_2气体保护焊方法制成管节。根据钢管长度不同，可由若干管节通过对接焊缝连接形成钢管，钢管的纵向和环向对接焊缝应为全熔透焊缝。卷制的钢管错边量应为t/10，且不应大于3mm。

(3)钢管压制宜采用专用生产线沿垂直于钢板轧制方向逐步折弯成型。压下量、压下力和钢板进给量应根据钢材强度等级、板厚、板宽控制，应保证在压制过程中钢板全长方向的平直度。成型时钢板的送进步长应均匀。

(4)钢管压制成型后应采用埋弧自动焊方法进行纵缝的焊接。

2. 圆钢管加工。

(1)圆钢管接长加工宜采用车床或多维数控相贯线切割机下料、加工坡口，并宜在专用台架上进行焊接；接头处应设衬管，焊缝应达到一级质量要求。

(2)圆钢管的相贯线加工宜采用数控相贯线切割机下料、加工坡口，相贯线的坡口应为带有连续渐变角度的光滑坡口。

(3)圆钢管加工容许偏差应符合表2-26的规定。

圆钢管加工容许偏差(单位：mm) 表2-26

项目		容许偏差	检验方法	图例
直径	d≤250	±1.0	用钢尺和卡尺检查	—
	d>250	±d/250，且不大于±4.0		
长度	L≤5000	±1.0	用钢尺检查	
	5000<L≤10000	—		
	L>10000	±3.0		
圆度	d≤250	1.0	用卡尺和游标卡尺检查	
	d>250	d/250，且不大于4.0		
相贯线切口	d≤250	±1.0	用套模和游标卡尺检查	—
	d>250	±2.0		

续表

项目	容许偏差	检验方法	图例
管端面对管轴线的垂直度	d/500，且不大于3.0	用直尺和样板检查	Δ d
弯曲矢高	L/1500，且不大于3.0	用直尺检查	f
对口错边	t/10，且不大于3.0	用直尺检查	Δ t
壁厚	t/10	用卡尺检查	—
坡口角度	0 ~ +5°	用焊缝量规检查	—

注：d为钢管直径；L为钢管长度；t为钢管壁厚。

3. 矩形管加工。

（1）矩形管的接长加工可采用锯切或气割的方式下料、加工坡口，也可采用仿形切割机进行加工。方钢管的接长加工可采用数控相贯线切割机下料、加工坡口。

（2）矩形管的平端口可采用仿形切割或手工切割下料和加工坡口；方钢管的平端口可采用数控相贯线切割机下料、加工坡口。

（3）矩形管的相贯线加工宜采用数控相贯线切割机下料、加工坡口，坡口应连续光滑；不能使用切割机加工的矩形管的相贯线可采用仿形切割或手工气割下料、加工坡口，加工时可按1：1放样并制作样板，号料画线后进行切割。

（4）矩形管加工容许偏差应符合表2-27的规定。

矩形管加工容许偏差　　表2-27

项目		容许偏差	检验方法	图例
截面尺寸	$b\,(h)\leqslant 500$	±2.0	卡尺检查	h b
	$b\,(h)>500$	±3.0		
对角线差		3.0	用钢尺检查	—
长度	$L\leqslant 5000$	±1.0		L
	$5000<L\leqslant 10000$	±2.0		
	$L>10000$	±3.0		

续表

项目		容许偏差	检验方法	图例
弯曲矢高		≤L/1500，且≤5.0	用直尺检查	
扭曲		$b(h)$≤250，且≤5.0		
相贯线切口	$b(h)$≤250	±1.0	用套模和游标卡尺检查	—
	$b(h)$>500	±2.0		
翼缘板倾斜度	$b(h)$≤400	1.5	用直尺、角尺和钢尺检查	
	$b(h)$≤400	3.0		
端面对轴线垂直度		$b(h)$≤500，且≤3.0	用直尺和样板检查	
端面局部不平整		1.0		
板面局部变形	t≤14	3.0	用直尺和钢尺检查	
	t≥14	2.0		

注：b、h为矩形管截面尺寸；L为矩形管长度；t为矩形管壁厚。

4．钢管弯曲加工。

（1）钢管弯曲加工应在直管检验合格后进行。钢管弯曲成型后，不应存在裂纹、过烧、分层等缺陷，表面不应有明显皱褶，局部凹凸度不应大于1mm。

（2）直缝焊接钢管弯曲时，其纵向焊缝宜避开受拉区，可放置在侧面区域。

（3）钢管的弯曲方法应根据截面尺寸、弯曲半径和设备条件确定，可分为冷弯和热弯。钢管弯曲宜优先采用冷弯，当冷弯不能满足要求时，可选择热弯，热弯可采用中频弯曲。

（4）碳素结构钢在环境温度低于−16℃、低合金高强度结构钢在环境温度低于−12℃时，不应进行冷弯曲。

（5）钢管的冷弯宜采用型弯机或液压机等进行弯曲加工：当钢管规格小于ϕ550mm×25mm时，可采用型弯机弯曲；当钢管规格大于ϕ550mm×25mm时，可采用大吨位的液压机弯曲。钢管的冷弯曲应根据工艺试验确定回弹量。

（6）中频弯管速度宜为100mm/min，弯曲时宜连续进行，中途不宜停顿。

（7）钢管中频弯曲成型后应冷却，对碳素结构钢可采用空气强迫冷却或水冷；对低合金高强度结构钢应采用空气强迫冷却，严禁用水冷却。

（8）钢管弯曲加工容许偏差应符合表2-28的规定。

钢管弯曲加工容许偏差（单位：mm）　　表2-28

项目		容许偏差	检验方法	图例
直径	d≤250	±1.0	用钢尺和卡尺检查	—
	d>250	±d/250，且不大于±4.0		
管口及连接处圆度	d≤250	1.0	用卡尺和游标卡尺检查	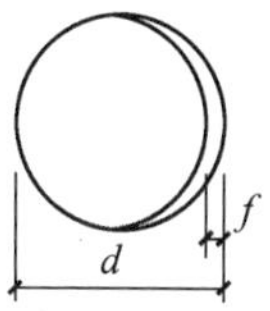
	d>250	±d/250，且不大于±4.0		
其他处圆度	d≤250	2.0		
	d>250	±d/125，且不大于±6.0		
管端面对管轴线的垂直度		d/500，且不大于3.0	用角尺、塞尺和百分表检查	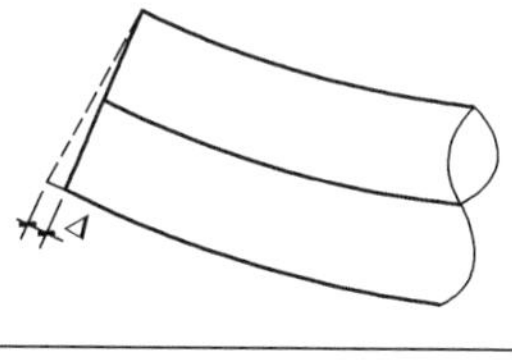
弯曲矢高		L/1500，且不大于5.0	用拉线、直角尺和钢尺或样板检查	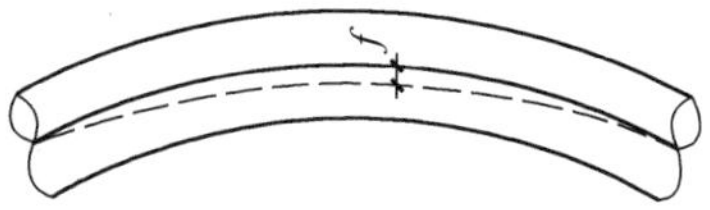
弯管平面度（扭曲、平面外弯曲）		L/1500，且不大于5.0	用水准仪、经纬仪、全站仪检查	—

注：d为钢管直径；L为钢管长度。

2.3

钢结构制作环节的常见质量问题与应对策略

2.3.1 放样与号料精度低

钢结构制作环节中，有关放样、号料操作的精度往往无法得到有效的控制与保障。其中根本原因是施工人员进行放样、号料操作时，缺乏规范性与专业性，导致放样操作、下料操作以及焊接操作等与设计方案的要求有明显差异。应对策略如下：

（1）在钢结构放样施工前，严格落实施工图纸审核工作，落实技术交底工作与钢结构加工尺寸的核定工作，确保焊接收缩余量、切割余量、刨边余量以及铣手余量均得到科学的预留处理。

（2）保障下料参数的科学性与精准性，同时严格落实验收工作，确保钢结构的间隙、坡口以及角度等方面均有严格的检查。

2.3.2 构件组装偏差显著

首先，在开展构件组装时，由于H型钢的未矫正或矫正不当，会使得H型钢的高度存在偏差现象。其次，当翼腹板的对接施工完成之后，若未能及时进行校平焊缝处理，则会导致翼腹板的表面出现凹凸不平的现象。应对策略如下：

（1）在H型钢的组装过程中，要确保组装胎架设置工作得到有效落实，如图2–12所示。

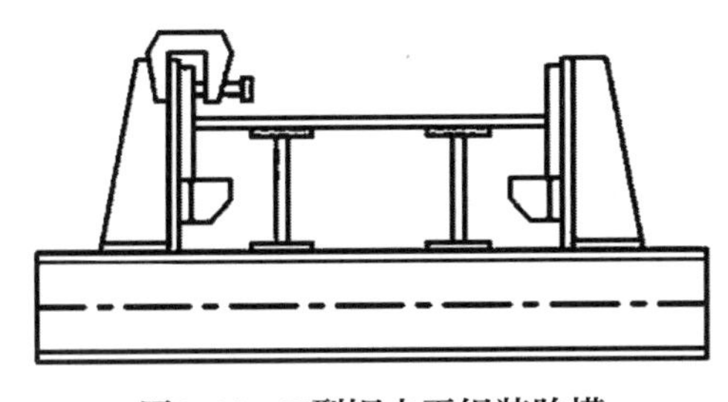

图2–12 H型钢水平组装胎模

（2）在开展腹板和翼缘板拼接施工时，要严格按照长度方向进行拼接处理，同时将翼缘板拼接缝与腹板拼接缝的间距控制在200mm以上，并且在H型钢组装前要严格落实所有的焊接和拼接工作。

2.3.3　焊接质量得不到保障

在钢结构制作施工过程中，若焊接施工质量得不到保证，将会对钢结构使用质量造成影响，使其安全性下降，严重情况下可能因此而导致人员伤亡事故。焊接施工中经常会出现以下问题，如焊接缝不匀、焊缝根部收缩或开裂现象、气孔及咬边与焊瘤缺陷等。造成上述现象的因素很多，如施工人员专业技能不强、实践经验不丰富、焊接环节没有确保焊接材料和母材料性能实现有效匹配、没有根据焊接施工实际条件选用最佳焊接工艺等。应对策略如下：

（1）钢结构焊接施工全面铺开前，管理人员应严格把关焊接团队施工人员资质，保证所有施工人员都能达到相关上岗标准。

（2）对焊条材料、存放环境以及电渣焊熔嘴进行各种焊接材料质量检查，从而保证焊接材料和母材料之间有理想匹配性。

（3）切实实施对焊接施工进行监督、检验和验收，保证在施工中及时发现和科学处理存在的问题。

2.3.4　结构件制孔尺寸缺乏精准性

钢结构制造过程中常存在结构件制孔尺寸不准等问题，表现为孔径尺寸不准和孔内有毛刺等。应对策略如下：

（1）技术人员进行钢结构制孔前，应充分结合施工图纸参数对孔位进行标定处理，以保证孔间距和排距都能合理控制。

（2）中心线定位完成后，应及时复查，待符合有关标准后方可开展下一步工作。钻孔施工前，技术人员应进行冲模处理工作，从而确保钻孔环节中可能存在的问题能被及时、科学地解决。

2.3.5　起拱拱度缺乏精准性

若起拱构件的起吊环节及运输环节未实施加固措施，将诱发钢结构的变形。此外，若起拱构件在输送、吊装施工时偏离设计方案较多，也会造成起拱拱度精准性不足的现象。

（1）为保证起拱拱度精准性达到预期标准，必须先明确拱度值，确保构件加工及拼装方法最优。

（2）在构件加工、拼装环节中，严格有效地控制偏差，如实施起拱构件补强措施等，从而降低运输和吊装过程中构件发生形变的可能性。

第3章

钢结构的运输、堆放与预拼装

3.1 钢结构运输、堆放施工要点

3.1.1 钢结构运输

（1）工厂内预拼装的钢构件要进行打包或打捆，包装检查完毕后方可进行装车发运。

（2）厂内按装箱清单装车，专人验收签字，必须满足构件吊装的匹配性。

（3）运输必须兼顾制造和安装的进度要求，编制详细的运输计划，并严格执行。

（4）钢结构装载方法。注意以下几点：①钢结构运输应按安装顺序进行配套发运；②汽车装载不准超过行驶证中核定的质量；③装载须均衡平稳、捆扎牢固。

（5）构件运输前，应全面检查钢构件，如构件的数量、长度，安装接头处螺栓孔之间的尺寸等是否符合设计要求。

（6）结构运输单元的划分，除应考虑结构受力条件外，还应注意经济合理，便于运输、堆放和易于拼装。

（7）在装卸、运输过程中应采取措施，防止构件变形及损坏。

（8）构件运至建设场地后，应分类堆放，并做好防雨、防结冰措施。

（9）每车构件必须携带质量合格证明资料、合格证进场，构件检验同时需检查质量证明文件。

3.1.2 钢结构堆放要求

（1）防腐涂料干燥，零部件的标记书写正确，方可进行打包。

（2）包装时应保护构件涂层不受伤害，装卸时受力点处需设置衬垫。

（3）包装时应保证构件和杆件不变形、不损坏、不散失，散件需水平放置，以防变形。

（4）包装件必须书写编号、标记、外形尺寸，如长、宽、高、总重。

（5）待运物件堆放需平整、稳妥、垫实，搁置干燥、无积水处，防止锈蚀。

（6）钢构件按种类、安装顺序分区存放，底层垫枕应有足够的支承面，防止支点下沉。

（7）相同、相似的钢构件叠放时，各层钢构件的支点应在同一垂直线上，防止钢构件被压坏或变形。

3.2 钢结构预拼装施工要点

钢结构预拼装时，不仅要防止构件拼装过程中产生应力变形，也要考虑构件运输过程中可能受到的损伤，必要时应采取一定的防范措施，将损伤降到最低。

3.2.1 钢构件预拼装方法

1. 平装法。

平装法适用于拼装跨度较小、构件刚度较大的钢结构，如长度18m以内的钢柱、跨度6m以内的天窗架及跨度21m以内的钢屋架的拼装。平装法操作方便，不用稳定加固措施，也不用搭设脚手架。焊缝大多数为平焊缝，焊接操作简易，焊缝质量易于保证，校正及起拱方便、准确。

2. 立拼拼装法。

立拼拼装法可适用于跨度较大、侧向刚度较差的钢结构，如长度18m以上的钢柱、跨度9～12m的天窗架及跨度24m以上的钢屋架的拼装。立拼拼装法可一次拼装多榀，块体占地面积小，不用铺设或搭设专用操作平台或枕木墩，节省材料和工时，省去翻身工序及起重设备，质量易于保证，但需搭设一定数量的稳定支架，因为块体校正、起拱较难，钢构件的连接节点及预制构件焊接连接的立焊缝较多，增加了焊接操作的难度。

3. 利用模具拼装法。

模具是指符合工件几何形状或轮廓的模型（内模或外模）。用模具来拼装组焊钢结构，具有产品质量好、生产效率高等诸多优点。对成批的板材结构、型钢结构，应当考虑采用模具拼装。桁架结构的装配模，往往是以两点连直线的方法制成的，结构简单，使用效果好。

3.2.2 钢构件预拼装要求

预拼装前，单个构件应检查合格。当同一类型构件较多时，可选择一定数量的代表性构件进行预拼装。

1. 计算机辅助模拟预拼装。

（1）构件除采用实体预拼装外，还可采用计算机辅助模拟预拼装方法，模拟构件或单元的外形尺寸应与实物几何尺寸相同。

（2）当计算机辅助模拟预拼装的偏差超过现行国家标准《钢结构工程施工质量验收

标准》（GB 50205）的有关规定时，应按实体预拼装要求进行。

2. 实体预拼装。

（1）预拼装场地应平整、坚实；预拼装所用的临时支承架、支承凳或平台，应经测量准确定位，并应符合工艺文件要求。重型构件预拼装所用的临时支承结构应进行结构安全验算。

（2）预拼装单元可根据场地条件、起重设备等，选择合适的几何形态进行预拼装。

（3）构件应在自由状态下进行预拼装。

（4）构件预拼装应按设计图的控制尺寸定位，对有预起拱、焊接收缩等的预拼装构件，应按预起拱值或收缩量的大小来调整尺寸定位。

（5）采用螺栓连接的节点连接件，必要时可在预拼装定位后进行钻孔。

（6）当多层板采用高强度螺栓或普通螺栓连接时，宜先使用不少于螺栓孔总数10%的冲钉定位，再采用临时螺栓紧固。临时螺栓在一组孔内不得少于螺栓孔数量的20%，且不应少于2个。预拼装时，应使板层密贴。螺栓孔应采用试孔器进行检查，并符合下列规定：

①当采用比孔公称直径小1.0mm的试孔器检查时，每组孔的通过率不应小于85%；

②当采用比螺栓公称直径大0.3mm的试孔器检查时，通过率应为100%。

（7）预拼装检查合格后，应在构件上标注中心线、控制基准线等标记，必要时可设置定位器。

3.3 钢构件拼装质量控制

（1）钢结构在加工厂家出发前，采购部门和厂家相关部门一起检验钢构件的质量，出具质量检查报告，检查钢构件的完整性，并附发货清单及组装顺序代码。安装钢构件过程中，严禁应用短料拼接主要构件（施工图纸特殊规定的除外），严禁在墩顶和面板位置设置横向接缝，务必采用整块材料制作钢腹板。钢结构运输到施工现场后，实际拼装前必须进行二次检验，避免钢构件发生变形等问题，如果有必要、有条件可以对钢构件展直矫正。

（2）综合考虑施工现场实际情况与具体吊装要求，选择拼装钢结构吊装机械。吊装前，采用压实机械对施工现场的场地进行压实，保证地基承载能力满足吊装设备相关要求。施工场地应有一定的坡度，且四周设置排水沟渠。

（3）选择起重设备时，计算每一段构件的机械重量，并以最大值乘以2为标准进行选择。如果构件体积或者重量较大，需2台起重设备吊装，那么首先计算吊装重量，然后根据计算结果选择合适的吊装机械设备。如果在吊装钢构件的过程中现场条件有限，进一步分段和切割构件，为了避免影响整个工程质量，尽量减少切割段数、提高吊装设备的能力。

（4）拼装钢构件的过程中，及时检查钢构件的平面尺寸和预拱度，一旦发生异常立即调整和纠正，务必保证整个结构不会发生任何变形。如果在运输、吊装或者拼装过程中钢构件发生油漆脱落问题，完成焊接拼装后应及时喷涂面漆。

（5）钢构件对接拼接时需要用到精密仪器，务必保证精密仪器的规格和测量精度符合要求。

（6）为了提高拼装质量可以分段拼接，拼接单位为节，钢结构拼装过程中注意设置好预拱度。预拼装前检查钢结构的尺寸、孔眼位置等，一旦发现误差立即纠正排除。比如孔眼误差不超过3mm，可以先使用铰刀铣孔，完成铣孔后确保孔眼直径不超过原来直径的1.2倍；完成预装后重点检查钢构件的中心线、交线中心等位置，并在构件上做标记，方便后续查找应用。如果条件容许，可以安装临时支撑和定位器等，缩短后续查找时间。如果拼接过程中应用的是假隔舱方法，应精心设计接头、节段的位置，进行编号，确保构件整体的拼装流畅进行。

（7）高强度螺栓连接质量直接决定整个钢结构的连接质量，因此拼装前，确保螺栓有正规的出厂证明，重点检测螺栓的表面抗滑移系数，定期检查各批次螺栓的轴力。完成高强度螺栓的轴力检查后，还需要检查每个螺栓的安装质量，确保不存在欠拧、超拧的情况，从而保证高强度螺栓的功能可以充分发挥。

（8）安装钢构件时，钢构件的孔眼直径必须和螺栓直径匹配，严禁随意更改孔径大小。为了安装时孔径不会发生变化，应采用胎架模具防止预制钢结构发生变形。另外，运输及安装构件过程中应采取必要的固定保护措施。在构件安装中，必须保证接触面面积超过构件表面积的2/3，接触面边缘之间的距离不能超过0.8mm。

第4章

钢结构的连接

4.1
钢结构焊接

焊接连接是钢结构主要的连接方式之一，它利用电弧所产生的高温使构件连接边缘和焊条上的金属熔化并在冷却过程中凝结成一个整体，从而形成稳固的连接。焊接连接的优点是：构造简单，任何形式的构件都可直接相连；用料经济，不削弱截面；连接的密闭性好，结构刚度大；制作加工方便，便于使用自动化作业和提高生产效率。其缺点是：焊缝附近存在热影响区，导致材料脆性增大；焊件内部产生的焊接残余应力及残余应变，不利于结构工作性能；焊接结构具有裂纹敏感性，裂缝容易扩展，特别是低温条件下发生脆断。此外，焊接连接塑性、韧性差，施焊过程中可能产生缺陷，导致结构疲劳强度下降。

4.1.1　焊接工艺过程

焊接结构有很多种，它们在制造、使用及要求上各不相同，但是在生产工艺上大体相似。

（1）生产准备。生产准备包括审查和熟悉施工图纸、编制生产工艺流程、工艺文件、质量保证文件，进行工艺评定及工艺方法的确认、原材料及辅助材料的订购、焊接工艺装备的准备。

（2）金属材料预处理。金属材料预处理是指对材料进行验收、分类、贮存、纠正、除锈、表面保护处理和预落料，为焊接结构的制造提供合格原料。

（3）备料和成型加工。备料和成型加工由画线、放样、号料、下料、边缘加工、冷热成型加工，端面加工和制孔组成，以提供组装和焊接用合格元件。

（4）装配和焊接。装配是指将制作完成的各部件根据安装施工图要求，选用合适工艺方法进行结合的过程。焊接就是采用合适的焊接工艺，经过焊接加工将各部件连接成一体，最终把金属材料转变为所需的金属结构。装配和焊接是焊接结构制造全过程的两大主要工艺。

（5）质量检验和安全评定。焊接结构制造过程中，产品质量至关重要，质量检验要贯穿整个制造过程。

4.1.2　常用焊接方法

（1）焊条电弧焊。

焊条电弧焊是很常用的一种焊接方法（图4–1）。通电后，在涂有药皮的焊丝与焊件之间产生电弧，电弧的温度可高达3000℃。在高温作用下，电弧周围的焊件金属变成液态，形成熔池，同时焊条中的焊丝熔化滴落入熔池中，与焊件的熔融金属相互结合，冷却后即形成焊缝。焊条药皮则在焊接过程中产生气体，保护电弧和熔化金属，并形成熔渣覆盖焊缝，防止空气中的氧、氮等有害气体与熔化金属接触，形成易脆的化合物。

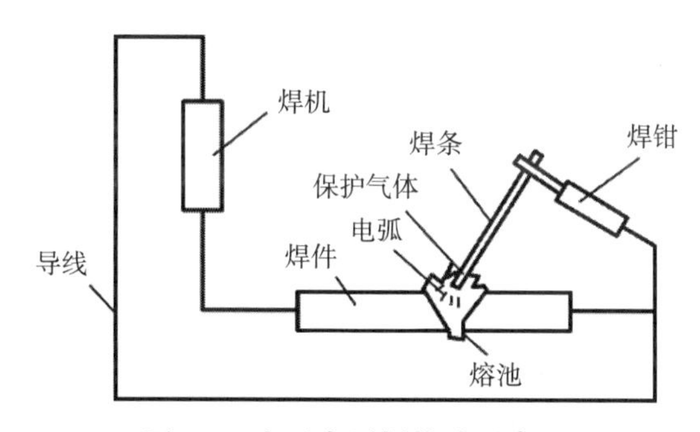

图4-1　人工电弧焊构成示意图

手工电弧焊的设备简单，操作灵活方便，适用于任意空间位置的焊接，特别适合焊接短焊缝。但其生产效率低，劳动强度大，焊接质量不稳定，一般用于工地焊接。

①焊条电弧焊的优点。可采用投资小的交流弧焊机或者直流弧焊机，设备简单、便于维修，适用于任意空间位置的焊接，特别适合焊接短焊缝。

②焊条电弧焊的缺点。

a．焊接质量不稳定。焊条电弧焊质量的好坏除取决于选择适当的焊条、焊接参数和焊接设备之外，还需依靠焊工操作技术和经验来保证。

b．劳动条件差。焊工除完成引弧、运条、收弧操作外，还需观测熔池状况，调整焊条与电弧长度。此外，长时间处于有毒烟尘、氧氮化合物蒸气与高温环境下作业，劳动条件差。

c．生产效率低。焊材利用率低、熔敷率不高，很难实现机械化、自动化生产。

③焊条电弧焊的焊前准备。主要包括坡口制备、欲焊部位清理、焊条焙烘、预热。这些焊前准备工作因焊件材料等因素不同而有所差异，现以碳钢和一般低合金钢为例来说明。

a．坡口制备。工厂通常采用剪切、气割、刨边、车削和碳弧气刨制备坡口，具体要根据工厂加工条件、焊件大小、形状等因素来选用。

b．欲焊部位清理。为了获得优质焊缝，焊接前应清除焊接部位的水分、铁锈、油污、氧化皮及其他杂物。可以选择钢丝刷、砂轮磨或者喷丸处理以及除油剂（汽油、丙酮）化学清洗等人工或机械方法进行清洗，必要时采用氧–乙炔焰进行烘烤清洗。

c．焊条焙烘低。型焊条的焙烘温度为300～350℃，其他焊条为70～120℃。温度偏低，去水效果差；温度过高，药皮易产生裂纹，焊接时结块剥落，导致药皮内各组成物出现分解或氧化现象，直接影响焊接质量。焊条焙烘一般采用专用烘箱，应遵循“用多少烘多少、随烘随用”的原则，烘后的焊条不宜在露天久放，可放入低温烘箱或者专用焊条保温筒中。

d．焊前预热。焊接前，将焊件整体或局部加热，前者预热一般是在炉膛内完成的，局部预热可采用火焰升温、工频感应升温或红外线升温等方式。预热是为了防止焊接接头冷却速度过快，从而达到改善组织、降低应力和预防焊接缺陷产生。预热与否、预热温度选择取决于焊件材质、组织的形状和大小。

④焊接参数的选择。为了确保焊接质量，所选择的诸多物理量如焊接电流、电弧电压、焊接速度等，统称为焊接工艺参数。

a．焊条直径的选择。想提高生产效率就要尽量选择大直径焊条，但选用的焊条直径过大时容易导致未焊透或焊缝成型不理想的缺陷。通常，平焊位置或厚度较大的焊件应选用直径较大的焊条，较薄焊件应选用直径较小的焊条，两者关系如表4–1所示。此外，焊接相同厚度T形接头，所选焊条直径应大于对接接头。

焊条直径与焊件厚度的关系（单位：mm）　　表4–1

焊件厚度	2	3	4～5	6～12	＞13
焊条直径	2	3.2	3.2～4	4～5	4～6

b．焊接电流的选择。焊接电流的选取应综合考虑焊条直径、药皮种类、焊件厚度、接头类型、焊接位置和焊道层次。通常，焊条直径越大、熔化焊条所需热量越多，所需的焊接电流也就越大。各种直径焊条均具有最适宜焊接电流范围，参考值如表4–2所示。当然，也可以根据选定的焊条直径用经验公式计算焊接电流，即

$$I = 10d^2 \tag{4–1}$$

式中：I——焊接电流，A；d——焊条直径，mm。

各种直径焊条使用焊接电流的参考值　　表4–2

焊条直径（mm）	1.6	2.0	2.5	3.2	4.0	5.0	5.8
焊接电流（A）	0～25	40～65	50～80	100～130	160～210	200～270	260～300

c. 电弧电压的选择。电弧电压对焊缝宽窄影响较大。通常电弧长度相当于焊条直径1/2 ~ 1倍，对应电弧电压16 ~ 25V。对于碱性、酸性焊条的电弧长度，分别取焊条直径的0.5倍和1倍。

d. 焊接速度的选择。焊接速度是指单位时间内所完成的焊缝长度，是焊工在确保焊缝的尺寸和形状及其熔合良好等原则基础上，视具体情况而灵活把握的。

e. 焊接层数的选择。厚板焊接中必须采用多层焊或多层多道焊的方法。多层焊的前一条焊道对后一条焊道起预热作用，反过来起到热处理作用（退火和缓冷），有利于提高焊缝金属的塑性和韧性。各层焊道的厚度不应超过4 ~ 5mm。

（2）CO_2气体保护焊。

气体保护焊是指利用喷枪喷射CO_2气体作为保护介质的一种电弧熔焊方法（图4–2）。它直接依靠保护气体在电弧周围形成局部的保护层，以防止有害气体的侵入并保证焊接过程的稳定性。

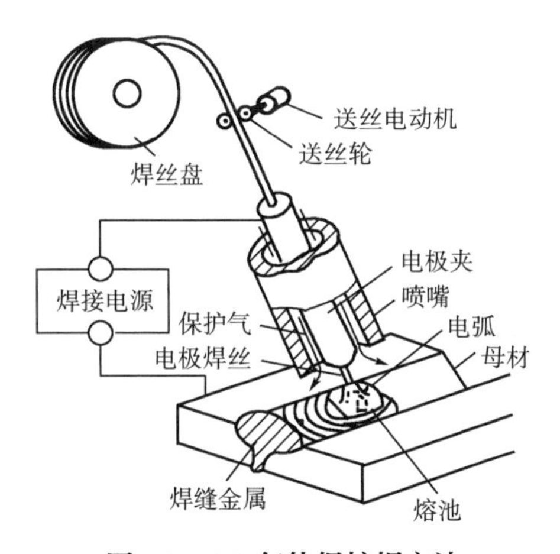

图4–2　CO_2气体保护焊方法

①CO_2气体保护焊的优点。a. 具有电流密度大（可达100 ~ 300A/mm²）、热量集中、焊丝熔化率高、焊接速度快、焊后无须清理等特点，所以CO_2气体保护焊生产率相比手工焊提高1.4倍；b. CO_2气体及焊丝价格较低，焊前生产准备要求不高，焊后清渣和校正工时少，所以成本低，一般只有埋弧焊及焊条电弧焊成本的40% ~ 50%；c. 由于电弧热量集中、线能量低和CO_2气体的冷却作用较强，使焊件受热面积小，焊接变形很小，尤其适用焊接薄板；d. 焊接中含氢量少，提高了焊接低合金高强钢抗冷裂纹的能力；e. 在较低电流下就能完成短路过渡，因此可用于立焊、仰焊和全位置焊；f. 电弧可见性好，有利于对电弧及熔池的监测及控制，便于焊接过程机械化及自动化。

②CO_2气体保护焊的缺点。a. 焊接飞溅大，焊缝形状粗糙不够优美；b. 无法焊接易氧化金属材料并须使用含脱氧剂焊丝；c. 抗风能力差，不适合野外作业；d. 设备较

复杂，易出现故障，要求专业队伍维护。

③CO_2气体保护焊焊前准备，主要包括坡口设计、坡口清理两项。

a. 坡口设计。CO_2气体保护焊采用细颗粒过渡时，电弧穿透力强、熔深大、易烧穿焊件，因此对装配质量有比较苛刻的要求。坡口开得要小一些，钝边适当大些，对接间隙不大于2mm。若采用直径为1.5mm焊丝时，钝边可留4.6mm，坡口角度可减小到45°左右。当板厚小于12mm时，开I形坡口；12mm以上板材可开较小的坡口。但坡口角度太小容易形成梨形熔深，在焊缝中心可能产生裂缝，特别是焊接厚板时，因约束应力较大，这种倾向会进一步增大，须引起高度的重视。

CO_2气体保护焊在短路过渡时熔深小，无法根据细颗粒过渡的方式进行坡口设计。通常容许较小的钝边，甚至可以不留钝边。又由于此时熔池很小，熔化金属温度低，黏度大，搭桥性能好，所以间隙大些也不会被烧穿。例如，对接接头容许间隙为3mm。当要求较高时，装配间隙应小于3mm。

使用细颗粒过渡焊接角焊缝，鉴于熔深较大，CO_2气体保护焊与焊条电弧焊相比可使焊脚尺寸缩小10%～20%，如表4-3所示。

不同板厚焊角尺寸（单位：mm）　　表4-3

焊接方法	焊脚尺寸			
	板厚6	板厚9	板厚12	板厚16
CO_2气体保护焊	5	6	7.5	10
焊条电弧焊	6	7	8.5	11

b. 坡口清理。焊接坡口及附近存在污物，会造成电弧不稳，且容易出现气孔、夹渣及未焊透等缺陷。

为确保焊接质量，要求坡口正、反两面周围20mm范围内需除去水分、锈渍、油污、油漆等脏污。

清理坡口主要采用喷丸清理、钢丝刷清理、砂轮磨削、有机溶剂脱脂、气体火焰升温等工艺。当采用气体火焰加热时，应注意充分加热以清除水分、氧化镀锌薄钢板及油污等物质，避免稍加热即移走火焰，从而使母材降温下产生水珠。当水珠流入坡口间隙后，会出现相反的结果，导致焊缝气孔增多。

④CO_2气体保护焊的焊接工艺参数选择。主要焊接参数有焊丝直径、焊接电流、电弧电压、焊接速度、焊丝伸出长度、焊接回路电感、电源极性以及气体流量和焊枪倾角。

a. 焊丝直径。根据焊件厚度、施焊位置和生产率要求来选择，还要考虑熔滴过渡形式和焊接过程稳定性。通常用细焊丝焊接薄板时，焊丝的直径应随焊件厚度增大而增大。焊丝直径选用可以参照表4–4。

不同焊丝直径的适用范围　　表4-4

焊丝直径（mm）	熔滴过渡形式	焊接厚度（mm）	焊缝位置
0.5 ~ 0.8	短路过渡	1.0 ~ 2.5	全位置
	细颗粒过渡	2.5 ~ 4.0	水平位置
1.0 ~ 1.4	短路过渡	2.0 ~ 8.0	全位置
	细颗粒过渡	2.0 ~ 12.0	水平位置
1.6	短路过渡	3.0 ~ 12.0	水平、立、横、仰
≥1.6	细颗粒过渡	>6.0	水平位置

b．焊接电流。根据母材板厚、材料、焊丝直径、施焊位置和所需熔滴过渡形式来选择。当焊丝直径为1.6mm，短路过渡焊接电流小于200A，可获得飞溅少、成型优美的焊道；熔滴过渡焊接电流大于350A，可获得熔深较深的焊道，多用于厚板焊接。焊接电流选取如表4–5所示。

焊接电流的选择　　表4-5

焊丝直径（mm）	焊接电流（A）	
	细颗粒过渡（电流电压30～45V）	短路过渡（电弧电压16～22V）
0.8	150 ~ 250	60 ~ 160
1.2	200 ~ 300	100 ~ 175
1.6	350 ~ 500	120 ~ 180
2.4	600 ~ 750	150 ~ 200

c．电弧电压。电弧电压会直接影响熔滴过渡形式、飞溅、焊缝成型等都有直接影响。为了获得较好工艺性能，最佳电弧电压值可以参照表4–6。

常用焊接电流及电弧电压的适用范围　　表4-6

焊丝直径（mm）	短路过渡		滴状过渡	
	焊接电流（A）	电弧电压（V）	焊接电流（A）	电弧电压（V）
0.6	40 ~ 70	17 ~ 19		

续表

焊丝直径（mm）	短路过渡		滴状过渡	
	焊接电流（A）	电弧电压（V）	焊接电流（A）	电弧电压（V）
0.8	60 ~ 100	18 ~ 19		
1.0	80 ~ 120	18 ~ 21		
1.2	100 ~ 150	19 ~ 23	160 ~ 400	25 ~ 35
1.6	140 ~ 200	20 ~ 24	200 ~ 500	26 ~ 40
2.0			200 ~ 600	27 ~ 40
2.5			300 ~ 700	28 ~ 42
3.0			500 ~ 800	32 ~ 44

d. 焊接速度。选取焊接速度之前，首先要根据母材板厚度、接头及坡口的形式、焊缝空间位置等因素调节焊接电流和电弧电压，以满足电弧稳定燃烧要求，再根据焊道截面尺寸，合理选取焊接速度。一般采用半自动CO_2气体保护焊时，熟练焊工的焊接速度为18 ~ 36m/h。

e. 焊丝伸出长度。焊丝伸出长度是指焊丝在进入电弧之前通电长度，它起到预热焊丝的作用。从生产经验来看，适宜的焊丝伸出长度应在焊丝直径的10倍左右。对直径不等、材质不一的焊丝，所容许采用的伸出长度也不同，如表4–7所示。

焊丝伸出长度的选择（单位：mm）　　表4–7

焊丝直径	H08Mn2SiA	H06Cr09Ni9Ti
0.8	6 ~ 12	5 ~ 9
1.0	7 ~ 13	6 ~ 11
1.2	8 ~ 15	7 ~ 12

f. 焊接回路电感。主要是通过调整电流的动特性来得到适当的短路电流增长速度，从而控制电弧的燃烧时间，控制母材的熔深。焊接回路电感值要根据焊丝的直径及焊接位置选定。

g. 电源极性。CO_2气体保护焊时，由于熔滴具有非轴向过渡的特点，为减少飞溅，保持电弧稳定，一般采用直流反接，即焊件与阴极连接，焊丝与阳极连接。当采用直流正接时，焊丝熔化速度较快，焊缝熔深较小，焊缝堆高较大，所以一般只在堆焊或铸钢件补焊时采用。

h. 气体流量。CO_2气体流量主要影响保护性能。保护气体从喷嘴喷出时要有一定的挺度，才能避免空气对电弧区的影响。一般情况下，细丝焊接时的气体流量为5～15L/min，粗丝为15～25L/min。

i. 焊枪倾角。焊枪倾角对焊缝成型质量的影响不容忽视（图4-3）。在焊枪与焊件呈前倾角的情况下，焊缝宽度大、余高低、熔深浅、焊缝成型良好；反之后倾角时，焊缝质量较差。

（3）埋弧焊。

埋弧焊是电弧在焊剂层下燃烧的一种电弧焊方式。埋弧焊的焊丝不涂药皮，但施焊端被焊剂（主要起保护焊缝的作用）所覆盖。如果焊丝送进以及电弧按焊接方向的移动由专门机构控制完成，称为埋弧自动电弧焊（图4-4）；如果焊丝送进专门机构，而电弧按焊接方向的移动靠人手工操作完成，则称为埋弧半自动电弧焊。埋弧焊一般用于工厂焊接。

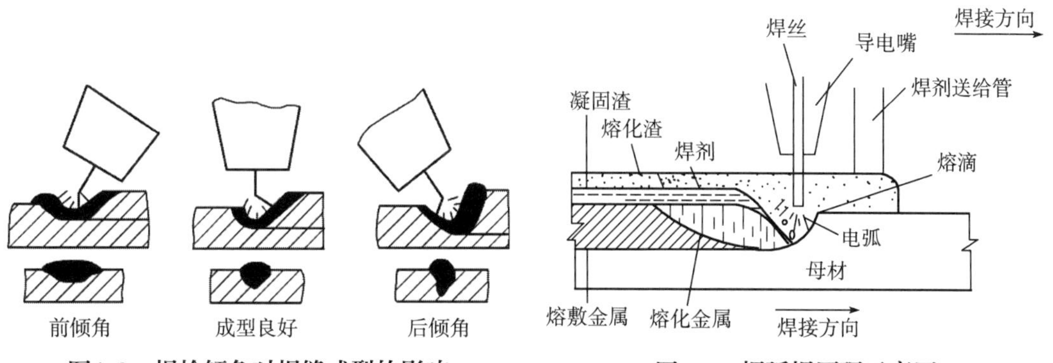

图4-3　焊枪倾角对焊缝成型的影响　　**图4-4　埋弧焊原理示意图**

①埋弧焊的优点。埋弧焊能对较细的焊丝采用大电流，电弧热量集中，熔深大。由于采用自动或半自动化操作，生产效率高，焊接工艺条件稳定，焊缝成型良好，化学成分均匀；同时较高的焊速减少了热影响区的范围，从而减小了焊件变形。

②埋弧焊的缺点。埋弧焊对焊件边缘准备和装配质量的要求较高，不及手工焊灵活；一般只适合于水平位置或倾斜度不大的焊缝，且因埋弧焊电场强度大而使得薄板焊接难度大；由于是埋弧操作，看不到熔池和焊缝形成过程，焊缝易发生焊偏，因此，必须严格控制焊接规范。

③埋弧焊焊接工艺参数选择。

a. 坡口的基本形式和尺寸。埋弧自动焊因所用焊接电流大，对厚度小于12mm的板材，采用双面焊接时可不作坡口处理。对于厚度12～20mm以上的板，为了达到全焊透，在单面焊后，焊件背面应清根，再进行焊接。对较厚的板材要在开好坡口之后焊接。埋弧焊焊接接头的基本形式和尺寸应符合现行国家标准《埋弧焊的推荐坡口》（GB/T 985.2）。

b．焊接电流。焊接电流对熔深起决定性作用，加大焊接电流能提高生产率，但是焊接电流过大会导致热影响区偏大，容易出现焊瘤和焊件烧坏的现象。如果焊接电流太小，熔深不够，容易出现熔合差、未焊透和夹渣的情况。

c．焊接电压。当焊接电压过高时，焊剂的熔化量大增，电弧失稳，严重时会出现咬边、气孔等瑕疵。

d．焊接速度。焊接速度过快时会出现咬边、未焊透、电弧偏吹及气孔缺陷，焊缝成型差；焊接速度过慢，易出现满溢、焊瘤或者烧穿等缺陷；焊接速度过慢和焊接电压过高时，焊缝截面呈现“蘑菇形”，易开裂。

e．焊丝直径与伸出长度。在焊接电流恒定的情况下，焊丝直径减小相当于电流密度提高，使得熔深加大，焊缝成型系数降低。所以焊丝的直径应和焊接电流匹配，如表4-8所示。当焊丝的伸出长度变大，熔敷速度及金属也随之变大。

不同直径焊丝的焊接电流范围　　表4-8

焊丝直径（mm）	2	3	4	5	6
电流密度（A·mm^{-2}）	63 ~ 125	50 ~ 85	40 ~ 63	35 ~ 50	28 ~ 42
焊接电流（A）	200 ~ 400	350 ~ 600	500 ~ 800	500 ~ 800	800 ~ 1200

f．焊丝倾角。在单丝焊过程中，焊件置于水平位置上，焊丝垂直于焊件。在使用前倾焊的情况下适合焊薄板。当焊丝后倾时焊缝成型较差，一般只是在多丝焊前导焊丝中使用。

g．焊剂层厚度与粒度。焊剂层厚度过薄，电弧保护效果差，易出现气孔或者裂纹；焊剂层过厚会使焊缝狭窄、成型系数降低。焊剂颗粒度提高，熔宽增大，熔深稍有降低，但是颗粒过大对熔池的保护不利，容易出现气孔。

（4）焊钉焊（栓焊）。

栓焊是指通过电流局部加热熔化栓钉和局部母材，同时施加压力挤出液态金属，使栓钉截面与母材形成牢固结合的焊接方法，一般可分为电弧焊钉焊和储能焊钉焊两种。

①电弧焊钉焊（电弧栓焊）。电弧栓焊是指栓钉端头置于陶瓷保护罩内与母材接触并通以直流电，以使栓钉与母材之间激发电弧，电弧产生的热量使栓钉和母材熔化，维持一定的电弧燃烧时间后将栓钉压入母材局部熔化区内。陶瓷保护罩的作用是集中电弧热量，隔离外部空气，保护电弧和熔化金属免受氮、氧的侵入，并防止熔融金属的飞溅。

②储能焊钉焊。储能栓钉焊是利用交流电使大容量的电容器充电后向栓钉与母材之间瞬时放电，达到熔化栓钉端头和母材的目的。由于电容放电能量的限制，一般用于小直径（≤12mm）栓钉的焊接。

4.1.3　常用焊接方法的选择

焊接施工应根据钢结构的种类、焊缝质量要求、焊缝形式、位置和厚度等选定焊接方法、焊接电焊机和电流，常用焊接方法的选择见表4–9。

常用焊接方法的选择　表4–9

焊接类别		使用特点	适用场合
焊条电弧焊	交流焊机	设备简单，操作灵活方便，可进行各种位置的焊接，不减弱构件截面，保证质量，施工成本较低	焊接普通钢结构，为工地广泛应用的焊接方法
	直流焊机	焊接技术与使用交流焊机相同，焊接时电弧稳定，但施工成本比采用交流焊机高	用于焊接质量要求较高的钢结构
埋弧焊		在焊剂下熔化金属的焊接，焊接热量集中，熔深大，效率高，质量好，没有飞溅现象，热影响区小，焊缝成型均匀美观；操作技术要求低，劳动条件好	在工厂焊接长度较大、板较厚的直线状贴角焊缝和对接焊缝
半自动焊		与埋弧焊机焊接基本相同，操作较灵活，但使用不够方便	焊接较短的或弯曲形状的贴角和对接焊缝
CO_2气体保护焊		用CO_2或惰性气体代替焊药保护电弧的光面焊丝焊接，可全位置焊接，质量较好，熔速快，效率高，省电，焊后不用清除焊渣，但焊时应避风	薄钢板和其他金属焊接大厚度钢柱、钢梁的焊接

1. 常用焊接方式。

钢结构焊接时，根据施焊位置的不同，有平焊、立焊、横焊和仰焊四种焊接方式。

（1）平焊。

平焊是指焊接处在于水平位置或倾斜角度不大的焊缝，焊条位于工件之上，焊工俯视工件所进行的焊接工艺。其基本操作过程如下：

①焊接前应选择适当的焊接参数有：焊接电流、焊条直径、焊接速度及电弧长度。

②起焊时，在焊缝起点前方15 ~ 20mm处的焊道内引燃电弧，将电弧拉长4 ~ 5mm，对母材进行预热后带回到起焊点，把熔池填满至要求的厚度后方可施焊。

③焊条运行角度应视两个焊件厚度而定。焊条角度有两个方向：一是焊条与焊接前进方向的夹角为60° ~ 75°，如图4–5（a）所示。二是焊条和焊件左右两部分之间存在夹角，两焊件厚度相同时焊条角度均为45°，如图4–5（b）所示；当两焊件厚度不同时，焊条向薄焊件侧靠近、相对于厚焊件侧的角度大些，如图4–5（c）所示。

④焊接时因换焊条或其他原因重新施焊的接头方法和起焊方法相同。只有首先去除熔池中的熔渣，才能进行引弧。

⑤收弧时，每条焊缝必须焊至最后将弧坑填平，然后向焊接反方向带弧口，这样弧

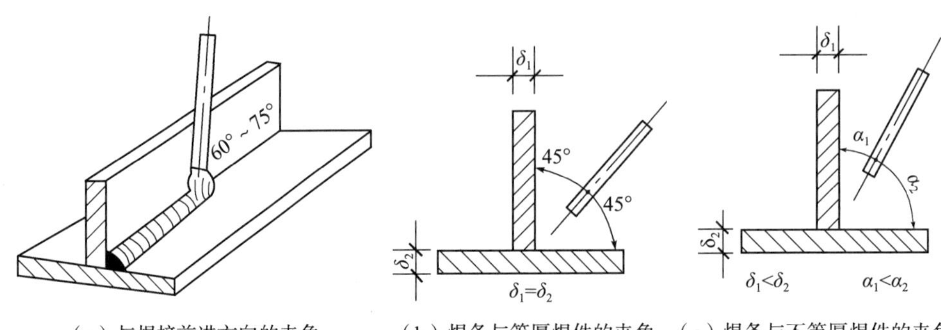

（a）与焊接前进方向的夹角　（b）焊条与等厚焊件的夹角　（c）焊条与不等厚焊件的夹角

图4-5　平焊焊条角度

坑才会甩入焊道内，防止弧坑被咬死。

⑥整根焊缝焊完后需将熔渣清理干净，经过焊工自检合格后再转移位置继续进行焊接。

（2）立焊。

立焊是指沿接头由上而下或由下而上焊接的焊接工艺。立焊的基本操作过程与平焊相同，但应注意下述问题：

①立焊宜采用短弧焊接，弧长约2 ~ 4mm。同等条件下焊接电流较平焊的低10% ~ 15%。

②立焊时，避免焊条熔滴及熔池中金属下淌等现象，宜用较细直径焊条。在运条手法上，一般采用锯齿形运条。

③焊接时应根据焊件的厚度适当选择焊条的角度。当两焊件厚度相同时焊条角度均为45°，见图4-6（a）；当两焊件厚度不同时，焊条向薄焊件侧靠近、相对于厚焊件侧的角度大些，见图4-6（b）；焊条与下面垂直平面之间的夹角为60° ~ 80°，见图4-6（c）。

④焊接临近结束时宜用挑弧法填平弧坑，并使电弧移向熔池中心进行停弧。

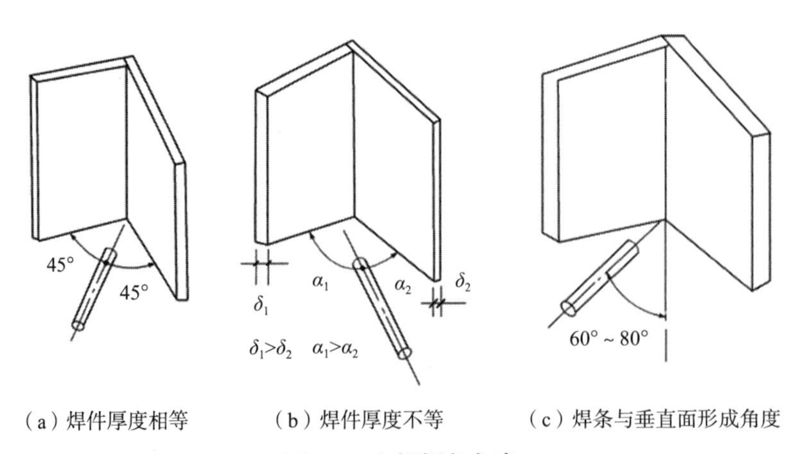

（a）焊件厚度相等　（b）焊件厚度不等　（c）焊条与垂直面形成角度

图4-6　立焊焊条角度

（3）横焊。

横焊是焊接垂直或倾斜平面上水平方向的焊缝，应采用短弧焊接，并选用较小直径焊接电流，以及适当的运条方法。其基本操作过程如下：

①横焊和立焊基本一致，同等条件下焊接电流较平焊的低10%～15%，弧长约2～4mm。

②横焊时焊条角度要向下斜，夹角在70°～80°之间，以防铁水下坠。焊条角度宜根据两个焊件厚度进行适当调整。焊条与焊接前进方向的夹角在70°～90°之间。

③横焊时因熔化金属受重力作用下流入坡口，产生未熔合、层间夹渣等缺陷，所以应采用直径较细的焊条及短弧进行施焊。

④采用多层多道焊时，虽可防止铁水向下流动，但其外观不容易规整。

⑤为了避免坡口上缘形成咬肉，下边缘形成下坠，作业中应将坡口上缘稍停做稳弧动作，按所选焊接速度焊到坡口下边缘，做微小的横拉稳弧动作，然后迅速带至上坡口，如此匀速进行。

（4）仰焊。

仰焊就是焊接位置处于水平下方的焊接，属于最困难的一种。由于熔池位置在焊件下面，焊条熔滴金属的重力会阻碍熔滴过度，熔池金属也受自身重力作用下坠，故仰焊时焊缝背面容易产生凹陷，正面焊道出现焊瘤，焊道形成困难。其基本操作过程如下：

①仰焊与立焊、横焊基本相同，焊条同焊件之间夹角与焊件厚度相关。焊条和焊接方向在70°～80°之间，最好采用小电流短弧。

②仰焊时必须维持最短电弧长度使熔滴在短期内向熔池过渡，并受表面张力影响迅速与熔池液体金属交汇，促进焊缝成型。

③为了缩小熔池面积，应选用小于平焊时的焊条直径及焊接电流的材料。

④仰脸对接焊时，宜采用多层焊或多层多道焊。第一层焊缝表面需平整，切忌凸形；焊接第二层时应除去第一层熔渣和飞溅金属，铲去焊瘤；第二层后运条法都可以是月牙形或者锯齿形，运条过程中两边应稍有停顿，中间速度要快，这样才能形成比较细的焊道。用多层多道焊可用直线形运条法焊接。每层焊缝的排列顺序与其他位置的焊缝相同。焊条角度应随各道焊缝位置而作相应调整，以利于溶滴过渡，得到较佳焊缝。

2. 焊接接头的组成。

焊接接头是组成焊接结构的关键元件，它的性能与焊接结构的性能和安全有着直接的关系。焊接接头是由焊缝金属、熔合区、热影响区组成的，如图4-7所示。

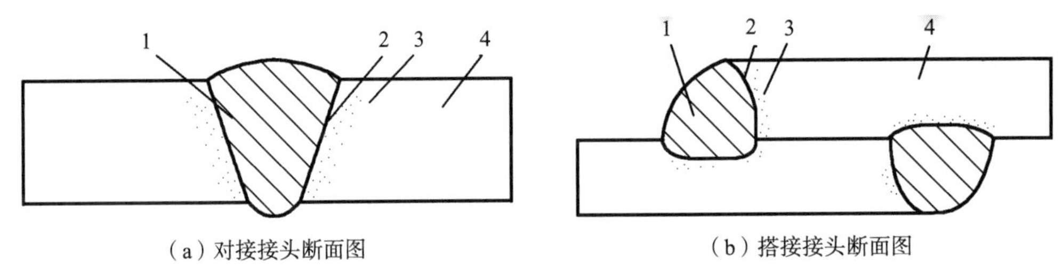

（a）对接接头断面图　　（b）搭接接头断面图

图4-7　熔焊焊接接头的组成

1—焊缝金属；2—熔合区；3—热影响区；4—母材

3. 焊缝的基本形式。

焊缝是构成焊接接头的主体部分，有对接焊缝和角焊缝两种基本形式。

（1）对接焊缝。

对接焊缝拼接处焊件宽度不等或侧面厚度相差4mm及以上时，宽度或厚度由侧面或侧面分别制成坡度不超过1：2.5（图4–8）的斜角；在不同厚度的情况下，焊缝坡口形式要按较薄焊件的厚度来取。对于较厚的焊件（$t \leqslant 20$mm，t为钢板厚度），应采用V形缝、U形缝、K形缝、X形缝。其中V形缝、U形缝采用单面施焊，其焊缝根部需要进行补焊。对不具备条件的补焊，应提前加垫根部（图4–9）。在焊件可任意翻转施焊的情况下，采用K形缝、X形缝效果更佳。

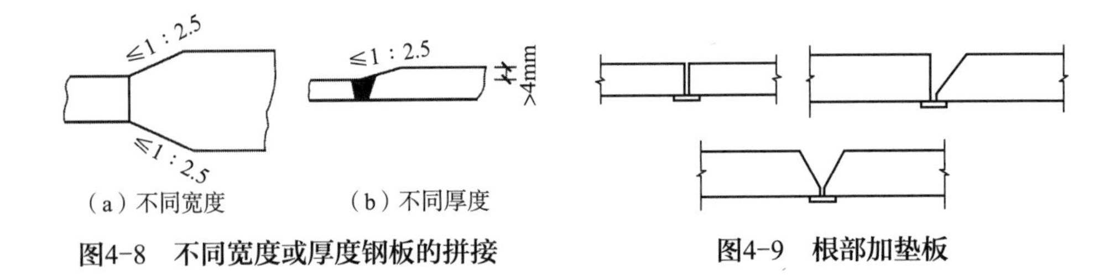

（a）不同宽度　　（b）不同厚度

图4-8　不同宽度或厚度钢板的拼接　　**图4-9　根部加垫板**

在钢板厚度或宽度有变化的焊接中，为了使构件传力均匀，应在板的一侧或两侧做成坡度不大于1：4的斜角，形成平缓的过渡，如图4–10所示。

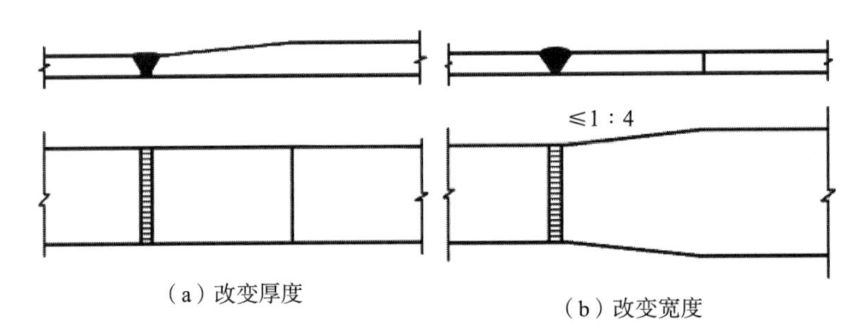

（a）改变厚度　　（b）改变宽度

图4-10　不同厚度或宽度的钢板连接

（2）角焊缝。

①角焊缝的形式。

角焊缝多应用于两焊件之间不在一个平面上的连接，角焊缝可分为正面角焊缝（作用力与焊缝垂直）、侧面角焊缝（作用力与焊缝平行）、斜焊缝（作用力与焊缝斜向相交），见图4–11。角焊缝构造有如下要求。

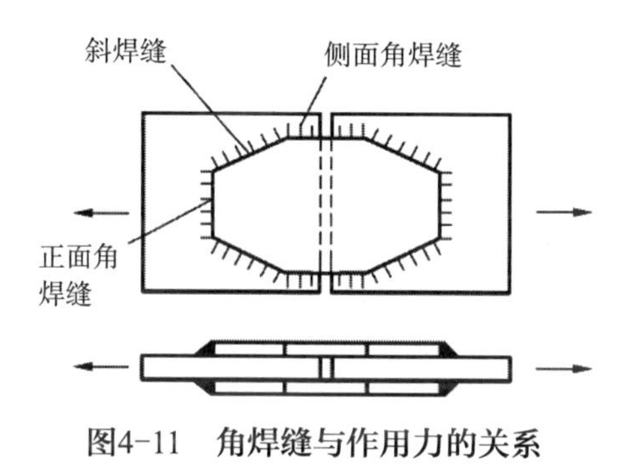

图4–11　角焊缝与作用力的关系

②最大焊脚尺寸。

焊缝在施焊后，由于冷却引起了收缩应力，施焊的焊脚尺寸越大，则收缩应力越大，因此，为避免焊缝区的基本金属“过烧”，减小焊件的焊接残余应力和焊接变形，焊脚尺寸h_f不必过于加大。对板件边缘的角焊缝（图4–12），当板件厚度$t>6$mm时，根据焊工的施焊经验，不易焊满全厚度，故取$h_f \leqslant t-$（1～2）mm；当$t \leqslant 6$m时，通常采用小焊条施焊，易于焊满全厚度，则取$h_f \leqslant t$。

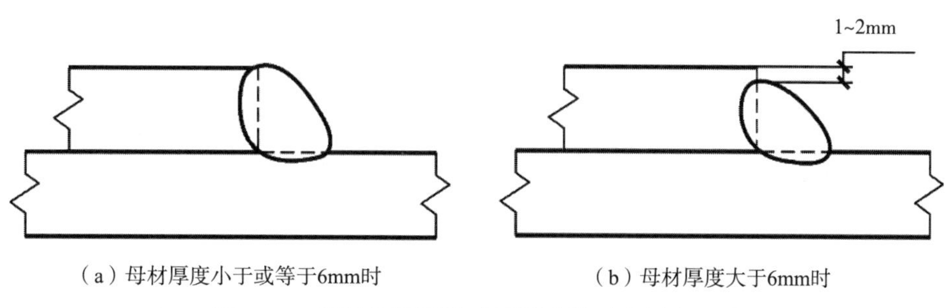

（a）母材厚度小于或等于6mm时　　（b）母材厚度大于6mm时

图4–12　搭接角焊缝沿母材棱边的最大焊脚尺寸

③最小焊脚尺寸。

角焊缝的焊脚尺寸也不能过小，否则会因输入能量过小，而焊件厚度相对较大，以致施焊时冷却速度过快，产生淬硬组织，导致母材开裂。现行标准规定的角焊缝最小焊脚尺寸如表4–10所示，其中母材厚度t的取值与焊接方法有关。当采用不预热的非低氢焊接方法进行焊接时，t等于焊接连接部位中较厚件的厚度，并宜采用单道焊缝；当采用预热的非低氢焊接方法或低氢焊接方法进行焊接时，t等于焊接连接部位中较薄件的厚度。此外，对于承受动荷载的角焊缝最小焊脚尺寸不宜小于5mm。

角焊缝最小焊脚尺寸h_f（单位：mm）　表4-10

母材厚度t	$t \leqslant 6$	$6 < t \leqslant 12$	$12 < t \leqslant 20$	$t > 20$
角焊缝最小焊脚尺寸h_f	3	5	6	8

④侧面角焊缝的最大计算长度。

搭接焊接连接中的侧面角焊缝在弹性阶段沿长度方向受力不均匀，两端大而中间小。在静力荷载作用下，如果焊缝长度不过大，当焊缝两端点处的应力达到屈服强度后，由于焊缝材料的塑性变形性能，继续加载则应力会渐趋均匀。但如果焊缝长度超过某一限值时，由于焊缝越长，应力不均匀现象越显著，则有可能首先在焊缝的两端破坏，为避免发生这种情况，一般规定侧面角焊缝的计算长度$l_w \leqslant 60h_f$。当实际长度大于上述限值时，其超过部分在计算中可以不予考虑；或者也可采用对全长焊缝的承载力设计值乘以折减系数来处理，折减系数$\alpha_f=1.5-l_w/120h_f$，且不小于0.5，式中的有效焊缝计算长度l_w不应超过$180h_f$。

若内力沿侧面角焊缝全长分布，比如焊接梁翼缘板与腹板的连接焊缝，屋架中弦杆与节点板的连接焊缝，以及梁的支承加劲肋与腹板连接焊缝等，其计算长度可不受最大计算长度要求的限制。

⑤角焊缝的最小计算长度。

角焊缝的焊脚尺寸大而长度较小时，焊件的局部加热严重，焊缝起灭弧所引起的缺陷相距太近，以及焊缝中可能产生的其他缺陷（气孔、非金属夹杂等），使焊缝不够可靠。另外，对搭接连接的侧面角焊缝而言，如果焊缝长度过小，由于力线弯折大，也会造成严重应力集中。因此，为使焊缝能具有一定的承载能力，根据使用经验，侧面角焊缝或正面角焊缝的计算长度不得小于$8h_f$和40mm；焊缝计算长度应为扣除引弧、收弧长度后的焊缝长度。

⑥搭接连接的构造要求。

当板件端部仅有两条侧面角焊缝连接时（图4-13），试验结果表明，连接的承载力与b/l_w的比值有关。b为两侧焊缝的距离，l_w为侧焊缝长度。当$b/l_w>1$时，连接的承载力随着b/l_w比值的增大而明显下降，这主要是由于应力传递的过分弯折使构件中应力分布不均匀所致。为使连接强度不致过分降低，应使每条侧焊缝的长度不宜小于两侧焊缝之间的距离，即$b/l_w \leqslant 1$。两侧角焊缝之间的距离b不应大于200mm，但当$b>200$mm时，应加横向角焊缝或中间塞焊，以免因焊缝横向收缩而引起板件向外发生较大拱曲。

在搭接连接中，当仅采用正面角焊缝时（图4-14），其搭接长度不得小于焊件较小厚度的5倍，也不得小于25mm。采用角焊缝焊接连接时，不宜将厚板焊接到较薄板上。杆件端部搭接采用三面围焊时，在转角处截面突变，会产生应力集中，如在此处起灭弧，可能出现弧坑或咬边等缺陷，从而加大应力集中的影响，故所有围焊的转角处必须连续施焊。对于非围焊情况，当角焊缝的端部在构件转角处时，可连续地作长度为$2h_f$的绕角焊（图4–13）。

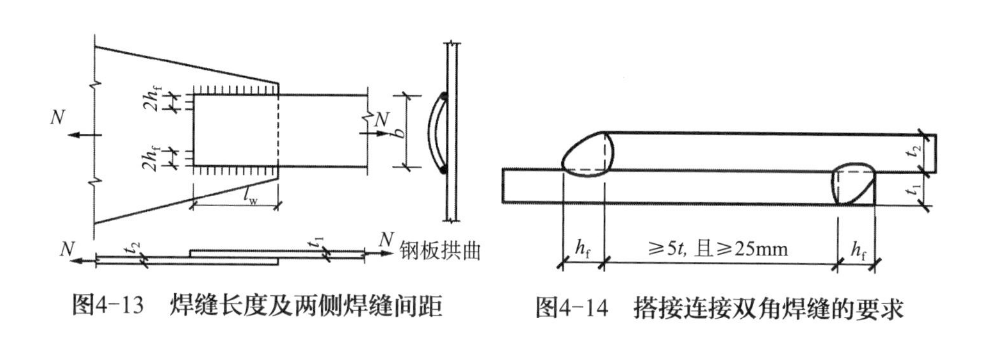

图4–13　焊缝长度及两侧焊缝间距　　图4–14　搭接连接双角焊缝的要求

⑦断续角焊缝。

在次要构件或次要焊接连接中，可采用断续角焊缝。断续角焊缝焊段的长度不得小于$10h_f$或50mm，其净距不应大于15t（对受压构件）或30t（对受拉构件），t为较薄焊件厚度。腐蚀环境中板件间需要密闭，因而不宜采用断续角焊缝。承受动荷载时，严禁采用断续坡口焊缝和断续角焊缝。

4. 焊接接头的基本形式。

焊接接头的基本形式有四种：对接接头、搭接接头、T形接头和角接接头（图4–15）。选用接头形式时，应该熟悉各种接头的优缺点。

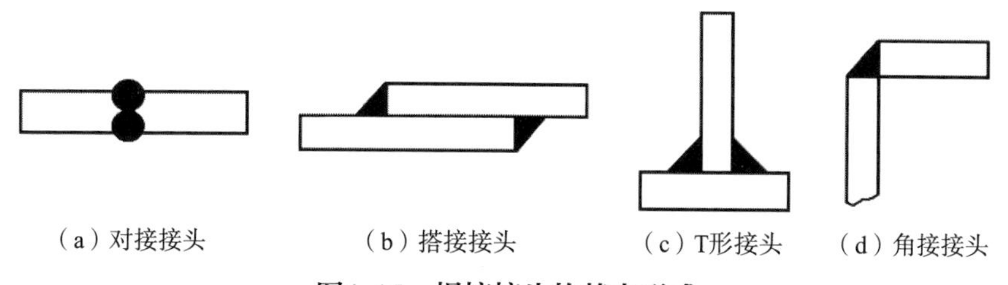

（a）对接接头　（b）搭接接头　（c）T形接头　（d）角接接头

图4–15　焊接接头的基本形式

（1）对接接头。

两焊件表面构成大于或等于135°、小于或等于180°夹角，即两板件相对端面焊接而形成的接头称为对接接头。通常，对接接头的焊缝轴线与作用力方向垂直，也有少数与作用力方向成斜角的斜焊缝对接接头（图4–16）。其中，斜焊缝对接接头处焊缝承受的正应力较低，以前焊接水平不高，为了安全而被使用，但随着焊接技术的提升，该连接方式已不再使用。

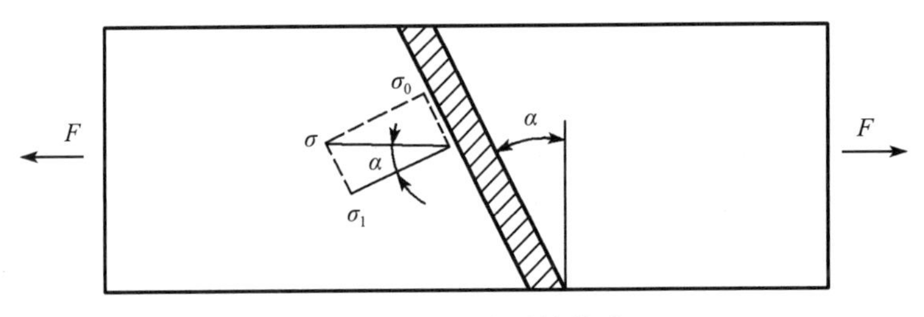

图4-16 斜焊缝对接接头

（2）搭接接头。

两个板件局部重叠焊接而成的接头叫搭接接头。搭接接头的应力分布不均匀且疲劳强度低，并非理想接头。然而相比对接接头，焊前准备及组装工作简单很多，横向收缩量小，因此，它也被广泛应用于受力不大的焊接结构。搭接接头主要以角焊缝构成搭接接头最为多见，多用于12mm以下的钢板焊接。在此基础上，还出现了开槽焊（图4-17）、塞焊（图4-18）和锯齿状搭接（图4-19）等各种型式。

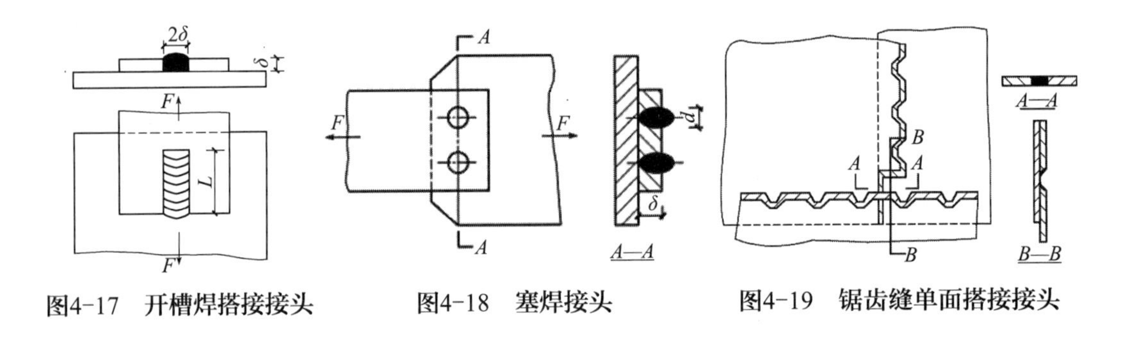

图4-17 开槽焊搭接接头　图4-18 塞焊接头　图4-19 锯齿缝单面搭接接头

（3）T形接头。

T形接头是指通过角焊缝把互相垂直的被连接件连接一起的接头。T形接头应避免单面角焊，因为其根部缺口较深，承载力较低，见图4-20（a）。对于较厚钢板，可采用图4-20（b）所示的K形坡口，根据受力情况决定是否需要焊透。对于需要全部焊透的T形接头，采用图4-20（c）所示的单边V形坡口，由一侧焊接而成，焊接后背面清根焊满比用K形坡口焊接更可靠。

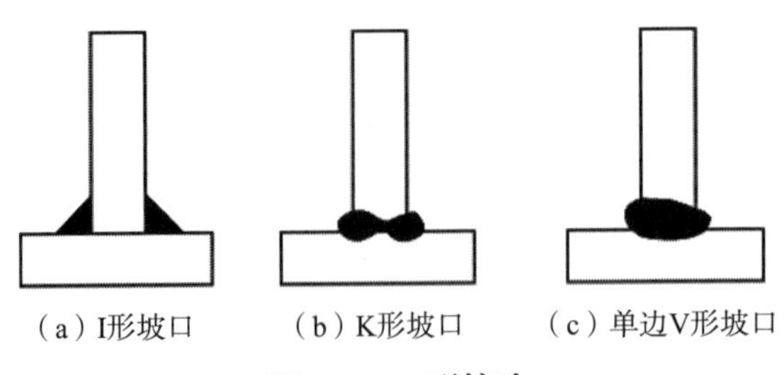

（a）I形坡口　（b）K形坡口　（c）单边V形坡口

图4-20 T形接头

（4）角接接头。

两板件端面构成30°～135°夹角的接头，称为角接接头。在箱形构件中应用广泛，常见形式如图4–21所示。图4–21（a）是最简单的角接接头，但承载力较差；图4–21（b）用双面焊缝由内加强的角接接头，承载能力大，一般不使用；图4–21（c）和图4–21（d）开坡口容易焊透、强度高、外观棱角好，但要注意层状撕裂；图4–21（e）和图4–21（f）组装方便，省工时，为目前最为经济实用的角接接头；图4–21（g）为确保接头有精确直角且刚度较大的角接接头，但是角钢厚度应比板厚大；图4–21（h）为角接接头中最不合理的接头之一，焊缝多，不易施焊。

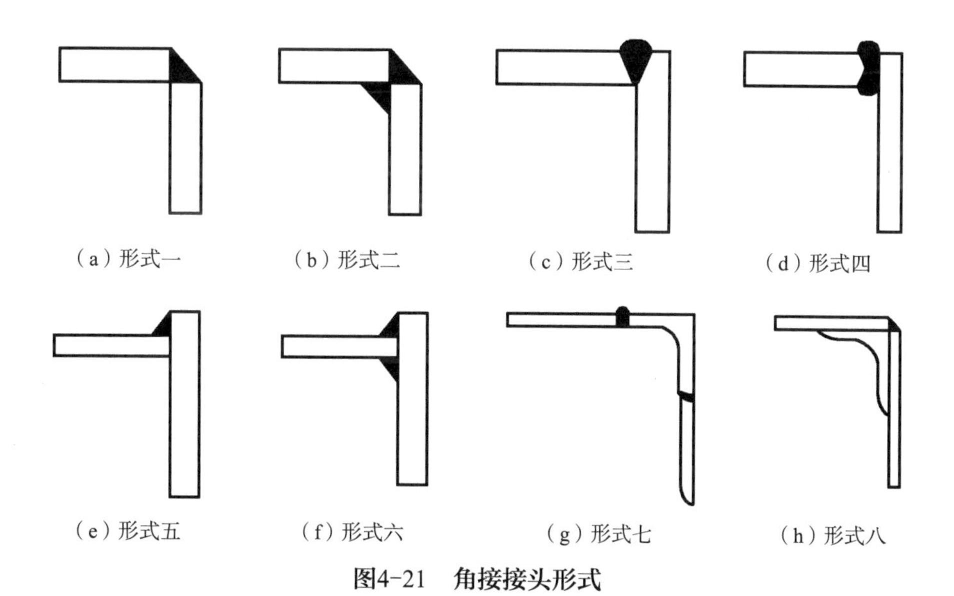

图4–21　角接接头形式

4.1.4　焊接施工质量控制

1. 焊接作业条件。

焊接时，作业区环境温度不得低于–10℃、相对湿度不得超过90%、手工电弧焊和自保护药芯焊丝电弧焊过程中焊接作业区的最大风速不得超过8m/s；采用气体保护电弧焊时，最大风速不应超过2m/s。

焊接前，应使用钢丝刷、砂轮等刀具去除待焊部位表面氧化皮、铁锈、油污及其他杂质。焊接坡口应按现行国家标准《钢结构焊接规范》（GB 50661）进行检查。焊接作业要根据工艺评定中焊接工艺参数来完成。在野外高空焊接作业时，要搭建牢固的操作平台及防护棚。

当焊接作业环境温度低于0℃且不低于–10℃时，应采取加热或防护措施，焊接接头及焊接表面各个方向上均应对钢板厚度两倍以上且又不小于100mm以内的母材进行升温，达到最低预热温度且又不低于20℃后方可进行施焊。

2. 定位焊。

构件定位焊接须持有焊接合格证的电焊工人进行，并采取回焊引弧、落弧充填弧坑。定位焊的焊缝厚度不得小于3mm，且不得大于设计焊缝厚度的2/3；长度不应小于40mm及接头较薄部位厚度的4倍；间距宜为300～600mm。定位焊缝和正式焊缝应采用同样的焊接工艺及质量要求。多道定位焊的焊缝末端应呈阶梯状。使用钢衬垫板焊接接头时，定位焊应于接头坡口以内完成。定位焊的焊接温度以比正式施焊的预热温度高20～50℃为宜。

3. 引弧板、引出板和衬垫板。

当引弧板、引出板和衬垫板为钢材时，应选择屈服强度未超过被焊钢材名义强度的钢材，焊接性要接近。焊接接头端部要有焊缝引弧板和引出板。焊条电弧焊、气体保护电弧焊的焊缝引出长度宜在25mm以上，埋弧焊宜在80mm以上。当焊接结束且充分冷却后，可用火焰切割，碳弧气刨或者机械等方法去除引弧板和引出板，并进行修磨整平，严禁用锤击落。

钢衬垫板要密贴在接头母材上，缝隙不宜超过1.5mm，并且要与焊缝完全融合。在手工电弧焊、气体保护电弧焊焊接过程中钢衬垫板的厚度不宜小于4mm，埋弧焊时的厚度不得小于6mm，电渣焊时的厚度不得小于25mm。

4. 预热和道间温度控制。

预热和道间温度应视钢材化学成分、接头拘束状态、热输入尺寸、熔敷金属含氢量以及所用焊接方法而定，也可通过焊接试验来测定。预热及道间温度控制宜用电加热、火焰加热及红外线加热，并要使用特殊测温仪器进行检测。预热的加热区加热等加热方法，应采用专用的测温仪器测量。预热后的加热区域要位于焊接坡口两侧，其宽度要大于焊件施焊处1.5倍板厚，不得小于100mm。温度测量点：应为非封闭空间构件，宜位于焊件受热面后部距焊接坡门两边不小于75mm的位置；当为封闭空间构件，宜位于前部距焊接坡口的两侧不小于100mm的位置。Ⅲ类和Ⅳ类钢材以及调质钢预热温度和道间温度测定，要满足钢厂给出的指导性参数。

常用钢材采用中等热输入焊接时，最低预热温度宜符合表4-11的要求。

常用钢材最低预热温度要求（单位：℃）　　　　**表4-11**

钢材类别	接头最厚部件的板厚t（mm）				
	$t \leq 20$	$20 < t \leq 40$	$40 < t \leq 60$	$60 < t \leq 80$	$t > 80$
Ⅰ①	—	—	40	50	80
Ⅱ	—	20	60	80	100
Ⅲ	20	60	80	100	120

续表

钢材类别	接头最厚部件的板厚t（mm）				
	$t \leqslant 20$	$20 < t \leqslant 40$	$40 < t \leqslant 60$	$60 < t \leqslant 80$	$t > 80$
Ⅳ②	20	80	100	120	150

注：1. 本表中焊接热输入为15～25kJ/cm，当热输入每增大5kJ/cm时，预热温度降低20℃；

2. 当采用非低氢焊接材料或焊接方法焊接时，预热温度应提高20℃；

3. 当母材施焊处温度低于0℃时，应根据焊接作业环境、钢材牌号及板厚的具体情况适当增加表中预热温度，且应在焊接过程中保持这一最低道间温度；

4. 焊接接头板厚不同时，应按接头中较厚板的板厚选择最低预热温度和道间温度；

5. 焊接接头材质不同时，应按接头中较高强度、较高碳当量的钢材选择最低预热温度；

6. 本表不适用于供货状态为调质处理的钢材，控轧控冷钢最低预热温度可由试验确定；

7. “—”表示焊接环境在0℃以上时，可不采取预热措施。

①铸钢除外，Ⅰ类钢材中的铸钢预热温度宜参照Ⅱ类钢材的要求确定；

②仅限于Ⅳ类钢材中的Q460、Q460GJ钢。

电渣焊和气电立焊在环境温度0℃以上施焊时可不进行预热；但板厚大于60mm时，宜对引弧区域的母材预热且预热温度不应低于50℃。

焊接过程中，最低道间温度不应低于预热温度；静荷载结构焊接时，最大道间温度不宜超过250℃；需进行疲劳验算的动荷载结构和调质钢焊接时，最大道间温度不宜超过230℃。

5. 焊接变形的控制。

（1）焊接变形的种类。

钢结构焊接过程中，构件发生的变形主要有三种，分别是垂直于焊缝的横向收缩、平行于焊缝的纵向收缩以及角变形（即绕焊缝线回转）。因构件形状、大小、周界条件及施焊条件等不完全一样，焊接时引起的变形比较复杂，如图4-22所示。

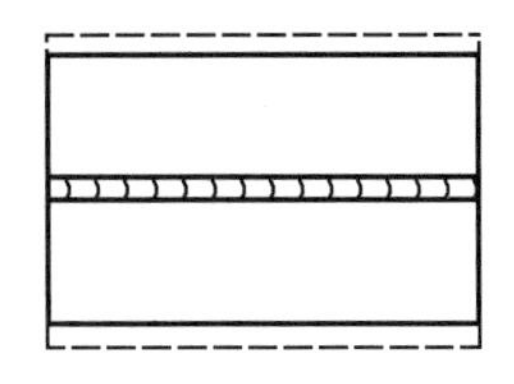

（a）横向收缩——垂直于焊缝方向的收缩

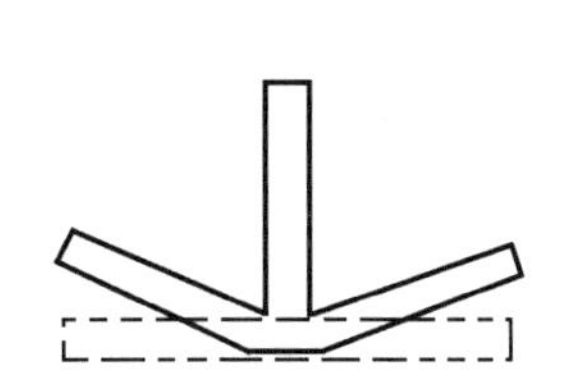

（b）角变形（横向变形）——厚度方向非均匀热分布造成的紧靠焊缝线的变形

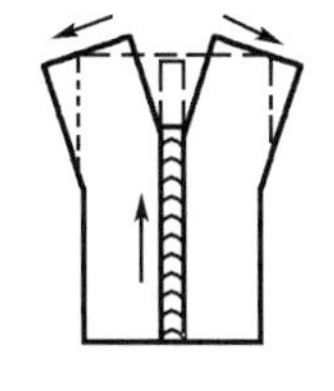

（c）回转变形——由热膨胀而引起的板件的平面内的角变形

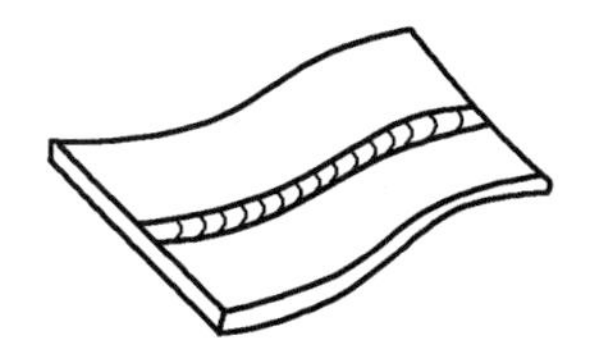

（d）压曲变形——焊后构件在长度方向上的失稳

图4-22　各种焊接变形示意图

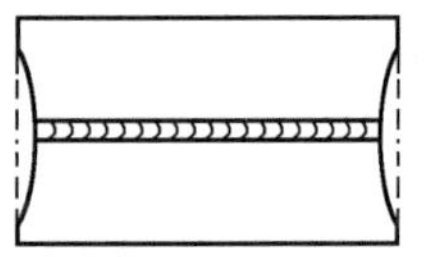
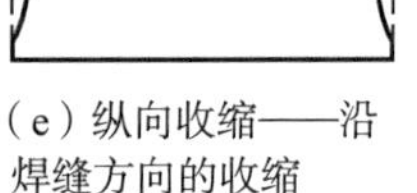
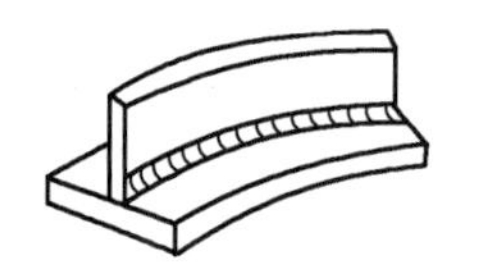
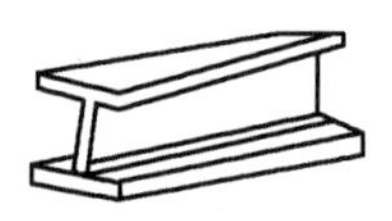

（e）纵向收缩——沿焊缝方向的收缩　（f）纵向弯曲变形——焊后构件在穿过焊缝线并与板件垂直的平面内的变形　（g）扭曲变形——焊后构件产生的扭曲　（h）波浪变形——当板件变薄时，在板件整体平面上造成的压曲变形

图4-22　各种焊接变形示意图（续）

（2）焊接变形控制要点。

采用的焊接工艺和焊接顺序应使构件的变形和收缩最小，可采用下列控制变形的焊接顺序：

①对接接头、T形接头和十字接头，当构件摆放条件许可或者便于翻转时适合双面对称焊接；具有对称截面构件宜在构件中性轴上进行对称焊接；具有对称连接杆件节点宜在节点轴线上对称焊接。

②非对称双面坡口焊缝，宜先焊深坡口侧部分焊缝，然后焊满浅坡口侧，最后完成深坡口侧焊缝。特厚板适宜于提高轮流对称焊接循环次数。

③长焊缝适合分段退焊、跳焊或者多人对称焊接。

构件焊接时，宜采用预留焊接收缩余量、预设反变形的方法控制收缩与变形，收缩余量与反变形的取值宜由计算或者实验来确定。构件装配焊接时，应先焊接收缩量大的节点，再焊接收缩量小的节点，且节点要处于拘束较低的状态。组合构件应采用分部组装焊接的方法，在总装焊接前对其进行变形矫正。对焊缝分布与构件中性轴呈显著非对称异形截面时，以通过调节填充焊缝熔敷量或者对加热进行补偿来达到设计要求。

6. 焊后消氢热处理。

进行焊后消氢热处理时，应将消氢热处理加热温度控制为250～350℃，保温时间以每25mm板厚度不低于0.5h为宜，工件板保温时间总量不低于1h。到达保温时间后要缓冷至室温。

7. 焊后消除应力处理。

（1）焊接应力的产生。

在钢结构焊接时，产生的应力主要有以下三种：

①热应力（或称温度应力）。它是焊接过程中由不均匀加热和冷却形成的应力，与升温的温度及不均匀程度、材料热物理性能和构件自身刚度等有关。

②组织应力（或称相变应力）。它是金属相变过程中体积发生变化所产生的一种应力。如奥氏体分解成珠光体或者转变成马氏体后，均可使体积扩大，而这一扩大又受到周围物质的限制，从而导致应力的出现。

③外约束应力。这是由于结构本身约束条件引起的应力，其中包括结构形式、焊缝

布置、施焊顺序、构件自重、冷却时其他受热部位收缩和夹持部件松紧程度等因素，这些因素均可导致焊接接头产生不同程度的应力。

通常将前两种应力称为内约束应力，根据焊接的先后将焊接过程中焊件内产生的应力称为瞬时应力。焊接后，在焊件中留存下来的应力称为残余应力，同理，残留下来的变形就称为残余变形。

（2）焊后热处理应符合现行国家标准《钢结构焊接处理技术规程》（CECS330）和《承压设备焊后热处理规程》（GB/T 30583）的有关规定。当采用电加热器对焊接构件进行局部消除应力热处理时，还应符合下列要求：

①使用配有温度自动控制仪的加热设备，其加热、测温、控温性能应符合使用要求；

②构件焊缝每侧面加热板（带）的宽度应至少为钢板厚度的3倍，且不应小于200mm；

③除加热板（带）外的其他部件的两侧宜适当加盖保温材料。

采用锤击法去除中间焊层应力时，应采用圆头手锤或者小振动工具，不得锤击根部焊缝、盖面焊缝或者焊缝坡口边缘母材。采用振动法消除应力时，应符合现行国家标准《焊接构件振动时效工艺 参数选择及技术要求》（JB/T 10375）的有关规定。

4.1.5　焊接接头的处理

1. 全熔透和部分熔透焊接。

T形接头、十字形接头、角接接头等要求全熔透的对接和角接组合焊缝，其加强角焊缝的焊脚尺寸不应小于$t/4$［图4–23（a）］，设计有疲劳验算要求的吊车梁或类似构件的腹板与上翼缘连接焊缝的焊脚尺寸应为$t/2$，且不应大于10mm［图4–23（b）］。焊脚尺寸的容许偏差为0～4mm。

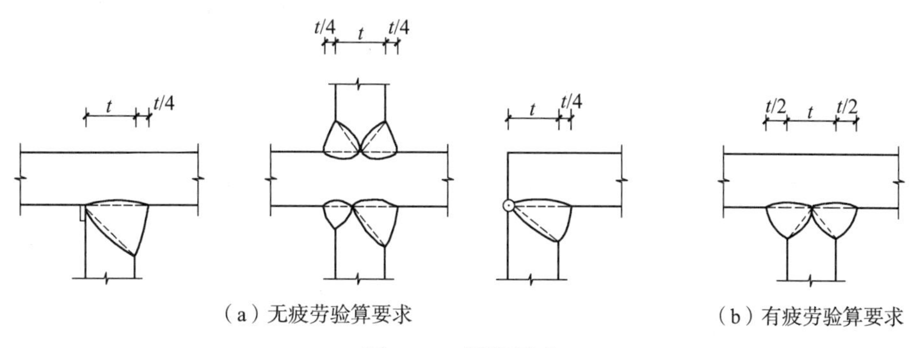

（a）无疲劳验算要求　（b）有疲劳验算要求

图4–23　焊脚尺寸

全熔透坡口焊缝对接接头的焊缝余高，应符合表4–12的规定。全熔透双面坡口焊缝可采用不等厚的坡口深度，较浅坡口深度不应小于接头厚度的1/4。

对接接头的焊缝余高（单位：mm）　表4-12

设计要求焊缝等级	焊缝宽度	焊缝余高
一、二级焊缝	＜20	0～3
	≥20	0～4
三级焊缝	＜20	0～3.5
	≥20	0～5

在局部熔透焊接时，要确保设计文件中所规定的焊缝有效厚度。在T形接头及角接接头上部熔透坡口焊缝和角焊缝组成组合焊缝时，增强角焊缝焊脚的尺寸应是接头上最薄板材厚度的1/4，并且不应大于10mm。

2. 角焊缝接头。

用角焊缝连接的零件应紧密贴合，根部间隙不应大于2mm；接头根部间隙大于2mm后，角焊缝焊脚尺寸应视根部间隙值而定，但其最大值不宜大于5mm。

角焊缝末端位于构件时，转角处采用连续包角焊比较合适，起弧、熄弧点与焊缝末端距离最好在10mm以上；在角焊缝末端没有引弧板或引出板连续焊的情况下，起熄弧点（图4-24）距焊缝末端最好在10mm以上，弧坑要充满。

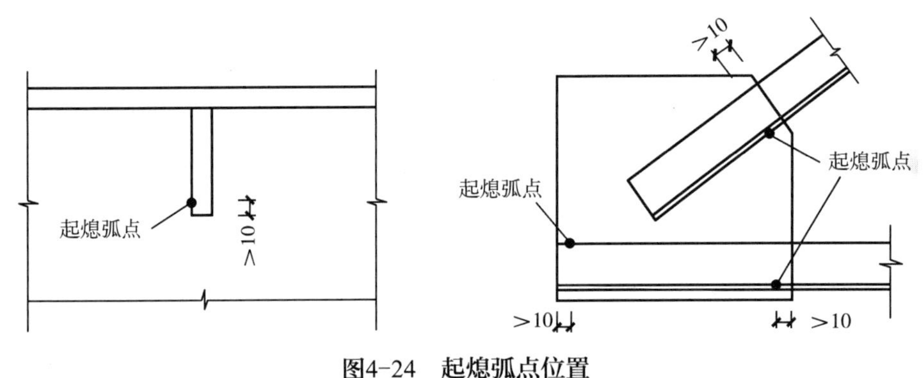

图4-24　起熄弧点位置

间断角焊缝每焊段的最小长度不应小于40mm，焊段之间的最大间距不应超过较薄焊件厚度的24倍，且不应大于300mm。

3. 塞焊和槽焊。

塞焊与槽焊可用手工电弧焊、气体保护电弧焊与自保护电弧焊。平焊时应分层熔敷，待各层熔渣冷却凝固去除后方可复焊；在立焊及仰焊过程中，每一道焊缝焊接完成后，应先冷却去除熔渣，再对后续的焊道进行施焊。塞焊与槽焊两钢板接触面装配间隙不大于1.5mm。禁止在塞焊、槽焊过程中采用填充板材。

4. 电渣焊。

电渣焊要使用特殊焊接设备，可用熔化嘴与非熔化嘴。电渣焊所用衬垫可以是钢衬垫或水冷铜衬垫等。箱形构件内部隔板和面板T形接头处电渣焊适合采用对称方式。电渣焊衬板和母材之间定位焊适合连续焊。

5. 栓钉焊。

栓钉的施焊要使用特殊的焊接设备。在第一次栓钉焊接过程中，应对焊接工艺进行评定试验和焊接工艺参数的确定。施工过程中，各班在焊接作业前应至少对3枚栓钉进行试焊，经检验合格后方可进行正式施焊。

当条件所限，无法使用专用设备焊接时，栓钉可用焊条电弧焊、气体保护电弧焊等方法进行焊接，根据相应工艺参数进行施焊，焊缝尺寸要经过计算才能确定。

4.2 钢结构紧固件连接

4.2.1　连接件加工及摩擦面处理

（1）连接件上的螺栓孔可以分为静止螺栓孔与普通螺栓孔。螺栓孔精度、孔壁表面粗糙度、孔径和孔距容许偏差均应满足现行国家标准《钢结构工程施工质量验收标准》（GB 50205）相关规定。

（2）螺栓孔距超过规定容许偏差的，可用母材配套焊条进行补焊处理，无损检测合格后应重新制孔处理，每组孔中补焊再钻孔次数不应超过该组栓次数的20%。

（3）高强度螺栓接头处钢板表面处理方法和除锈等级要满足设计要求。连接处钢板表面要光滑，不应有焊接飞溅、毛刺、油污等。经处理后的摩擦型高强度螺栓连接摩擦面抗滑移系数要满足设计要求。

（4）高强度螺栓接头处摩擦面可以按照设计抗滑移系数要求选取处理工艺。用手工砂轮抛光时，抛光方向要垂直于受力方向，抛光范围不小于螺栓孔径大小的四倍。加工过的摩擦面要有防止沾染脏物、油污等防护措施，高强度螺栓接头处摩擦面禁止有痕迹。

（5）钢结构制作安装单位应当按照现行国家标准《钢结构工程施工质量验收标准》（GB 50205）、《钢结构高强度螺栓连接技术规程》（JGJ 82）对高强度螺栓连接摩擦面进行抗滑移系数测试与复验，对现场加工构件摩擦面进行抗滑移系数测试，测试结果应当满足设计要求。高强度螺栓连接节点的强度设计为承压型或张拉型时，不需要测试摩擦面抗滑移系数。

（6）摩擦面的抗滑移系数应按下列规定进行检验：

①制造厂与安装单位均要按钢结构制造批检查抗滑移系数。检验批可以将分部工程或子分部工程中每2000t使用量的钢结构作为一组，2000t使用量以下的钢结构作为一组。选择含涂层摩擦面2种或2种以上表面处理工艺，每一种工艺都要测试抗滑移系数，每批次共测试3个试样。

②抗滑移系数试验用的试件应由制造厂加工，试件与所代表的钢结构构件应为同一材质、同批制作，采用同一摩擦面处理工艺，具有相同的表面或涂层状态，应在同一环境条件下存放。

③抗滑移系数试件宜采用双摩擦面二栓拼接抗拉试件（图4-25），试件钢板厚度t_1、t_2应根据钢结构工程中有代表性的板厚确定；试件设计时应确保摩擦面滑移前试件钢板净截面为弹性。

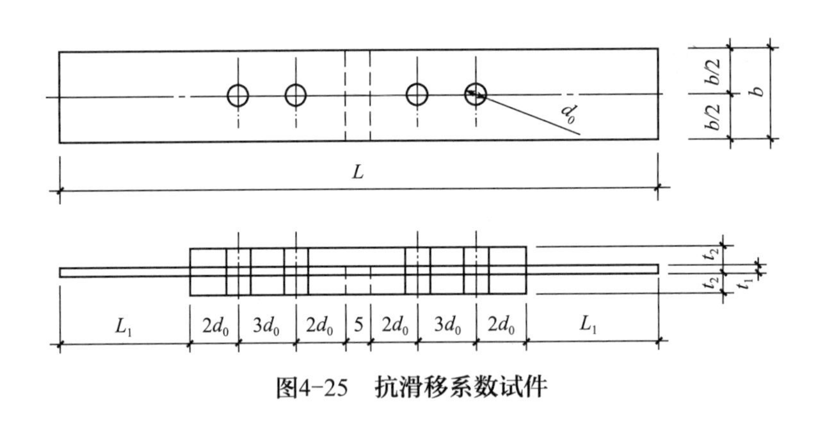

图4-25　抗滑移系数试件

④抗滑移系数应在拉力试验机上进行并测出其滑移荷载。试验时，试件的轴线应与试验机夹具中心严格对中。

⑤抗滑移系数μ应按式（4-2）计算，抗滑移系数的计算结果应精确到小数点后两位，高强度螺栓预拉力实测值P_t误差应小于或等于2%，试验时应控制在预应力值P的0.95 ~ 1.05倍。

$$\mu = \frac{N}{n_f \sum P_t} \tag{4-2}$$

式中：N——滑移荷载（kN）；

n_f——传力摩擦面数目，n_f=2；

P_t——高强度螺栓预拉力实测值（kN）；

$\sum P_t$——试件滑移一侧对应的高强度螺栓预拉力之和（kN）。

⑥抗滑移系数检验的最小值不得小于设计规定值。当不符合上述规定时，构件摩擦面应重新处理，处理后的构件摩擦面应按规定重新检验。

4.2.2　普通螺栓连接

1. 施工技术准备。

普通螺栓连接施工前，要熟悉图纸并掌握普通紧固件在设计中的工艺要求，还要熟悉施工详图并验证普通紧固件连接时的孔距和钉距及布置方法。出现问题要及时反馈给设计单位，同时分规格地统计出需要使用的常用紧固件数量。

2. 普通螺栓的选用。

（1）螺栓的破坏形式。

螺栓的可能破坏形式有五种，分别是螺栓杆受剪破坏、孔壁承压破坏、连接板被拉断破坏、连接板被冲剪破坏和螺栓杆受弯破坏，如图4-26所示。

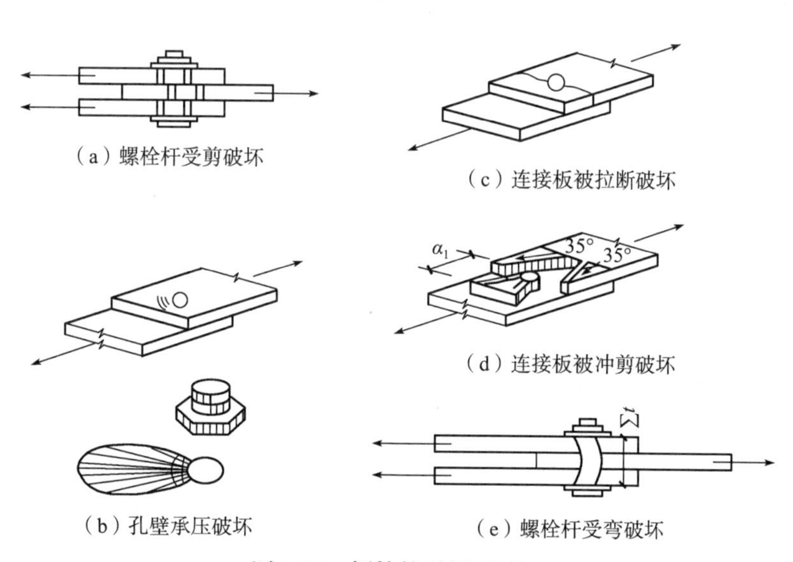

（a）螺栓杆受剪破坏　（c）连接板被拉断破坏　（d）连接板被冲剪破坏　（b）孔壁承压破坏　（e）螺栓杆受弯破坏

图4-26　螺栓的破坏形式

（2）螺栓直径的确定。

螺栓直径的确定应由设计人员根据等强度原则并参照现行国家标准《钢结构设计标准》（GB 50017）进行计算确定，对于某个工程而言，螺栓直径规格要尽量少，便于施工管理。通常螺栓直径要与被连接件厚度相匹配，如表4-13中给出的建议选择方法。

不同的连接厚度推荐选用的螺栓直径（单位：mm）　　表4-13

连接件厚度	4～6	5～8	7～11	10～14	13～21
推荐螺栓直径	12	16	20	24	27

（3）螺栓长度的确定。

连接螺栓的长度应根据连接螺栓的直径、连接件厚度等因素来确定。螺栓长度L是指螺栓头内侧到尾部的距离，一般为5mm进制，可按式（4–3）计算：

$$L = \delta + m + nh + C \tag{4-3}$$

式中：δ——被连接件的总厚度（mm）；

m——螺母厚度（mm）；

n——垫圈个数；

h——垫圈厚度（mm）；

C——螺纹外露部分长度（以2～3丝扣为宜，≤5mm）（mm）。

3. 螺栓的排列与构造要求。

螺栓在构件上的排列应符合简单整齐、规格统一、布置紧凑的原则，其连接中心宜与被连接构件截面的重心相一致。常用的排列有并列［图4–27（a）］和错列［图4–27（b）］两种形式，并列简单整齐，连接板尺寸较小，但对构件截面削弱较大；错列对截面削弱较小，但螺栓排列不如并列紧凑，连接板尺寸较大。不论采取哪种布置方式，螺栓中距、端距和边距均应符合表4–14中的构造要求。

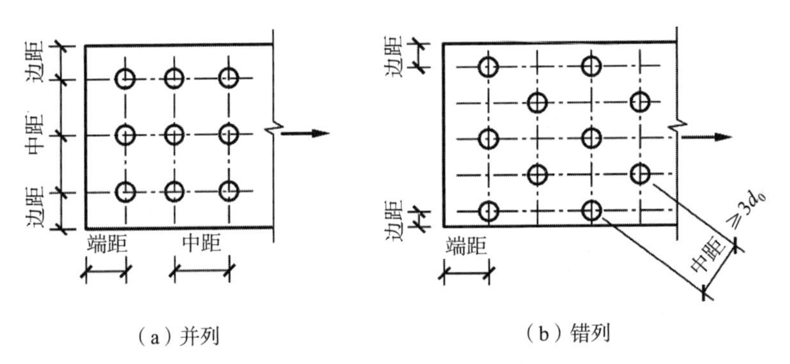

（a）并列　　（b）错列

图4–27　螺栓排列形式

螺栓中距、端距及边距　　表4–14

项目	内容
受力要求	螺栓任意方向的中距、边距和端距均不应过小，以免构件在承受拉力作用时加剧孔壁周围的应力集中，防止钢板过度削弱，从而使承载力过低，造成沿孔与孔或孔与边间拉断或剪断。当构件承受压力作用时，顺压力方向的中距不应过大，否则螺栓间钢板可能因失稳而形成鼓曲
构造要求	螺栓的中距不应过大，否则钢板不能紧密贴合。外排螺栓的中距、边距和端距更不应过大，以防止潮气侵入，引起锈蚀
施工要求	螺栓间应有足够距离，以便于转动扳手，拧紧螺母

4. 普通螺栓连接施工。

（1）一般要求。普通螺栓作为永久性连接螺栓时，应符合下列要求：

①一般的螺栓连接。螺栓头及螺母下应放平垫圈，以增加承压面积。螺栓头下面放置的垫圈一般不应多于两个，螺母下面放置的垫圈一般不应多于一个。

②对于承受动荷载或者在重要位置连接螺栓时，弹簧垫圈要按照设计要求安放，并须置于螺母侧面。

③对于设计要求防松动的螺栓，锚固螺栓应采用双螺母或其他能防止螺母松动的有效措施，比如采用弹簧垫圈或将螺母和螺杆焊死等方法。

（2）螺栓的布置。螺栓的布置应使各螺栓的受力合理，且尽可能远离螺栓群形心和中性轴，以便充分和均衡地利用各螺栓的承载能力。螺栓间距的确定，不仅要考虑螺栓连接在强度和变形方面的需求，还应考虑装拆方便的作业需求（表4–14）。因此，螺栓或铆钉最大和最小容许距离均应满足表4–15的规定。

螺栓或铆钉的最大、最小容许距离　表4–15

<table>
<tr><th>名称</th><th colspan="3">位置和方向</th><th>最大容许距离（取两者较小值）</th><th>最小容许距离</th></tr>
<tr><td rowspan="5">中心间距</td><td colspan="3">外排（垂直内力方向或顺内力方向）</td><td>$8d_0$或$12t$</td><td rowspan="5">$3d_0$</td></tr>
<tr><td rowspan="3">中间排</td><td colspan="2">垂直内力方向</td><td>$16d_0$或$24t$</td></tr>
<tr><td rowspan="2">顺内力方向</td><td>构件受压力</td><td>$12d_0$或$18t$</td></tr>
<tr><td>构件受拉力</td><td>$16d_0$或$24t$</td></tr>
<tr><td colspan="3">沿对角线方向</td><td>—</td></tr>
<tr><td rowspan="4">中心至构件边缘距离</td><td colspan="3">顺内力方向</td><td rowspan="4">$4d_0$或$8t$</td><td>$2d_0$</td></tr>
<tr><td rowspan="3">垂直内力方向</td><td colspan="2">剪切边或手工气割边</td><td rowspan="2">$1.5d_0$</td></tr>
<tr><td rowspan="2">轧制边、自动气割或锯割边</td><td>高强度螺栓</td></tr>
<tr><td>其他螺栓或铆钉</td><td>$1.2d_0$</td></tr>
</table>

注：1. d_0为螺栓或铆钉的孔径，t为外层较薄板件的厚度；
2. 钢板边缘与刚性构件（如角钢、槽钢等）相连的螺栓或铆钉的最大间距，可按中间排的数值采用；
3. 计算螺栓引起的截面削弱时可取d+4mm和d_0的较大者。

（3）螺栓孔加工。螺栓连接之前，先根据连接板尺寸，用钻孔或者冲孔的方法加工螺栓孔。其中冲孔一般只适用于较薄的钢板及非圆孔，且所需孔径不小于钢板厚度。

①钻孔之前，按照图样要求在工件上画出线条，检验之后再进行打样冲眼。样冲眼要打得大一些，这样钻头才不容易偏离中心。在工件孔位置画一个孔径圆、检查圆，从孔径圆及其中心窜出一个小坑。

②在螺栓孔需求量大、叠板层数多、同类型孔间距大等情况下，可以通过钻模钻孔或者预钻小孔等方式进行加工，然后在装配过程中进行扩孔加工。预钻小孔管径由叠板层数决定，预钻小孔管径在叠板5层以下时，宜控制在3mm以下；5层以上时，宜控制在6mm以下。

③精制螺栓（A、B级螺栓）的螺栓孔必须是Ⅰ类孔，具有H12的精度，孔壁表面粗糙度R_a不应大于12.5μm，为保证上述精度要求，必须钻孔成型。

④粗制螺栓（C级螺栓）的螺栓孔为Ⅱ类孔，孔壁表面粗糙度R_a不应大于25μm，其容许偏差满足一定要求。

（4）螺栓的装配。普通螺栓的装配应满足以下一般要求：

①螺栓头和螺母下面应放置平垫圈，以增大承压面积。

②对于工字钢、槽钢类型钢应尽量使用斜垫圈，使螺母和螺栓头部的支承面垂直于螺杆。

③双头螺栓的轴心线必须与工件垂直，通常用角尺进行检验。

④装配双头螺栓时，首先将螺纹和螺孔的接触面清理干净，然后用手轻轻地把螺母拧到螺纹的终止处；如果遇到拧不进的情况，不能用扳手强行拧紧，以免损坏螺纹。

⑤螺母和螺钉在组装过程中，螺母或者螺钉和部件的贴合表面应光洁度高、平整度高，否则易造成连接件松脱或者螺钉弯曲。螺母、螺钉在组装过程中，螺母、螺钉与其接触表面间应保持洁净，螺母孔中脏物应予清洗。

5. 螺栓紧固及其检验。

（1）紧固轴力。为了使螺栓在连接接头处尽可能均匀受力，螺栓紧固次序应以中部为起点，两侧对称；对于大的接头，要采用复拧的方法；旋拧各直径螺栓时，所受轴向容许载荷如表4-16所示。

各种直径螺栓的容许荷载 表4-16

螺栓的公称直径（mm）		12	16	20	24	30	36
轴向容许荷载	无预先锁紧（N）	17200	3300	5200	7500	11900	17500
	螺栓在荷载下锁紧（N）	1320	2500	4000	5800	9200	13500
扳手最大容许扭矩	（$kg \cdot cm^{-2}$）	320	800	1600	2800	5500	9700
	（$N \cdot cm^{-2}$）	3138	7845	1569	27459	53937	95125

注：对于Q235和Q355钢，应将表中容许值分别乘以修正系数0.75及1.1。

（2）成组螺母的拧紧。拧紧成组螺母时必须按一定顺序拧紧，分次序分步拧紧（一般分三次拧紧）；否则将造成零件或螺杆松紧度不一而变形。旋紧长方形排列的成组螺母时，须先由中间向两侧依次对称展开，如图4-28（a）所示；旋紧方形或圆形排列的成组螺母时须对称展开，如图4-28（b）、（c）所示。

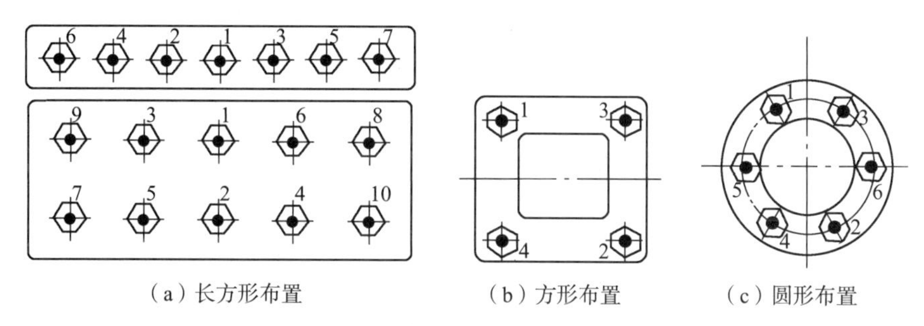

（a）长方形布置　（b）方形布置　（c）圆形布置

图4-28　拧紧成组螺母的方法

（3）紧固质量检验。常用螺栓连接中螺栓紧固检验相对简单，一般用锤击法进行。使用3kg小锤时，一只手扶住螺栓头或螺母，另一只手用锤敲击，要确保螺栓头（螺母）不会偏移、颤动、松动、锤声较干脆，否则表明螺栓紧固质量较差，需重新施工。对接配件平面相差0.5～3mm以上时，应将较高配件凸出的部位制成1∶10的斜坡，斜坡不容许火焰切割。高度大于3mm后，须设与此结构同钢号钢板制成的垫板，并采用与连接配件同样的处理方式处理垫板两面。

4.2.3　高强度螺栓连接

1．高强度螺栓连接施工设计指标。

（1）承压型高强度螺栓连接的强度设计值应按表4-17采用。

承压型高强度螺栓连接的强度设计值（单位：N/mm²）　表4-17

螺栓的性能等级、构件钢材的牌号和连接类型			抗拉强度f_t^b	抗剪强度f_v^b	承压强度f_c^b
承压型连接	高强度螺栓连接副	8.8S	400	250	—
		10.9S	500	310	—
	连接处构件	Q355	—	—	590
		Q390	—	—	615
		Q420	—	—	655

（2）高强度螺栓连接摩擦面抗滑移系数μ的取值应符合表4-18和表4-19的规定。

钢材摩擦面的抗滑移系数μ 表4-18

连接处构件接触面的处理方法		构件的钢号			
		Q235	Q355	Q390	Q420
普通钢结构	喷砂（丸）	0.45	0.50		0.50
	喷砂（丸）后生赤锈	0.45	0.50		0.50
	钢丝刷清除浮锈或未经处理的干净轧制表面	0.40	0.35		0.40
冷弯薄壁型钢结构	喷砂（丸）	0.40	0.45		—
	热轧钢材轧制表面清除浮锈	0.30	0.35		—
	冷轧钢材轧制表面清除浮锈	0.25	—		—

注：1．钢丝刷除锈方向应与受力方向垂直；
2．当连接构件采用不同钢号时，应按相应的较低值取值；
3．采用其他方法处理时，其处理工艺及抗滑移系数值均应经试验确定。

涂层摩擦面的抗滑移系数μ 表4-19

涂层类型	钢材表面处理要求	涂层厚度（μm）	抗滑移系数
无机富锌漆	Sa2.5	60～80	0.40*
锌加底漆（ZINGA）			0.45
防滑防锈硅酸锌漆		80～120	0.45
聚氨酯富锌底漆或醇酸铁红漆	Sa2及以上	60～80	0.15

注：1．当设计要求使用其他涂层（热喷铝、镀锌等）时，其钢材表面处理要求、涂层厚度以及抗滑移系数均应经试验确定；
2．*当连接板材为Q235钢时，对于无机富锌漆涂层，抗滑移系数μ值取0.35；
3．锌加底漆、防滑防锈硅酸锌漆不应采用手工涂刷的施工方法。

（3）各种高强度螺栓的预拉力设计取值应按表4-20采用。

各种高强度螺栓的预拉力P（单位：kN） 表4-20

螺栓的性能等级	螺栓公称直径（mm）						
	M12	M16	M20	M22	M24	M27	M30
8.8S	50	90	140	163	195	255	310
10.9S	60	110	170	210	250	320	390

（4）高强度螺栓连接的极限承载力值应符合现行国家标准《钢结构高强度螺栓连接技术规程》（JGJ 82）的有关规定。

2. 施工准备。

（1）施工前根据设计文件及施工图要求，制定工艺规程及安装施工组织设计（或施工方案）并严格执行。设计图、施工图中都要标明所采用的高强度螺栓连接，其性能级别、规格、连接方式、预拉力、摩擦面抗滑移级别及连接完成后防锈要求等。高强度螺栓相关技术参数按规定复验，并通过抗滑移系数测试。

（2）检查螺栓孔的孔径尺寸，孔边毛刺必须彻底清理干净。

（3）高强度螺栓连接副必须满足技术条件，否则不得采用。所以每一个制造批都必须有制造厂的质量保证书。

（4）高强度螺栓连接副运到工地后，必须进行有关的力学性能检验，合格后方准使用。

①运往现场的大六角头高强度螺栓连接，要及时检查其螺栓荷载、螺母保证荷载、螺母与垫圈硬度、连接副扭矩系数平均值与标准偏差等，符合标准后才能投入使用；

②运至现场的扭剪型高强度螺栓连接，要及时检查其螺栓载荷、螺母保证载荷、螺母与垫圈硬度、连接副紧固轴力平均值以及变异系数等，符合标准后才能投入使用。

（5）大六角头高强度螺栓施工前，应按出厂批复验高强度螺栓连接副的扭矩系数，每批复验5套。5套扭矩系数的平均值应为0.11～0.15，其标准偏差应不大于0.010。

（6）扭剪型高强度螺栓施工前，应按出厂批复验高强度螺栓连接副的紧固轴力，每批复验5套。5套紧固轴力的平均值和变异系数应符合表4–21的规定，变异系数可用下式计算：

$$\text{变异系数}=\frac{\text{标准偏差}}{\text{紧固轴力的平均值}}\times 100\% \tag{4–4}$$

扭剪型高强度螺栓的紧固轴力　　表4–21

螺栓直径d（mm）		16	20	24
每批紧固轴力的平均值（kN）	**公称**	109	170	245
	最大	120	186	270
	最小	99	154	222
紧固轴力变异系数	≤10%			

3. 高强度螺栓孔加工。

高强度螺栓孔应该使用钻孔的方法，如果采用冲孔工艺，将导致孔边缘出现微裂纹，降低钢结构疲劳强度，使钢板表面局部凹凸不平。一般情况下的高强度螺栓连接主要依靠板与板之间摩擦传力来实现，为了使板与板紧密贴合并具有较好的面接触，孔边不能有飞边和毛刺。

（1）一般要求。

①对画线好的零件进行剪切或钻孔处理前、后都要仔细检查，以防画线、剪切、钻孔时零件边缘与孔心及孔距大小出现偏差；在零件钻孔过程中防止出现偏差，可以用以下办法钻孔：

a. 同一对称零件在钻孔过程中，除了选择比较精密的钻孔设备钻孔以外，还要应用均匀的钻孔模具，使之具有互换性；

b. 对每组相连的板束钻孔时，可将板束按连接的方式、位置，用电焊临时点焊，一起进行钻孔；在拼装连接过程中，可以根据钻孔编号，避免各组构件孔系列大小出现偏差。

②在零部件小单元的拼装和焊接过程中，避免孔位移出现偏差，拼装件可以根据底样中的真实位置组装；为了避免因焊接变形而造成孔位移的偏差，底样上应根据孔位的不同，选择画线、挡铁或者插销进行限位固定。

③为了避免零件孔位偏差，钻孔前应仔细纠正零件变形；钻孔和焊后变形，纠正时都要避开孔位和孔边。

（2）孔的分组。

①在节点中连接板与一根杆件相连的所有螺栓孔为一组；

②对接接头在拼接板一侧的螺栓孔为一组；

③两相邻节点或接头间的螺栓孔为一组，但不包括上述两项规定的螺栓孔；

④受弯构件翼缘上，每米长度范围内的螺栓孔为一组。

（3）孔径的选配。高强度螺栓制孔时，其孔径的大小可参照表4-22进行选配。

高强度螺栓孔径选配表（单位：mm） 表4-22

螺栓公称直径	12	16	20	22	24	27	30
螺栓孔直径	13.5	17.5	22	24	26	30	33

（4）螺栓孔距。零件的孔距要求应按设计执行。高强度螺栓的孔距值见表4-23。安装时，还应注意两孔间的距离容许偏差，可参照表4-23所列数值来控制。

螺栓孔距容许偏差（单位：mm） 表4-23

螺栓孔孔距范围	≤500	501～1200	1201～3000	≥3000
同一组内任意两孔间距离	±1.0	—	—	—
相邻两组的端孔间距离	±1.5	±2.0	±2.5	±3.0

（5）螺栓孔位移处理。高强度螺栓孔位移时，应先用不同规格的孔量规分次进行检查：第一次用比孔公称直径小1.0mm的量规检查，应通过每组孔数的85%；第二次用比螺栓公称直径大0.2～0.3mm的量规检查，应全部通过；对于二次不能通过的孔，经主管设计同意后，方可采用扩孔或补焊后重新钻孔来处理。扩孔或补焊后再钻孔应符合以下要求：

①扩孔后的孔径不得大于原设计孔径2.0mm；

②补孔时应用与原孔母材相同的焊条（禁止用钢块等填塞焊）补焊，每组孔中补焊重新钻孔的数量不得超过20%，处理后均应做出记录。

4. 高强度螺栓连接施工。

（1）高强度大六角头螺栓连接副应由一个螺栓、一个螺母和两个垫圈组成，扭剪型高强度螺栓连接副由一个螺栓、一个螺母和一个垫圈组成，使用组合应符合表4-24的规定。

高强度螺栓连接副的使用组合　　表4-24

螺栓	螺母	垫圈
10.9S	10H	HRC35～45
8.8S	8H	HRC35～45

（2）高强度螺栓长度应以螺栓连接副终拧后外露2～3扣丝为标准计算，可按下列公式计算。选用的高强度螺栓公称长度应取修约后的长度，应根据计算出的螺栓长度按间隔5mm修约取值。

$$l = l' + \Delta l \tag{4-5}$$

$$\Delta l = m + ns + 3p \tag{4-6}$$

式中：l'——连接板层总厚度（mm）；

Δl——附加长度（mm），或按表4-25选取；

m——高强度螺母公称厚度（mm）；

n——垫圈个数，扭剪型高强度螺栓为1、高强度大六角头螺栓为2；

s——高强度垫圈公称厚度（mm），当采用大圆孔或槽孔时，此项厚度按实际厚度取值；

p——螺纹的螺距（mm）。

高强度螺栓附加长度Δl（单位：mm）　表4-25

高强度螺栓种类	螺栓规格						
	M12	M16	M20	M22	M24	M27	M30
高强度大六角头螺栓	23	30	35.5	39.5	43	46	50.5
扭剪型高强度螺栓	—	26	31.5	34.5	38	41	45.5

（3）高强度螺栓安装时，应先使用安装螺栓和冲钉。每个节点上穿入的安装螺栓和冲钉数量应根据安装过程所承受的荷载计算确定，并应符合下列规定：

①不应少于安装孔总数的1/3；

②安装螺栓不应少于2个；

③冲钉穿入数量不宜多于安装螺栓数量的30%；

④不得用高强度螺栓兼作安装螺栓。

（4）高强度螺栓应在构件安装精度调整后拧紧。高强度螺栓安装应符合下列规定：

①扭剪型高强度螺栓安装时，螺母带圆台面的一侧应朝向垫圈有倒角的一侧；

②大六角头高强度螺栓安装时，螺栓头下垫圈有倒角的一侧应朝向螺栓头，螺母带圆台面的一侧应朝向垫圈有倒角的一侧。

（5）高强度螺栓在野外安装时，应能够自由地穿入螺栓孔中而不被强制穿入。在螺栓无法自由穿入的情况下，可用铰刀、锉刀等对螺栓孔进行修整，而不能用气割等方法扩孔处理，扩孔量要经设计单位批准，经修整和扩孔处理的孔径不得大于螺栓直径1.2倍。

（6）高强度螺栓连接副的初拧、复拧、终拧宜在24h内完成。

①高强度大六角头螺栓连接副施拧，可采用扭矩法或转角法。施工时应符合下列规定：

a．施工用的扭矩扳手使用前应进行校正，其扭矩相对误差不得大于±5%；校正用的扭矩扳手，其扭矩相对误差不得大于±3%。

b．施拧时，应在螺母上施加扭矩。

c．施拧应分为初拧和终拧，大型节点应在初拧和终拧间增加复拧。初拧扭矩可取施工终拧扭矩的50%，复拧扭矩应等于初拧扭矩。终拧扭矩应按式（4-7）计算：

$$T_c = kP_c d \tag{4-7}$$

式中：T_c——施工终拧扭矩（N·m）；

k——高强度螺栓连接副的扭矩系数平均值，取0.110～0.150；

P_c——高强度大六角头螺栓施工预拉力，可按表4-26选用（kN）；

d——高强度螺栓公称直径（mm）。

高强度大六角头螺栓施工预拉力（单位：kN）　表4-26

螺栓性能等级	螺栓公称直径（mm）						
	M12	M16	M20	M22	M24	M27	M30
8.8S	50	90	140	165	195	255	310
10.9S	60	110	170	210	250	320	390

d. 采用转角法施工时，初拧（复拧）后连接副的终拧角度应符合表4-27的要求。

初拧（复拧）后连接副的终拧角度　表4-27

螺栓长度l	螺母转角	连接状态
$l \leqslant 4d$	1/3圈（120°）	连接形式为一层芯板加两层盖板
$4d < l \leqslant 8d$或200mm及以下	1/2圈（180°）	
$8d < l \leqslant 12d$或200mm及以上	2/3圈（240°）	

注：1. d为螺栓公称直径，mm；
2. 螺母的转角为螺母与螺栓杆间的相对转角；
3. 当螺栓长度超过螺栓公称直径d的12倍时，螺母的终拧角度应由试验确定。

e. 初拧或复拧后应对螺母涂画有颜色的标记。

②扭剪型高强度螺栓连接副采用施拧。扭剪型高强度螺栓连接副要用特制的电动扳手进行施拧，施拧要分初拧和终拧两种。大型节点在初拧与终拧之间宜加入复拧。初拧扭矩值应按式（4-7）计算值的50%计算，k为0.13或通过表4-28来选择，复拧扭矩要与初拧扭矩相等。终拧应以拧掉螺栓尾部梅花头为准，少数不能用专用扳手进行终拧的螺栓，可按式（4-7）终拧，其扭矩系数k应取0.13。初拧或复拧后应对螺母涂画有颜色的标记。

扭剪型高强度螺栓初拧（复拧）扭矩值（单位：N·m）　表4-28

螺栓公称直径	M16	M20	M22	M24	M27	M30
初拧复拧扭矩	115	220	300	390	560	760

（7）高强度螺栓在初拧、复拧和终拧时，连接处的螺栓应按一定顺序施拧，一般应由螺栓群中央顺序向外拧紧。高强度螺栓和焊接混用的连接节点，当设计文件无规定时，宜按先螺栓紧固后焊接的施工顺序操作。

5. 螺栓连接检验。

（1）高强度大六角头螺栓连接用扭矩法施工紧固时，应进行下列质量检查：

①应检查终拧颜色标记，并应用0.3kg重小锤敲击螺母，对高强度螺栓进行逐个检查。

②终拧扭矩应按节点数10%抽查，且不应少于10个节点；对每个被抽查节点，应按螺栓数10%抽查，且不应少于2个螺栓。

③检查时，应先在螺杆端面和螺母上画一直线，然后将螺母拧松约60°；再用扭矩扳手重新拧紧，使两线重合，测得此时的扭矩应为0.9～1.1T_{ch}。T_{ch}可按下式计算：

$$T_{ch} = kPd \tag{4-8}$$

式中：T_{ch}——检查扭矩（N·m）；

P——高强度螺栓设计预拉力（kN）；

k——扭矩系数。

④发现有不符合规定时，应再扩大1倍检查；仍有不合格时，则整个节点的高强度螺栓应重新施拧。

⑤扭矩检查宜在螺栓终拧1h以后、24h之前完成，检查用的扭矩扳手，其相对误差不得大于±3%。

（2）高强度大六角头螺栓连接转角法施工紧固，应进行下列质量检查：

①应检查终拧颜色标记，并用约0.3kg重的小锤敲击螺母，对高强度螺栓进行逐个检查。

②终拧转角应按节点数抽查10%，且不少于10个节点；对每个被抽查节点应按螺栓数抽查10%，且不少于2个螺栓。

③应在螺杆端面和螺母相对位置画线，然后全部卸松螺母，再按规定的初拧扭矩和终拧角度重新拧紧螺栓，测量终止线与原终止线画线间的角度，应符合表4–27的要求，误差在±30°内者为合格。

④发现有不符合规定时，应再扩大1倍数量检查；仍有不合格时，则整个节点的高强度螺栓应重新施拧。

⑤转角检查宜在螺栓终拧1h以后、24h之前完成。

（3）扭剪型高强度螺栓终拧检查，应以目测尾部梅花头拧断为合格。不能用专用扳手拧紧的扭剪型高强度螺栓，应按上述“1”的规定进行质量检查。

（4）螺栓球节点网架总拼完成后，高强度螺栓与球节点应紧固连接。螺栓拧入螺栓球内的螺纹长度不应小于螺栓直径的1.1倍，连接处不应出现有间隙、松动等未拧紧情况。

4.3

质量预控项目及防治措施

4.3.1　焊接质量检验

1．检验方法。

焊接检验要有自检与监检之分。自检是指施工单位在生产和安装时由该单位有相应资格的检测人员或者委托有相应检测资格的检测机构对其实施检测；监检是指由业主或者其代表人委托独立的第三方检测机构承担并取得相应检测资质的行为。钢结构焊接常用的检验方法有破坏性检验和非破坏性检验两种，可根据钢结构的性质和对焊缝质量的要求进行选择：对重要结构或要求焊缝金属强度与被焊金属强度对接的焊接等，必须采用较为精确的检验方法。焊缝的质量等级不同，其检验的方法和数量也不相同，可参见表4-29的规定。对于不同类型的焊接接头和不同的材料，可根据图纸要求或有关规定，选择一种或几种检验方法。

焊缝不同质量级别的检查方法　　表4-29

<table>
<tr><th>焊缝质量级别</th><th>检查方法</th><th>检查数量</th><th>备注</th></tr>
<tr><td rowspan="3">一级</td><td>外观检查</td><td>全部</td><td rowspan="2">有疑点时用磁粉复验</td></tr>
<tr><td>超声波检查</td><td>全部</td></tr>
<tr><td>X射线检查</td><td>抽查焊缝长度的2%，至少应有一张底片</td><td>缺陷超出规范规定时，应加倍透照，如不合格，应100% 透照</td></tr>
<tr><td rowspan="2">二级</td><td>外观检查</td><td>全部</td><td rowspan="2">有疑点时，用X射线透照复验，如发现有超标缺陷，应用超声波全部检查</td></tr>
<tr><td>超声波检查</td><td>抽查焊缝长度的50%</td></tr>
<tr><td>三级</td><td>外观检查</td><td colspan="2">全部</td></tr>
</table>

2．检验程序。

焊接检验的一般程序包括焊前检验、焊中检验和焊后检验。

（1）焊前检验。应至少包括下列内容：

①按设计文件和相关标准的要求，对工程中所用钢材、焊接材料的规格、型号（牌号）、材质、外观及质量证明文件进行确认；

②焊工合格证及认可范围确认；

③焊接工艺技术文件及操作规程审查；

④坡口形式、尺寸及表面质量检查；

⑤构件的形状、位置、错边量、角变形、间隙等检查；

⑥焊接环境、焊接设备等条件确认；

⑦定位焊缝的尺寸及质量认可；

⑧焊接材料的烘干、保存及领用情况检查；

⑨引弧板、引出板和衬垫板的装配质量检查。

（2）焊中检验。应至少包括下列内容：

①实际采用的焊接电流、焊接电压、焊接速度、预热温度、层间温度及后热温度和时间等焊接工艺参数与焊接工艺文件的符合性检查；

②多层多道焊焊道缺欠的处理情况确认；

③采用双面焊清根的焊缝，应在清根后进行外观检查及规定的无损检测；

④多层多道焊中焊层、焊道的布置及焊接顺序等检查。

（3）焊后检验。应至少包括下列内容：

①焊缝的外观质量与外形尺寸检查；

②焊缝的无损检测；

③焊接工艺规程记录及检验报告审查。

3. 检验前准备与焊缝检验抽样。

在进行焊接检验前，应依据结构受荷载特性、施工详图以及技术文件中对焊缝质量等级的要求，制订检验与试验计划。经技术负责人同意后，报监理工程师备案。检验方案应当包括检验批划分、抽样检验的抽样方法、检验项目、检验方法、检验时机和相应验收标准。

焊缝检验的抽样方法应该满足以下要求：

（1）焊缝处数的计数方法：厂方生产的焊缝长度不超过1000mm时，每条焊缝应为1处；当长度超过1000mm，以1000mm为基准，每增加300mm焊缝数量应增加1处；现场安装焊缝每条焊缝应为1处。

（2）确定检验批：生产焊缝以同一工区（车间）按300～600处的焊缝数量组成检验批；多层框架结构可由各节柱的所有构成检验批；安装焊缝按段构成检验批；多层框架结构用每层（节）焊缝构成检验批。

（3）抽样检验除设计指定焊缝外应采取随机取样方式取样，且取样中应覆盖到该批焊缝中所包含的所有钢材类别、焊接位置以及焊接方法等。

4. 外观检测。

（1）一般规定。

①所有焊缝应冷却到环境温度后方可进行外观检测。

②外观检测采用目测方式，裂纹检查应辅以5倍放大镜进行观察，必要时可采用磁粉探伤或渗透探伤检测，尺寸的测量应用量具、卡规。

③栓钉焊接接头的焊缝外观质量应符合要求。外观质量检验合格后，进行打弯抽样检查，合格标准：当栓钉弯曲至30°时，焊缝和热影响区不得有肉眼可见的裂纹，检查数量不应小于栓钉总数的1%，且不少于10个。

④电渣焊、气电立焊接头的焊缝外观成型应光滑，不得有未熔合、裂纹等缺陷；当板厚小于30mm时，压痕、咬边深度不应大于0.5mm；板厚30mm以上时，压痕、咬边深度不应大于1.0mm。

（2）承受静荷载结构焊接焊缝外观检测。

①焊缝外观质量应满足表4-30的规定。

一般结构的焊缝外观质量要求 表4-30

<table>
<tr><th rowspan="2">检验项目</th><th colspan="3">焊缝质量等级</th></tr>
<tr><th>一级</th><th>二级</th><th>三级</th></tr>
<tr><td>裂纹</td><td colspan="3">不容许</td></tr>
<tr><td>未焊满</td><td>不容许</td><td>≤0.2mm+0.02t且 ≤1mm，每100mm长度焊缝内未焊满累积长度≤25mm</td><td>≤0.2mm+0.04t且≤2mm，每100mm长度焊缝内未焊满累积长度≤25mm</td></tr>
<tr><td>根部收缩</td><td>不容许</td><td>≤0.2mm+0.02t且≤1mm，长度不限</td><td>≤0.2mm+0.04t且≤2mm，长度不限</td></tr>
<tr><td>咬边</td><td>不容许</td><td>深度≤0.05t且≤0.5mm，连续长度≤100mm，且焊缝两侧咬边总长≤10%焊缝全长</td><td>深度≤0.1t且≤1mm，长度不限</td></tr>
<tr><td>电弧擦伤</td><td colspan="2">不容许</td><td>容许存在个别电弧擦伤</td></tr>
<tr><td>接头不良</td><td>不容许</td><td>缺口长度≤0.05t且≤0.5mm，每1000mm长度焊缝内不得超过1处</td><td>缺口深度≤0.1t且≤1mm，每1000mm长度焊缝内不得超过1处</td></tr>
<tr><td>表面气孔</td><td colspan="2">不容许</td><td>每50mm长度焊缝内容许存在直径≤0.4t且≤3mm的气孔2个；孔距应≥6倍孔径</td></tr>
<tr><td>表面夹渣</td><td colspan="2">不容许</td><td>深≤0.2t，长≤0.5t且≤20mm</td></tr>
</table>

注：*t*为母材厚度。

②焊缝外观尺寸检测。对接和角接组合焊缝（图4-29），加强角焊缝尺寸h_k不应小于$t/4$，不应大于10mm，其容许偏差应为$h_{k}{}^{+0.4}_{\ 0}$mm。对加强焊角尺寸亦大于8.0mm角焊缝而言，局部焊脚尺寸容许小于设计要求值10mm，但是总长度不应大于焊缝长度10%；焊接H形梁腹板和翼缘板两端焊缝位于其2倍翼缘板宽以内，且焊缝焊脚尺寸应不小于

设计要求值；焊缝余高要满足焊缝超声波检测有关要求。对接焊缝和角焊缝的余高和错边容许偏差均应满足表4-31的要求。

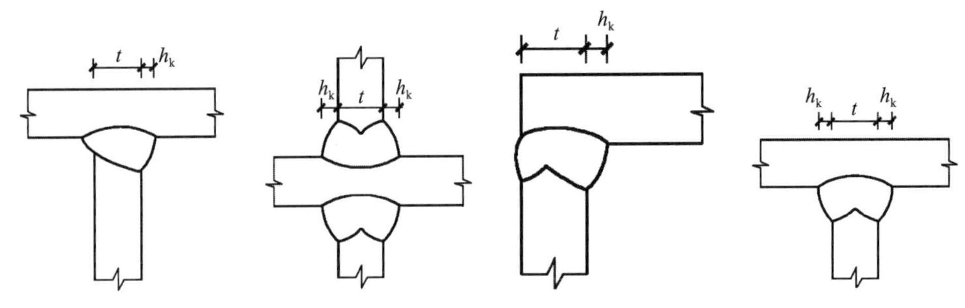

图4-29　对接与角接组合焊缝

对接焊缝和角焊缝焊脚尺寸容许偏差（单位：mm）　　表4-31

项目	示意图	容许偏差	
		一、二级	三级
对接焊缝余高（C）		B<20时，C为0～3； B≥20时，C为0～4	B<20时，C为0～3.5； B≥20时，C为0～5
对接焊缝错边（Δ）		Δ<0.1t，且≤2.0	Δ<0.15t，且≤3.0
角焊缝余高（C）		h_f≤6时，C为0～1.5； h_f>6时，C为0～3.0	

（3）需疲劳验算结构的焊缝外观质量检测。焊缝的外观质量应无裂纹、未熔合、夹渣、弧坑未填满且不应超过表4-32规定的缺陷。焊缝的外观尺寸应符合表4-33的规定。

需疲劳验算结构的焊缝外观质量要求　　表4-32

检验项目	焊缝质量等级		
	一级	二级	三级
裂纹	不容许		
未焊满	不容许		≤0.2mm+0.02t且 ≤1mm，每100mm长度焊缝内未焊满累积长度≤25mm

续表

检验项目	焊缝质量等级		
	一级	二级	三级
根部收缩	不容许		≤0.2mm+0.02t且≤1mm，长度不限
咬边	不容许	深度≤0.05t且≤0.5mm，连续长度≤100mm，且焊缝两侧咬边总长≤10%焊缝全长	深度≤0.1t且≤0.5mm，长度不限
电弧擦伤	不容许		容许存在个别电弧擦伤
接头不良	不容许	缺口长度≤0.05t且≤0.5mm，每1000mm长度焊缝内不得超过1处	缺口深度≤0.05t且≤0.5mm，每1000mm长度焊缝内不得超过1处
表面气孔	不容许		直径＜1.0mm，每米不多于3个，间距不小于20mm
表面夹渣	不容许		深≤0.2t，长≤0.5t且≤20mm

注：1. t为母材厚度；
2. 桥面板与弦杆角焊缝、桥面板侧的桥面板与U形肋角焊缝、腹板侧受拉区竖向加劲肋角焊缝的咬边缺陷应满足一级焊缝的质量要求。

焊缝外观尺寸要求（单位：mm）　　表4-33

项目	焊缝种类		容许偏差
焊脚尺寸	主要角焊缝①（包括对接与角接组合焊缝）		$h_{\mathrm{f}}{}_{0}^{+2.0}$
	其他角焊缝		$h_{\mathrm{f}}{}_{-1.0}^{+2.0}$②
焊缝高低差	角焊缝		任意25mm范围高低差≤2.0mm
余高	对接焊缝		焊缝宽度b≤20mm时，≤2.0mm； 焊缝宽度b>20mm时，≤3.0mm
余高铲磨后	表面高度	横向对接焊缝	高于母材表面不大于0.5mm； 低于母材表面不大于0.3mm
	表面粗糙度		不大于50μm

注：①主要角焊缝是指主要杆件的盖板与腹板的连接焊缝；
②手工焊角焊缝全长的10%容许$h_{\mathrm{f}}{}_{-1.0}^{+3.0}$。

5. 无损检测。

焊缝无损探伤不仅探伤速度快、效率高、重量轻、实用性强，而且焊缝中危险性缺陷（如裂缝、未焊透、未熔合等）灵敏度高，费用低，但探伤结果难以确定，人为因素多，探伤结果无法直接记录归档。出具焊接无损检测报告的人员必须持有现行国家标准《无损检测 人员资格鉴定与认证》（GB/T 9445）规定的2级或2级以上的合格证书。

（1）承受静荷载的结构焊接焊缝的无损检测。无损检测应当通过外观检测。Ⅲ、Ⅳ类钢材以及焊接难度等级为C、D类时，应以焊接完成24h后的检测结果作为验收的依据；钢的名义屈服强度不得低于690MPa，或者供货处于调质状态的，应以焊接完成48h后的检测结果为准进行验收。对于设计要求全焊透焊缝内部缺陷的检测，要满足以下规定：

①一级焊缝应进行100%的检验，其合格等级应为现行国家标准《钢焊缝手工超声波探伤方法及质量分级法》（GB 11345）B级检验的Ⅱ级及Ⅱ级以上。

②二级焊缝应进行抽检，抽检比例应不小于20%，其合格等级应为现行国家标准《钢焊缝手工超声波探伤方法及质量分级法》（GB 11345）B级检验的Ⅲ级及Ⅲ级以上。

③全焊透的三级焊缝可不进行无损检测。

④焊接球节点网架焊缝的超声波探伤方法及缺陷分级应符合现行国家标准《钢结构超声波探伤及质量分级法》（JG/T 203）的规定。

⑤螺栓球节点网架焊缝的超声波探伤方法及缺陷分级应符合现行国家标准《钢结构超声波探伤及质量分级法》（JG/T 203）的规定。

⑥箱形构件隔板电渣焊焊缝无损检测结果除应符合现行国家标准《钢结构工程施工质量验收标准》（GB 50205）中第7.3.3条的有关规定外，还应按附录C进行焊缝熔透宽度、焊缝偏移检测。

⑦圆管T、K、Y节点焊接的超声波探伤方法及缺陷分级应符合现行国家标准《钢结构工程施工质量验收规范》（GB 50205）标准附录D的规定。

⑧设计文件指定进行射线探伤或超声波探伤不能对缺陷性质作出判断时，可采用射线探伤进行检测、验证。

⑨射线探伤应符合现行国家标准《焊接无缝检测 射线检测 第1部分：X和伽玛射线的胶片技术》（GB/T 3323）的规定，射线照相的质量等级应符合A、B级的要求。一级焊缝评定合格等级应为《焊接无缝检测 射线检测 第1部分：X和伽玛射线的胶片技术》（GB/T 3323）的Ⅱ级及Ⅱ级以上，二级焊缝评定合格等级应为《焊接无缝检测 射线检测 第1部分：X和伽玛射线的胶片技术》（GB/T 3323）Ⅲ级及Ⅲ级以上。

（2）需疲劳验算结构的焊缝无损检测。无损检测应在外观检查合格后进行。

①Ⅰ、Ⅱ类钢材及焊接难度等级为A、B级时，应以焊接完成24h后的检测结果作为验收依据；Ⅲ、Ⅳ类钢材及焊接难度等级为C、D级时，应以焊接完成48h后的检测结果作为验收依据。

②板厚不大于30mm（不等厚对接时，按较薄板计）的对接焊缝，除按规定进行超声波检测外，还应采用射线检测抽检其接头数量的10%且不少于1个焊接接头。

③板厚大于30mm的对接焊缝，除按规定进行超声波检测外，还应增加接头数量的10%且不少于1个焊接接头，按检验等级为C级、质量等级为不低于一级的超声波检

测，检测时焊缝余高应磨平，使用的探头折射角应有一个为45°，探伤范围应为焊缝两端各500mm。焊缝长度大于1500mm时，中部应加探500mm。当发现超标缺陷时，应加倍检验。

④用射线和超声波两种方法检验同一条焊缝，必须达到各自的质量要求，该焊缝方可判定为合格。

6. 超声波检测。

超声波是人耳无法听到的高频（20kHz以上）声波。探伤超声波采用压电效应原理做成的压电材料超声换能器。钢结构焊缝超声波探伤中，所采用的波形以纵波为主，横波为辅。超声检测设备和工艺要求应符合现行国家标准《焊缝无损检测 超声检测技术、检测等级和评定》（GB/T 11345）的有关规定。

（1）一般规定。

①对接和角接接头检验等级，按质量要求由低到高依次划分为A级、B级、C级和D级，要根据结构材料、焊接方法、工况和承受载荷等因素合理选择检验级别。

②对接和角接接头检验范围如图4-30所示，A级检验采用一种角度探头在焊缝单面单侧进行检验，一般不要求进行横向缺陷的检验。母材厚度50mm以上不容许进行A级检验。B级检查使用一种角度探头对焊缝的单面和双面进行检查，由于几何条件的限制，焊缝的单面和双面应使用两个角度探头（两角度之差大于15°）。当母材厚度超过100mm后，应作双面双侧检验，焊缝双面单侧应作两个角度探头（两角度之差大于15°）的检查，检查要覆盖焊缝的全部截面。在条件许可的情况下进行横向缺陷检验。C级检验时，至少要用两个角度探头分别对焊缝单面双侧检查。同时要进行两个扫查方向、两个探头角度等横向缺陷检验。当母材厚度超过100mm时，应进行双面双侧的检查。检验前应对对接焊缝的余高进行打磨，使用探头对焊缝进行平行扫查。焊缝两边斜探头扫查经过母材部分，应采用直探头做检查。焊缝母材的厚度不少于100mm或焊缝母材的窄间隙不少于40mm时，应加装串列式扫查装置。检测等级D适用于特殊情况，在符合通用要求的情况下制定书面工艺规程。

（2）承受静荷载结构焊接焊缝超声波检测。

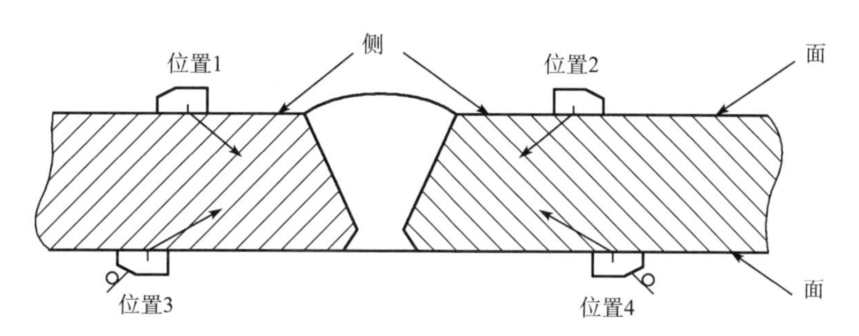

图4-30　超声波检测位置

①检验灵敏度应符合表4–34的规定。

距离—波幅曲线 表4–34

厚度（mm）	判废线（dB）	定量线（dB）	评定线（dB）
3.5 ~ 150	$A3 \times 40$	$A3 \times 40-60$	$A3 \times 40-14$

②缺陷等级评定应符合表4–35的规定。

超声波检测缺陷等级评定 表4–35

评定等级	检验等级		
	A	B	C
	板厚t（mm）		
	3.5 ~ 50	3.5 ~ 150	3.5 ~ 150
Ⅰ	$2t/3$；最小8mm	$t/3$；最小6mm，最大40mm	$t/3$；最小6mm，最大40mm
Ⅱ	$3t/4$；最小8mm	$2t/3$；最小8mm，最大70mm	$2t/3$；最小8mm，最大50mm
Ⅲ	$<t$；最小16mm	$3t/4$；最小12mm，最大90mm	$3t/4$；最小12mm，最大75mm
Ⅳ	超过Ⅲ级者		

③当检测板厚在3.5 ~ 8mm范围时，其超声波检测的技术参数应按现行国家标准《钢结构超声波探伤及质量分级法》（JG/T 203）执行。

④焊接球节点网架、螺栓球节点网架及圆管T、K、Y节点焊缝的超声波探伤方法及缺陷分级应符合现行国家标准《钢结构超声波探伤及质量分级法》（JG/T 203）的有关规定。

⑤箱形构件隔板电渣焊焊缝无损检测，除应符合无损检测的相关规定外，还应按规定进行焊缝焊透宽度、焊缝偏移检测。

⑥对超声波检测结果有疑义时，可采用射线检测验证。

⑦有下列情况之一，宜在焊前用超声波检测T形、十字形、角接接头坡口处的翼缘板，或在焊后进行翼缘板的层状撕裂检测：

a. 发现钢板有夹层缺陷；

b. 翼缘板、腹板厚度不小于20mm的非厚度方向性能钢板；

c. 腹板厚度大于翼缘板厚度且垂直于该翼缘板厚度方向的工作应力较大。

（3）需疲劳验算结构的焊缝外观质量检测。检测范围和检验等级应符合表4–36的规定。距离—波幅曲线灵敏度及缺陷等级评定应符合表4–37和表4–38的规定。

焊缝超声波检测范围和检验等级　　表4-36

焊缝质量级别	探伤部位	板厚t（mm）	检验等级
一、二级横向对接焊缝	全长	$10 \le t \le 46$	B
	—	$46 < t \le 80$	B（双面双侧）
二级纵向对接焊缝	焊缝两端各1000mm	$10 \le t \le 46$	B
	两端螺栓孔部位延长500mm，板梁主梁及纵、横梁跨中加探1000mm	$46 < t \le 80$	B（双面双侧）
二级角焊缝	—	$10 \le t \le 46$	B（双面单侧）
	—	$46 < t \le 80$	B（双面单侧）

超声波检测距离—波幅曲线灵敏度　　表4-37

焊缝质量等级		板厚t（mm）	判废线（dB）	定量线（dB）	评定线（dB）
对接焊缝一、二级		$10 \le t \le 46$	$\phi3 \times 40-6$	$\phi3 \times 40-14$	$\phi3 \times 40-20$
		$46 < t \le 80$	$\phi3 \times 40-2$	$\phi3 \times 40-10$	$\phi3 \times 40-16$
全焊透对接与角接组合焊缝一级		$10 \le t \le 80$	$\phi3 \times 40-4$	$\phi3 \times 40-10$	$\phi3 \times 40-16$
			$\phi6$	$\phi6$	$\phi2$
角焊缝二级	部分焊透对接与角接组合焊缝	$10 \le t \le 80$	$\phi3 \times 40-4$	$\phi3 \times 40-10$	$\phi3 \times 40-16$
	贴角焊缝	$10 \le t \le 25$	$\phi1 \times 2$	$\phi1 \times 2-6$	$\phi1 \times 2-12$
		$25 < t \le 80$	$\phi1 \times 2+4$	$\phi1 \times 2-4$	$\phi1 \times 2-10$

注：1．角焊缝超声波检测采用铁路钢桥制造专用柱孔标准试块或其校准过的其他孔形试块；
2．$\phi6$、$\phi3$、$\phi2$表示纵波探伤的平底孔参考反射体尺寸。

超声波检测缺陷等级评定　　表4-38

焊缝质量等级	板厚t（mm）	单个缺陷指示长度	多个缺陷的累计指示长度
对接焊缝一级	$10 \le t \le 80$	$t/4$，最小可为8mm	在任意$9t$，焊缝长度范围不超过t
对接焊缝二级	$10 \le t \le 80$	$t/2$，最小可为10mm	在任意$4.5t$，焊缝长度范围不超过t
全焊透对接与角接组合焊缝一级	$10 \le t \le 80$	$t/3$，最小可为10mm	—
角焊缝二级	$10 \le t \le 80$	$t/2$，最小可为10mm	—

注：1．母材板厚不同时，按较薄板评定；
2．缺陷指示长度小于8mm时，按5mm计。

7. 承受静荷载结构焊接焊缝的表面检测。

有下列情况之一，应进行表面检测：

（1）设计文件要求进行表面检测。

（2）外观检测发现裂纹时，应对该批中同类焊缝进行100%的表面检测。

（3）外观检测怀疑有裂纹缺陷时，应对怀疑的部位进行表面检测。

（4）检测人员认为有必要时，铁磁性材料应采用磁粉检测表面缺陷。不能使用磁粉检测时，应采用渗透检测。

8. 其他检测。

（1）射线检测。应符合现行国家标准《焊缝无损检测 射线检测 第1部分：X和伽玛射线的胶片技术》（GB/T 3323.1）的有关规定，射线照相质量等级不应低于B级。静荷载结构焊接一级焊缝评定合格等级不得低于Ⅱ级要求，二级焊缝评定合格等级不得低于Ⅲ级要求；需要进行疲劳验算的结构焊缝其内部质量等级不得低于Ⅱ级。

（2）磁粉检测应符合有关规定，合格标准应符合焊缝外观检测的有关规定。

（3）渗透检测应符合有关规定，合格标准应符合焊缝外观检测的有关规定。

9. 抽样检验结果判定。

抽样检验应按下列规定进行结果判定：

（1）抽样检验的焊缝数不合格率小于2%时，该批验收合格。

（2）抽样检验的焊缝数不合格率大于5%时，该批验收不合格。

（3）除第（5）条情况外，抽样检验的焊缝数不合格率为2%～5%时，应加倍抽检，且必须在原不合格部位两侧的焊缝延长线各增加1处，在所有抽检焊缝中不合格率小于3%时，该批验收合格，大于3%时，该批验收不合格。

（4）批量验收不合格时，应对该批余下的全部焊缝进行检验。

（5）在检查中发现一处裂纹缺陷的，应当双倍抽查。加倍抽检的焊缝中没有再次发现裂纹缺陷，该批次通过验收；检验中发现裂纹缺陷超过一处或者加倍抽查再发现裂纹缺陷的，该批次验收为不合格，应将该批次剩余焊缝悉数予以检验。

4.3.2 螺栓防松措施

1. 普通螺栓防松措施。

一般螺纹连接均具有自锁性，当承受静载及工作温度的变化不大时，不会自行松脱。但是当受到冲击、振动或变荷载等因素影响且工作温度变化很大时，这一连接就可能出现松动现象，从而影响工作性能，甚至出现事故。因此，螺纹连接应采取有效的防松措施。常见防松措施主要有增加摩擦力、机械防松和不可拆卸三大类。

（1）增加摩擦力的防松措施。这类防松措施就是要保证拧紧螺纹间不受外荷载改变而丧失压力，始终存在摩擦阻力，以防止连接松动。比如设置弹簧垫圈、采用双螺母等措施。

（2）机械防松措施。这类防松措施采用多种止动零件，以防止螺纹零件发生相对旋转。目前使用比较广泛，常见措施有开口销和槽形螺母、止退垫圈和圆螺母、止动垫圈和螺母，以及串联钢丝。

（3）不可拆卸的防松措施。采用点焊和点铆的方式使螺母、螺栓与被连接件紧固，或螺钉与被连接件紧固来实现防松。

2. 高强度螺栓防松措施。

（1）垫放弹簧垫圈时，可在螺母下面垫一开口弹簧垫圈，螺母紧固后，在上、下轴向产生弹性压力，可起到防松作用。为了避免开口垫圈对构件表面的破坏，可以将开口垫圈下垫平。

（2）在拧紧的螺母上，加装较细的副螺母可在两个螺母间形成轴向压力，还可加大螺栓、螺母凹凸螺纹咬合自锁长度实现相互约束，不会造成螺母松脱。采用副螺母进行防松时，安装前应对螺栓精确长度进行计算，当拧紧防松副螺母时，应将螺栓从副螺母中伸出至少不小于两个螺距。

（3）对于永久性螺栓，可以在拧紧螺母后，采用电焊在螺母和螺栓相邻位置对称点焊3～4处，也可以将螺母与构件相点焊。

第5章 钢结构涂装工程

5.1

钢结构防腐涂装

5.1.1　钢结构的腐蚀与防护

1. 钢结构的腐蚀。

钢结构在常温大气环境中使用，钢材受大气中水、氧和其他污染物（未清理干净的焊渣、锈层、表面污物）的作用而被腐蚀。大气中水在钢表面吸附生成水膜是引起钢腐蚀的决定性因素，大气的相对湿度在60%以下，钢材的腐蚀是很轻微的；但当相对湿度增加到某一数值时，钢材的腐蚀速度突然升高，这一数值称为临界湿度。常温下，一般钢材的临界湿度为60%～70%。当空气被污染或沿海地区空气中含盐时，临界湿度很低，钢材表面容易形成水膜。此时焊渣和未处理干净的锈层（氧化铁皮）作为阴极、钢结构构件（母材）作为阳极在水膜中发生电化学腐蚀。钢结构腐蚀程度有两种表示方法，一种以腐蚀质量变化表示，按下式计算：

$$K=\frac{W}{S\times T} \tag{5-1}$$

式中：K——按质量表示的钢材腐蚀速度［g/（m^2·h）］；

W——钢材腐蚀后损失或增加的质量（g）；

S——钢材的面积（m^2）；

T——钢材腐蚀的时间（h）。

另一种以腐蚀深度表示，它可以利用上述失重的腐蚀速度K值进行换算，计算公式如下：

$$K'=\frac{K\times 24\times 365}{100\times d}=\frac{8.67K}{d} \tag{5-2}$$

式中：K'——按深度表示的腐蚀速度（mm/a）；

K——按失重表示的腐蚀速度［g/（m^2·h）］；

d——密度（g/m^3）。

我国金属腐蚀等级标准，是以均匀腐蚀深度来表示，通常分为三级，详见表5-1。

均匀腐蚀三级标准　　表5-1

类别	耐腐	可用	不可用
等级	1	2	3
腐蚀深度（$mm\cdot a^{-1}$）	<0.1	0.1～1.0	>1.0

进行结构设计时，要考虑材料的均匀腐蚀深度，即结构件的厚度等于计算的厚度加上腐蚀量（材料的年腐蚀深度乘以设计使用年限）。

根据现行国家标准《涂覆涂料前钢材表面处理 表面清洁度的目视评定 第1部分：未涂覆过的钢材表面和全面清除原有涂层后的钢材表面的锈蚀等级和处理等级》（GB/T 8923.1），钢材表面的锈蚀程度分别以A、B、C和D四个锈蚀等级表示，文字描述如下：

①A——大面积覆盖着氧化皮面、几乎没有铁锈的钢材表面；

②B——已发生锈蚀，并且氧化皮开始剥落的钢材表面；

③C——氧化皮因锈蚀而剥落，或者可以刮除，并且在正常视力观察下可见轻微点蚀的钢材表面；

④D——氧化皮因锈蚀而剥落，并且在正常视力观察下可见普通发生点蚀的钢材表面。

2. 钢结构腐蚀的防止。

只要阻止或损坏腐蚀电池形成或者强烈地阻断阴极和阳极过程，就可阻止金属被腐蚀。阻止金属表面电解质溶液下沉或冷凝、以及各种腐蚀性介质污染等都可以阻止金属腐蚀。利用防护层的办法预防钢结构腐蚀，是当前普遍使用的一种办法。

5.1.2　涂装前钢材的表面处理

钢结构涂装之前要对钢材的表面进行处理。钢材加工后的表面不得有焊渣、焊疤、灰尘、油污、水分及毛刺；对镀锌构件来说，酸洗除锈时，钢的表面要显露出金属的颜色，并且要求没有污渍、锈迹及残余的酸液。

钢材表面除锈等级以代表所采用的除锈方法的字母“Sa”“St”或“F1”表示，如果数字后面有阿拉伯数字，则表示清除氧化皮、铁锈和油漆涂层等附着物的程度等级。构件表面的粗糙度可根据不同底涂层和除锈等级按表5–2进行选择，并应按现行国家标准《涂覆涂料前钢材表面处理 喷射清理后的钢材表面粗糙度特性 第2部分：磨料喷射清理后钢材表面粗糙度等级的测定方法 比较样块法》（GB/T 13288.2）的有关规定执行。

构件表面粗糙度　　表5–2

钢材底涂层	除锈等级	表面粗糙度*Ra*（μm）
热喷锌/铝	Sa3级	60 ~ 100
无机富锌	Sa2½ ~ Sa3级	50 ~ 80
环氧富锌	Sa2½级	30 ~ 75
不便喷砂的部位	St3级	

注：除锈等级详见本书“5.1.3 防腐涂装设计”中的“钢材表面除锈等级”。

1. 表面油污的清除。

清除钢材表面的油污，通常采用以下三种方法。

（1）碱液清除法。

碱液除油主要是借助碱的化学作用来清除钢材表面上的油脂。该法使用简便、成本低。在清洗过程中要经常搅拌清洗液或晃动被清洗的物件。碱液除油配方见表5–3。

碱液除油配方 表5–3

组成	钢及铸造铁件（$g\cdot L^{-1}$）		铝及其合金（$g\cdot L^{-1}$）
	一般油脂	大量油脂	
氢氧化钠	20～30	40～50	10～20
碳酸钠	—	80～100	—
磷酸三钠	30～50	—	50～60
水玻璃	3～5	5～15	20～30

（2）有机溶剂清除法。

有机溶剂除油是借助有机溶剂溶解油脂，去除钢材表面油污的方法。在有机溶剂中添加乳化剂，可提高清洗剂的清洗能力。有机溶剂清洗液可以在室温条件下使用，升温至50℃时，清洗效率会得到改善。此外，也可通过浸渍法或者喷射法去除油污，一般喷射法除油效果较好，但浸渍法简单。有机溶剂除油配方见表5–4。

有机溶剂除油配方 表5–4

组成	煤油	松节油	月桂酸	三乙醇胺	丁基溶纤剂
质量分数（%）	67.0	22.5	5.4	3.6	1.5

（3）乳化碱液清除法。

乳液除油是在碱液中加入了乳化剂，使清洗液除具有碱的皂化作用外，还有分散、乳化等作用，增强了除油能力，其除油效率比用碱液高。乳化碱液除油配方见表5–5。

乳化碱液除油配方（单位：%） 表5–5

组成	配方（质量分数）		
	浸渍法	浸渍法	电解法
氢氧化钠	20	20	55
碳酸钠	18	15	8.5

续表

组成	配方（质量分数）		
	浸渍法	浸渍法	电解法
三聚磷酸钠	20	20	10
无水偏硅酸钠	30	32	25
树脂酸钠	5	—	—
烷基芳基磺酸钠	5	—	1
烷基芳基聚醚醇	2	—	—
非离子型乙烯氧化物	—	1	0.5

2．表面旧涂层的清除。

一些钢材表面常带有旧涂层，施工时必须将其清除，常用方法有以下几种。

（1）有机溶剂清除法。

有机溶剂脱漆法脱漆效率高、施工方便、不需要加热，但有一定的毒性、易燃且成本高。脱漆前，应除去钢材表面的灰尘、油污等附着物，再浸入脱漆槽内，或者将脱漆剂涂抹在钢材表面，让脱漆剂渗入旧漆膜内，并保持潮湿状态，否则应再涂一次。浸泡约2h或涂抹10min后，用刮刀等工具轻刮，直至旧漆膜被除净为止。有机溶剂脱漆剂有两种配方，如表5-6所示。

有机溶剂脱漆剂配方　　表5-6

配方（一）		配方（二）			
甲苯	30份	甲苯	30份	苯酚	3份
乙酸乙酯	15份	乙酸乙酯	15份	乙醇	6份
丙酮	5份	丙酮	5份	氨水	4份
石蜡	4份	石蜡	4份	—	—

（2）碱液清除法。

碱液清除法是借助碱对涂层的作用，使涂层松软、膨胀，从而容易除掉。与有机溶剂法相比，成本低、生产安全、没有溶剂污染。但需要一定的设备条件，如加热设备等。

碱液的组成和质量分数应符合表5-7的规定。使用时，将上述混合物以6%～15%的比例加水配制成碱溶液，当加热到90℃左右时，即可进行脱漆。

碱液的组成及质量分数 表5-7

组成	氢氧化钠	碳酸钠	甲酚钠	山梨醇或甘露醇	0P-10乳化剂
质量分数（%）	77	10	5	5	3

3. 表面锈蚀的清除。

钢材表面除锈前，应清除厚的锈层、油脂和污垢；除锈后，应清除钢材表面的浮灰和碎屑。

（1）手工和动力工具除锈。

①手工和动力工具除锈，可以采用铲刀、手锤或动力钢丝刷、动力砂纸盘或砂轮等工具除锈。

②手工除锈施工方便，劳动强度大，除锈质量差，影响周围环境，一般只能除掉疏松的氧化皮、较厚的锈和鳞片状的旧涂层。在金属制造厂加工制造钢结构时不宜采用此法，一般在不能采用其他方法除锈时可采用此法。

③动力工具除锈是以压缩空气或电能为动力，使除锈工具产生圆周式或往复式的运动。在接触钢材表面的过程中，利用摩擦力和冲击力除锈，清除氧化皮等杂物。与手工工具相比，动力工具除锈效率高、质量好，目前在一般涂装工程中被普遍采用。

④雨雪雾天或潮湿度较高时，不适合室外人工及动力工具除锈；钢材表面用手工及动力工具除锈后，应当满涂上底漆，以防止返锈。如在涂底漆前已返锈，则需重新除锈和清理，并及时涂上底漆。

（2）抛射除锈。

①抛射除锈是利用抛射机叶轮中心吸入磨料和叶尖抛射磨料的作用进行工作的。

②抛射除锈常用磨料有钢丸、铁丸等。磨料粒径以选用0.5～2.0mm为宜，有些单位认为将0.5mm和1mm两种规格的磨料混合使用效果较好，可以得到适度的表面粗糙度，有利于漆膜的附着和不需要增加外加的涂层厚度，并能减小钢材因抛丸而引起的变形。

③磨料在叶轮中因自重通过漏斗流入分料轮与叶轮高速转动。磨料被打散，从定向套口飞出，射向物件表面，以高速的冲击和摩擦除去钢材表面的锈迹、氧化皮等污物。

（3）喷射除锈。

喷射除锈是利用经过油、水分离处理过的压缩空气将磨料带入并通过喷嘴以高速喷向钢材表面，借助磨料的冲击和摩擦力除去氧化皮、锈等污物，而在表面得到一定粗糙度有利于漆膜粘附。

喷射除锈有干喷射、湿喷射和真空喷射三种，其除锈等级与抛射除锈相同。

①干喷射除锈。喷射压力应根据选用不同的磨料来确定，一般控制在4～6个大气压的压缩空气即可，密度小的磨料采用压力可低些，密度大的磨料采用压力可高些；喷射

距离一般以100 ~ 300mm为宜；喷射角度以35° ~ 75°为宜。

喷射操作应按顺序逐段或逐块进行，防止漏喷和重复喷射。一般应按照“先下后上、先内后外以及先难后易”的原则进行喷射。

②湿喷射除锈。湿喷射除锈一般是以砂子作为磨料的，工作原理与干喷射法基本相同。其特征在于：将水与砂分别放入喷嘴内，在出口处汇合，再通入压缩空气使其高速旋转喷射出，形成紧密环绕砂流的环形水屏，以减少大量灰尘飞扬而达到除锈。

湿喷射除锈用的磨料，可选用洁净和干燥的河砂，其粒径和含泥量应符合磨料要求的规定。喷射用的水，一般为了防止在除锈后涂底漆前返锈，可在水中加入1.5%的防锈剂（磷酸三钠、亚硝酸钠、碳酸钠和乳化液），在喷射除锈的同时，使钢材表面钝化，以延长返锈时间。湿喷砂磨料罐的工作压力为0.5MPa，水罐的工作压力为0.1 ~ 0.35MPa。

如果以直径为25.4mm的橡胶管连接磨料罐和水罐，可用于输送砂子和水。一般喷射除锈能力为3.5 ~ 4m^2/h，砂子耗用为300 ~ 400kg/h，水的用量为100 ~ 150kg/h。

③真空喷射除锈在工作效率和质量上与干法喷射基本相同，但它可以避免灰尘污染环境，而且设备可以移动，施工方便。

真空喷射除锈是利用压缩空气将磨料从一个特殊的喷嘴喷射到物件表面上，同时又利用真空原理吸回喷出的磨料和粉尘，再经分离器和滤网把灰尘和杂质除去，剩下清洁的磨料又回到贮料槽，再从喷嘴喷出。这样周而复始，全过程处于密闭条件，无粉尘污染。

（4）酸洗除锈。

酸洗除锈也称化学除锈，其原理就是利用酸洗液中的酸与金属氧化物进行化学反应，使金属氧化物溶解，生成金属盐并溶于酸洗液中，从而除去钢材表面上的氧化物及锈。

酸洗除锈通常使用两种方法，即一般酸洗和综合酸洗。钢材经过酸洗后，很容易被空气所氧化，因此，还必须对其进行钝化处理，以提高防锈能力。

①一般酸洗。酸洗液的性能是影响酸洗质量的主要因素，酸洗液一般由酸、缓蚀剂和表面活性剂所组成。

a．酸洗除锈所用的酸有无机酸和有机酸两大类。无机酸主要有硫酸、盐酸、硝酸和磷酸等；有机酸主要有醋酸和柠檬酸等。目前国内对大型钢结构进行酸洗除锈时，主要用硫酸和盐酸，但也有用磷酸进行除锈的。

b．缓蚀剂是酸洗液中不可缺少的重要组成部分，大部分是有机物。在酸洗液中加入适量的缓蚀剂，可以防止或减少在酸洗过程中产生“过蚀”或“氢脆”现象，同时也减少了酸雾。

c．由于酸洗除锈技术的发展，在现代的酸洗液配方中，一般都要加入表面活性剂。它是由亲油性基和亲水性基两个部分所组成的化合物，具有润湿、渗透、乳化、分散、增溶和去污等作用。

d．不同的缓蚀剂在不同的酸洗液中，缓蚀的效率也不一样。因此，在选用缓蚀剂时，应根据使用的酸进行选择。各种酸洗液中常用的缓蚀剂及其特性见表5–8。

常用酸洗缓蚀剂的特性　　表5–8

名称	组成	状态	使用量（g·L^{-1}）	缓蚀效率（%）			容许使用温度（℃）
				在10%硫酸中	在10%盐酸中	在10%磷酸中	
若丁	二邻甲苯基硫脲、氯化钠糊精等	黄色粉状物	4～5	96.3	—	98.3	80
Ⅱ®–5缓蚀剂	苯胺、六次甲基四胺缩合物等	棕黄色液体	4～5	—	96.8	—	50
乌洛托品	六次甲基四胺	白色粉状物	5～6	70.4	89.6	—	40
54牌缓蚀剂	二邻甲苯基硫脲	黄色粉状物	4～5	96.3	—	98.3	80
KC缓蚀剂	磺酸化蛋白质	黄色粉状物	4	60.0	—	—	60
1–D缓蚀剂	苯胺与甲醛的混合物	棕黄色半透明液体	5	—	96.2	—	50
硫脲	—	白色粉状物	4	74.0	—	93.4	60
硫脲+4502	—	白色粉状物	1+1	—	—	99	90
六次甲基四胺和三氧化二砷	—	白色粉状物	5+0.075	93.7	98.2	—	40
9号缓蚀剂	—	—	2	—	—	98.5	60

②综合酸洗。综合酸洗法是采用除油、除锈、钝化及磷化等几种处理方法对钢材进行综合处理。根据处理种类的多少，可将综合酸洗法分为以下三种：

a．“二合一”酸洗。“二合一”酸洗是同时进行除油和除锈的处理方法，减少了一般酸洗方法的除油工序，提高了酸洗效率。

b．“三合一”酸洗。“三合一”酸洗是同时进行除油、除锈和钝化的处理方法，与一般酸洗方法相比，减少了除油和钝化两道工序，较大程度地提高了酸洗效率。

c．“四合一”酸洗。“四合一”酸洗是同时进行除油、除锈、磷化和钝化的综合方法，减少了一般酸洗方法的除油、磷化和钝化三道工序，与使用磷酸的一般酸洗方法相比，极大地提高了酸洗效率。但与使用硫酸或盐酸一般酸洗方法相比，由于磷酸对锈、氧化皮等的反应速度较慢，因此酸洗的总效率并没有明显提高，而费用却提高很多。

一般来说，“四合一”酸洗方法不宜用于钢结构除锈，主要适用于机械加工件的酸洗，即除油、除锈、磷化和钝化。

③钝化处理。钢材酸洗除锈后，为了使其返锈时间延长，常采用钝化处理法对其进行处理，以便在钢材表面上形成一种保护膜，达到提高防锈能力的效果。常用钝化液的配方及工艺条件见表5–9。

钝化液配方及工艺条件 表5–9

材料名称	配合比（$g \cdot L^{-1}$）	工作温度（℃）	处理时间（min）
重铬酸钾	2.0 ~ 3.0	90 ~ 95	0.5 ~ 1
重铬酸钾	0.5 ~ 1.0	60 ~ 80	3 ~ 5
碳酸钠	1.5 ~ 2.5		
亚硝酸钠	3.0	室温	5 ~ 10
三乙醇胺	8.0 ~ 10.0		

根据具体施工条件，可采用不同的处理方法，一般是在钢材酸洗后立即用热水冲洗至中性，然后进行钝化处理。也可在钢材酸洗后立即用水冲洗，再用5%碳酸钠水溶液进行中和处理，然后用水冲洗，洗净碱液，最后进行钝化处理。

酸洗除锈比手工和动力机械除锈的质量高，与喷射方法除锈质量等级基本相当，但酸洗后的表面不能像喷射除锈后那样形成适应于涂层附着的表面粗糙度。

（5）火焰除锈。

钢材火焰除锈是指在火焰加热作业后，以动力钢丝刷清除加热后附着在钢材表面的产物。钢材表面除锈前，应先清除附着在钢材表面上较厚的锈层，然后在火焰上加热除锈。

5.1.3 防腐涂装设计

钢结构防腐涂装的目的是防止钢结构锈蚀，延长使用寿命。而防腐涂层效果如何取决于涂层质量，其好坏又取决于涂装设计、涂装施工和涂装管理等。

钢结构涂装设计的内容包括除锈方法的选择和除锈质量等级的确定、涂料品种的选择、涂层结构和涂层厚度的设计等。涂装设计是涂装管理的依据和基础，是决定涂层质量的重要因素。

1. 表面除锈方法。

钢材表面除锈方法主要有手工除锈、机械除锈、喷射或抛射除锈、酸洗（化学）除锈和火焰除锈等。各种除锈方法的特点及防护效果分别见表5–10和表5–11。

各种除锈方法的特点 表5-10

除锈方法	设备工具	优点	缺点
手工、机械	砂布、钢丝刷、铲刀、尖锤、平面砂磨机、动力钢丝刷等	工具简单，操作方便，费用低	劳动强度大、效率低、质量差，只能满足一般涂装要求
喷射	空气压缩机、喷射机、油水分离器等	能控制质量，获得不同要求的表面粗糙度	设备复杂，需要一定的操作技术，劳动强度较高，费用高，污染环境
酸洗	酸洗槽、化学药品、厂房等	效率高，适用大批件，质量较高，费用较低	污染环境，废液不易处理，工艺要求较严

不同除锈方法的防护效果（单位：年） 表5-11

除锈方法	手工	A级不处理	酸洗	喷射
红丹、铁红各两道	2.3	8.2	＞9.7	＞10.3
两道铁红	1.2	3.0	4.6	6.3

选择除锈方法时，除根据不同除锈方法的特点和防护效果外，还要根据涂装的对象和目的、钢材表面的原始状态、除锈等级、现有施工设备和条件以及施工费用等，进行综合比较确定。

对于钢结构涂装来讲，由于工程量大、工期紧，钢材的原始表面状态复杂，又要求有较高的除锈质量。一般采用酸洗法可以满足工期和质量的要求，其成本费用也不高。

2. 钢材表面除锈等级。

（1）手工和动力工具除锈可分为两个等级，以字母“St”来表示。其文字叙述如下：

①St2——彻底的手工和动力工具除锈。钢材表面应无可见的油脂和污垢，并且没有附着不牢（指氧化皮、铁锈和油漆涂层等能以金属腻子刀从钢材表面剥离掉）的氧化皮、铁锈和油漆涂层等附着物（指焊渣、焊接飞溅物和可溶性盐等）。

②St3——非常彻底的手工和动力工具除锈。钢材表面应无可见的油脂和污垢，并且没有附着不牢的氧化皮、铁锈和油漆涂层等附着物。除锈应比St2更为彻底，底材显露部分的表面应具有金属光泽。

（2）抛射除锈可分为四个等级，以字母“Sa”表示。其文字部分的叙述如下：

①Sa1——轻度的喷射或抛射除锈。

钢材表面应无可见的油脂或污垢，并且没有附着不牢的氧化皮、铁锈和油漆涂层等附着物。

②Sa2——彻底的喷射或抛射除锈。

钢材表面无可见的油脂和污垢，并且氧化皮、铁锈、油漆涂层等附着物已基本清除，其残留物应是牢固附着的。

③Sa2$^{1}/_{2}$——非常彻底的喷射或抛射除锈。

钢材表面无可见的油脂、污垢、氧化皮、铁锈、油漆涂层等附着物，任何残留的痕迹应仅是点状或条纹状的轻微色斑。

④Sa3——使钢材表面洁净的喷射或抛射除锈。

钢材表面应无可见的油脂、污垢、氧化皮、铁锈和油漆涂层等附着物，该表面应具有均匀的金属光泽。

（3）钢材火焰除锈以字母“F1”表示。钢材火焰除锈等级的文字叙述如下：

F1——火焰除锈。

钢材表面应无氧化皮、铁锈、油漆涂层等附着物，任何残留的痕迹应为表面原色（不同颜色的暗影）。

3. 涂料品种的选择。

选择涂料时，除了考虑其利弊之外，还应注意以下几个方面：

（1）使用场合及环境有无化学腐蚀作用气体及潮湿环境等。

（2）用于打底或罩面。

（3）应考虑施工过程中涂料的稳定性、毒性及所需的温度条件。

（4）根据工程质量要求、技术条件、耐久性、经济效果和非临时性工程，选择合适涂料品种。不应将优质品种降格使用，也不应勉强使用达不到性能指标的品种。

4. 涂层的结构。

钢结构涂层的结构形式主要有以下三种：

（1）漆—中间漆—面漆。如红丹醇酸防锈漆—云铁醇酸中间漆—醇酸磁漆。

底漆具有较强的附着力和防锈性能；中间漆具有底漆与面漆双重特性，适合作为过渡漆使用，尤其厚浆型中间漆能提高涂层厚度；面漆具有防腐、耐候性强的特点。底部、中部和表面的结构形式不仅充分发挥各层功能，而且强化综合功能，目前在国内外有较为广泛的应用。

（2）底漆—面漆。如铁红酚醛底漆—酚醛磁漆。

只发挥了底漆和面漆的作用，明显不如上一种形式。这是我国以前常采用的形式。

（3）底漆和面漆是一种漆。如有机硅漆。

有机硅漆多用于高温环境，因为有机硅漆没有底漆，只好把面漆也作为底漆用。

5. 涂层厚度。

钢结构防腐涂层一般包括基本涂层、防护涂层、附加涂层三个部分。基本涂层厚度是指涂层在钢铁表面形成均匀、致密、连续漆膜所需的最薄厚度；防护涂层厚度是指涂层在使用环境中、在维护周期内受到腐蚀、粉化、磨损等所需的厚度；附加涂层厚度是指因以后涂装维修困难和留有安全系数所需的厚度。

钢结构涂装设计中确定涂层厚度，应综合考虑钢表面原始状况、除锈后钢表面粗糙度、所选涂层品种、钢结构服役环境中涂层腐蚀程度与预期维护周期以及涂装维护情况等的影响。

应根据实际需要确定涂层厚度，涂层过厚虽能增强防腐力，但附着力和机械性能均降低；涂层过薄易产生肉眼看不到的针孔或其他缺陷，起不到隔离环境的作用。钢结构涂装涂层厚度可参考表5-12。

钢结构涂装涂层厚度（单位：μm）　　表5-12

涂料品种	基本涂层和防护涂层					附加涂层
	城镇大气	工业大气	化工大气	海洋大气	高温大气	
醇酸漆	100～150	125～175	—	—	—	25～50
沥青漆	—	—	150～210	180～240	—	30～60
环氧漆	—	—	150～200	175～225	150～200	25～50
过氯乙烯漆	—	—	160～200	—	—	20～40
丙烯酸漆	—	100～140	120～160	140～180	—	20～40
聚氨酯漆	—	100～140	120～160	140～180	—	20～40
氯化橡胶漆	—	120～160	140～180	160～200	—	20～40
氯磺化聚乙烯漆	—	120～160	140～180	160～200	120～160	20～40
有机硅漆	—	—	—	—	100～140	20～40

5.1.4　防腐涂装施工

应在喷射除锈或其他方式除锈后8h内进行钢结构防腐涂料施工。严禁在表面未处理且有污染、脏物、浮锈的情况下进行涂装作业。

1. 作业条件。

（1）施工环境应通风良好、清洁和干燥，室内施工环境温度应在0℃以上，室外施工时环境温度为5～38℃，相对湿度不大于85%。

（2）钢结构制作或安装的完成、校正及交接验收合格。

（3）注意与土建工程配合，特别是与装饰、涂料工程要编制交叉计划及措施。

（4）涂装操作人员应穿工作服，戴乳胶手套、防尘口罩、防护眼镜、防毒口罩等防护用品。

（5）雨天或钢结构表面结露时，不宜作业。冬期施工应在采暖条件下进行，室温必须保持均衡。

2．涂料预处理。

涂料选定后，一般要经过以下处理与操作程序才能施涂。

（1）开桶。

开桶前应除尽桶外的灰尘、杂物，以防止其混入油漆桶。同时检查涂料的名称、型号和颜色，检查是否符合设计规定或选用要求；检查制造日期是否超过贮存期，凡不符合的，应另行研究处理。若发现有结皮现象，应将漆皮全部取出，以免影响涂装质量。

（2）搅拌。

需将桶内的油漆和沉淀物全部搅拌均匀后才可使用。

（3）混合。

对于双组分的涂料，使用前必须严格按照说明书所规定的比例来混合。一旦混合，就必须在规定的时间内用完，超过规定时间则不可再使用。

（4）熟化。

应特别注意，两组分涂料混合搅拌均匀后，需要过一定熟化时间才能使用，以保证漆膜的性能。

（5）稀释。

根据贮存条件、施工方法、作业环境、气温高低等的不同，有的涂料在使用时，需用稀释剂调整黏度。

（6）过滤。

过滤是将涂料中可能产生的或混入的固体颗粒、漆皮或其他杂物滤掉，以免堵塞喷嘴，影响漆膜的性能和外观。通常可以使用80～120目的金属网或尼龙丝筛进行过滤，以达到质量控制的目的。

3．涂刷防锈底漆。

涂底漆一般应在金属结构表面清理完毕后立刻进行，否则金属表面会重新氧化生锈。涂刷方法是用油刷上下铺油（开油），横竖交叉地将油刷匀，再把刷迹理平。

可用设计要求的防锈漆在金属结构上满刷一遍。如已刷过防锈漆，则应检查其有无损坏或有无锈斑。凡有损坏或锈斑处，应将原防锈漆层铲除，用钢丝刷和砂布彻底打磨干净后，再补刷一遍防锈漆。

采用油基底漆或环氧底漆时，应均匀地涂或喷在金属表面，底漆的黏度控制如下：喷涂为18～22St，刷涂为30～50St。

底漆以自然干燥居多，使用环氧底漆时也可采用烘烤，质量比自然干燥的更好。

4. 局部刮腻子。

（1）施工要求。

待防锈底漆干透后，用石膏腻子将金属表面的砂眼、缺棱、凹坑等处刮抹平整。也可采用油性腻子或快干腻子。用油性腻子一般在12～24h才能全部干燥，用快干腻子干燥较快，且黏附性强，因此，在部分损坏或凹陷处使用快干腻子可以缩短施工周期。

另外，也可用铁红醇酸底漆50%加光油50%混合拌匀，并加适量石膏粉和水调成腻子打底。

一般第一道腻子较厚、不要求光滑，拌和时应酌量减少油分，增加石膏粉用量。第二道腻子要求平滑光洁，因此要增加油分，将腻子调得薄些。刮涂腻子时，先用橡皮刮或钢刮刀将局部凹陷处填平。待腻子干燥后，进行砂磨并抹除表面灰尘，再依次涂刷一层底漆和一层腻子。金属结构表面一般可刮2～3道腻子。每刮完一道腻子，待干燥后都要进行砂磨。第一道腻子粗糙，可用粗铁砂布垫木块砂磨；第二道腻子可用细铁砂或240号水砂纸砂磨；最后两道腻子可用400号水砂纸仔细地打磨光滑。

（2）施工方法。

①涂刷操作。涂刷必须按设计和规定的层数进行，必须保证涂刷层次及厚度。涂第一遍油漆时，应分别选用带色铅油或带色调和漆、磁漆涂刷，但此遍漆应适当掺加配套的稀释剂或稀料，以达到盖底、不流淌、不显刷迹。涂刷时厚度应一致，不得漏刷。冬期施工宜适当添加催干剂（铅油用铅锰催干剂），掺量为2%～5%（质量比）；磁漆等可用钴催干剂，掺量一般小于0.5%。如果设计要求复补腻子，需将前数遍腻子干缩裂缝或残缺不足处，再用带色腻子局部修补，复补腻子应与第一遍漆色相同。如设计要求磨光（属中、高级油漆）时，宜用1号以下细砂布打磨，用力应轻而匀，不要磨穿漆膜。涂刷第二遍油漆时，如为普通油漆且为最后一层面漆，应用原装油漆（铅油或调和漆）涂刷，但不宜掺催干剂。如设计中要求磨光，应予以磨光。

涂刷完成后，应用潮布擦净。将干净潮布反复在已磨光的油漆面上揩擦干净，注意擦布上的细小纤维不要被粘上。

②喷漆操作。喷漆施工时，应先喷头道底漆，黏度控制在20～30St，气压0.4～0.5MPa，喷枪距物面20～30cm，喷嘴直径以0.25～0.3cm为宜。先喷次要面，再喷主要面。

喷漆施工时，应注意以下事项：

a. 在喷漆施工时，应注意通风、防潮、防火。工作环境和喷漆工具应保持清洁，气泵压力应控制在0.6MPa以内，并应检查安全阀是否失灵。

b. 在喷大型工件时，可采用电动喷漆枪或用静电喷漆。

c. 使用氨基醇酸烘漆时，要进行烘烤，物件在工作室内喷好后应先流平15～30min，然后再放入烘箱。先用低温60℃烘烤0.5h后，再按烘漆预定的烘烤温度（一般在120℃左右）进行恒温烘烤1.5h，最后降温至工件干燥温度，出箱。

凡用于喷漆的油漆，使用时必须掺加相应的稀释剂或相应的稀料，掺量多少以能顺利喷出呈雾状为准（一般为漆重的1倍左右），并通过0.125mm孔径筛清除杂质。一个工作物面层或一项工程上所用的喷漆量宜一次配够。干后用快干腻子将缺陷、细眼找补填平；腻子干透后，用水砂纸将刮过腻子的部分和涂层全部打磨一遍。擦净灰迹待干后再喷面漆，黏度控制在18～22St。喷涂底漆和面漆的层数根据产品的要求而定，面漆一般可喷2～3道。

每次都用水砂打磨，越到面层，要求水砂越细，质量越高。如需增加面漆的亮度，可在漆料中加入硝基清漆（掺量不超过20%），调至适当黏度（15St）后喷1～2遍。

5. 二次涂装。

二次涂装一般是指物件在工厂加工并按作业分工后在现场进行的涂装，或者涂漆间隔时间超过1个月再涂漆时的涂装。进行二次涂装时，应进行表面处理和修补。

（1）表面处理。进行下道涂漆前，应满足下列要求：对于海运产生的盐分、陆运或存放过程中产生的灰尘都要清除干净，方可涂下一道漆；如果涂漆间隔时间过长，前道漆膜可能因老化而粉化（特别是环氧树脂漆类），要求进行“打毛”处理，使表面干净和增加粗糙度，以提高附着力。

（2）修补。修补所用的涂料品种、涂层层次和厚度、涂层颜色应与原设要求一致。表面处理可采用手工机械除锈方法，但要注意油脂及灰尘的污染。在修补部位与不修补部位的边缘处宜有过渡段，以保证搭接处的平整和附着牢固。对补涂部位的要求也应与上述相同。

5.1.5 防腐涂层厚度检测

在涂层干燥后及外观检查合格后，应进行防腐涂层的厚度检测。检测时，构件的表面不应有结露。采用涂层测厚仪检测防腐涂层厚度，其最大量程不应小于1200μm，最小分辨率不应大于2μm，示值相对误差不应大于3%。另外，使用涂层测厚仪检测时，应避免电磁干扰。测试构件的曲率半径应符合仪器的使用要求。在测量弯曲试件表面时，应考虑其对测试准确度的影响。

同一构件应检测5处，每处应检测3个相距50mm的测点。测点部位的涂层应与钢材附着良好。检测步骤如下：

（1）确定检测位置。检测位置应有代表性，在检测区域内宜分布均匀。

（2）测试前准备。检测前应清除测试点表面的防火涂层、灰尘、油污等。检测前还应对仪器进行校准。校准宜采用两点校准，经校准后方可测试。仪器的校准应使用与被测构件基体金属具有相同性质的标准进行，也可用待涂覆构件进行校准。检测期间关机再开机后，应对仪器重新校准。

（3）测试。测试时，测点距构件边缘或内转角处的距离不宜小于20mm。探头与测点表面应垂直接触，宜保持1～2s的接触时间，读取仪器显示的测量值，对测量值应进行打印或记录。

（4）检测结果的评价。每处3个测点的涂层厚度平均值不应小于设计厚度的85%，同一构件上15个测点的涂层厚度平均值不应小于设计厚度。当设计对涂层厚度无要求时，涂层干漆膜总厚度应为室外150μm、室内125μm，其容许偏差应为-25μm。

5.2 钢结构防火涂装

5.2.1 钢结构的耐火极限与保护

钢结构虽然是不燃烧体，但易导热、怕火烧。普通建筑钢的热导率是67.63W/（m·K）。研究表明，未加防火保护的钢结构在火灾温度作用下，只需10多分钟，自身温度就可达540℃以上，钢材的机械力学性能（包括屈服点、抗拉强度、弹性模量等）迅速下降；达到600℃时，强度则几乎为零。因此，在火灾作用下，钢结构不可避免地扭曲变形，最终垮塌毁坏。

根据《建筑设计防火规范（2018年版）》（GB 50016）的规定，钢结构的耐火极限应满足表5-13的规定。在钢结构防火设计时，只需满足钢构件的耐火极限大于规范要求的耐火极限即可。

钢结构耐火极限 表5-13

<table>
<tr><th colspan="2">构件名称</th><th>耐火极限（h）</th></tr>
<tr><td colspan="2">无保护层的钢柱</td><td>0.25</td></tr>
<tr><td rowspan="2">钢柱用金属网抹灰或以混凝土作保护层</td><td>厚度2.5cm</td><td>0.70</td></tr>
<tr><td>厚度5.0cm</td><td>2.00</td></tr>
<tr><td rowspan="2">钢柱用普通黏土砖作保护层</td><td>厚度6cm</td><td>2.00</td></tr>
<tr><td>厚度12cm</td><td>5.00</td></tr>
</table>

续表

构件名称		耐火极限（h）
钢柱用黏土空心砖作保护层	厚度3cm	1.20
	厚度6cm	2.80
钢柱用陶粒混凝土板作保护层	厚度4cm	1.10
	厚度5cm	1.50
	厚度7cm	2.00
	厚度8cm	2.50
	厚度10cm	3.00
无保护钢梁、钢桁架		0.25
钢梁有混凝土或钢丝网抹灰粉刷保护层	厚度1cm	0.75
	厚度2cm	2.00
	厚度3cm	3.00

钢构件虽是不燃烧体，但未保护的钢柱、钢梁、钢楼板和屋顶承重构件的耐火极限时间仅为0.25h，为满足规范规定的1～3h的耐火极限的要求，必须施加防火保护。钢结构防火保护，就是在其表面提供一层绝热或吸热的材料，隔离火焰直接燃烧钢结构，阻止热量迅速传向钢基材，推迟钢结构温度升高的时间，使之达到规范规定的耐火极限要求，以实现利于安全疏散和消防灭火，避免和减轻火灾损失。

5.2.2　防火涂装设计

我国现行建筑和企业设计规范中规定，为了保障人身和财产的安全，贯彻“预防为主，消防结合”的消防工作方针，防止和减少火灾危害，需积极采用行之有效的先进防火技术，做到促进生产、保障安全、方便使用、经济合理。

1. 防火涂层厚度的确定。

确定防火涂层厚度时，涂层自重应计算在结构荷载内，不得超过容许范围。对于裸露及露天钢结构的防火涂层，应规定外观平整度和颜色装饰要求。

（1）涂层厚度计算。

根据设计所确定的耐火极限设计涂层的厚度，可直接选择有代表性的钢构件，喷涂防火涂料做耐火试验，由实测数据确定设计涂层的厚度；也可根据标准耐火试验数据，对不同规格的钢构件按下式计算出涂层厚度：

$$T_1 = W_m/D_m W_1/D_1 \times T_m \times K \quad (5\text{-}3)$$

式中：T_1——待确定的钢构件涂层厚度（mm）；

T_m——标准试验时的涂层厚度（mm）；

W_1——待喷涂的钢构件质量（kg/m）；

W_m——标准试验时的钢构件质量（kg/m）；

D_1——待喷涂的钢构件防火涂层接触面周长（m）；

D_m——标准试验时的钢构件防火涂层接触面周长（m）；

K—系数，对钢梁，K=1；对钢柱，K=1.25。

（2）涂层厚度测定。

测定防火涂层的厚度应采用厚度测量仪，由针杆和可滑动的圆盘组成，圆盘始终保持与针杆垂直，且其上装有固定装置。圆盘直径不大于30mm，以保持完全接触被测试件的表面。测试时，将测厚探针垂直插入防火涂层直至钢材表面上，记录标尺读数。当厚度测量仪不易插入被插试件中，也可使用其他合适的方法测试。

测定楼板和防火墙防火涂层的厚度时，应先确定相邻两纵横轴线相交中的面积为一个单元，然后在其对角线上每米确定一点进行测试。

测定框架结构梁、柱防火涂层厚度时，在构件长度内每隔3m取一截面。

在桁架结构中，测定上、下弦涂层厚度时，应每隔3m取一截面检测，其他腹杆每一根取一截面检测。

对于楼板和墙面，在所选择的面积中，至少测出5个点；对于梁和柱，在所选择的位置中分别测出6个点和8个点，分别计算出它们的平均值，并精确至0.5mm。

2. 涂层外观及喷涂方式。

（1）建筑物中的隐蔽钢结构，只需保证其厚度满足要求，对涂层外观与颜色没有要求；保护裸露钢结构以及露天钢结构的防火涂层，特别是4mm下的钢结构，可以对外观平整度和颜色装饰提出要求，以便订货和施工时进行规定，并以此要求进行验收。

（2）为确保钢结构的安全，防火涂层的自重要计算在结构荷载内。

（3）对建（构）筑物中的钢结构是采用全喷还是部分喷涂，需明确规定。为满足规范规定的耐火极限要求，建筑物中承重钢结构的各受火部位均应喷涂，且各个面的保护层应有相同的厚度。

（4）石化企业中的露天钢结构，当使用的钢结构防火涂料与防腐装饰涂料能配套，不会发生化学反应时，可以在涂完防锈底漆后直接喷涂防火涂料，最后再涂防腐装饰涂料。

（5）目前，钢结构防锈漆采用普通铁红防锈。这种漆耐温性仅为70～80℃，不利于防火涂层在火焰中与钢结构的粘结，应使用耐温性能达500℃左右的高温防锈漆。

3. 建筑物耐火等级的划分。

划分建筑物的耐火等级，是现行国家标准《建筑设计防火规范（2018年版）》（GB

50016）中最基本的防火技术措施之一，它要求建筑物在火灾高温持续作用下，墙、柱、梁、楼板、屋盖、楼梯、吊顶等基本建筑部件，能在一定的时间内不被破坏，不传播火灾，起到延缓或阻止火势蔓延的作用。根据我国的实际情况，民用建筑的耐火等级可划分为一、二、三、四级。除《建筑设计防火规范（2018年版）》（GB 50016）另有规定外，不同耐火等级建筑相应构件的燃烧性能和耐火极限不应低于表5-14的规定。

不同耐火等级建筑相应构件的燃烧性能和耐火极限（单位：h） 表5-14

构件名称		耐火等级			
		一级	二级	三级	四级
墙	防火墙	不燃性3.00	不燃性3.00	不燃性3.00	不燃性3.00
	承重墙	不燃性3.00	不燃性2.50	不燃性2.00	难燃性0.50
	非承重外墙	不燃性1.00	不燃性1.00	不燃性0.50	可燃性
	楼梯间和前室的墙、电梯井的墙、住宅建筑单元之间的墙和分户墙	不燃性2.00	不燃性2.00	不燃性1.50	难燃性0.50
	疏散走道两侧的隔墙	不燃性1.00	不燃性1.00	不燃性0.50	难燃性0.25
	房间隔墙	不燃性0.75	不燃性0.50	不燃性0.50	难燃性0.25
柱		不燃性3.00	不燃性2.50	不燃性2.50	难燃性0.50
梁		不燃性2.00	不燃性1.50	不燃性1.00	难燃性0.50
楼板		不燃性1.50	不燃性1.00	不燃性0.50	可燃性
屋顶承重构件		不燃性1.50	不燃性1.00	可燃性0.50	可燃性
疏散楼梯		不燃性1.50	不燃性1.00	不燃性0.50	可燃性
吊顶		不燃性0.25	难燃性0.25	难燃性0.15	可燃性

注：1. 除GB 50016另有规定外，以木柱承重且墙体采用不燃材料的建筑，其耐火等级应按四级确定；
2. 住宅建筑构件的耐火极限和燃烧性能可按现行国家标准《住宅建筑规范》（GB 50368）的规定执行。

5.2.3 防火涂装施工

1. 厚涂型防火涂料施工。

厚涂型钢结构防火涂料宜采用压送式喷涂机喷涂，空气压力为0.4～0.6MPa，喷枪口直径宜为6～10mm。局部修补可采用抹灰刀等工具进行手工抹涂。

（1）涂料的调配。

配料时应严格按配合比加料或加稀释剂，并保证稠度适宜，边配边用。由工厂制造好的单组分湿涂料，现场应采用便携式搅拌器搅拌均匀。由工厂提供的干粉料或双组分涂料，应按配制涂料说明书规定的配合比混合搅拌，边配边用。特别是化学固化干燥的涂料，配制的涂料必须在规定的时间内用完。

搅拌和调配涂料，使稠度适宜，能在输送管道中畅通流动，喷涂后不会流淌和下坠。

（2）涂料喷涂施工。

喷涂施工应按照遍数完成，每一遍喷涂厚度宜为5～10mm，必须在前一遍基本干燥或固化后，再喷涂后一遍。喷涂保护方式、喷涂次数与涂层厚度应根据防火设计要求确定。耐火极限为1～3h，涂层厚度为10～40mm，一般需喷2～5次。

喷涂时，持枪手紧握喷枪，注意移动速度，不能在同一位置久留，以免造成涂料堆积流淌；由于输送涂料的管道长而笨重，应配助手帮助移动和托起管道；配料及往挤压泵加料均要连续进行，不得停顿。施工过程中，操作者应采用测厚针检测涂层厚度，直到符合设计规定的厚度，方可停止喷涂。

喷涂后的涂层要适当维修，对表面有明显的乳突，应用抹灰刀等工具剔除，以确保涂层表面均匀。当防火涂层出现下列情况之一时，应重喷：

①涂层干燥固化不好，粘结不牢或粉化、空鼓、脱落时；

②钢结构的接头、转角处的涂层有明显凹陷时；

③涂层表面有浮浆或裂缝宽度大于1.0mm时；

④涂层厚度小于设计规定厚度的85%时，或涂层厚度虽大于设计规定厚度的85%，但未达到规定厚度涂层的连续面积长度超过1m时。

2. 薄涂型防火涂料施工。

薄涂型钢结构防火涂料的底层（或主涂层）涂料宜采用重力式喷枪喷涂，其压力约为0.4MPa，喷枪口直径宜为4～6mm。

面层装饰涂料可以刷涂、喷涂或滚涂，一般采用喷涂施工。喷底层涂料的喷枪，将喷嘴直径换为1～2mm，即可用于喷面层装饰涂料。

局部修补或小面积施工，或者不具备喷涂条件时，可用抹灰刀等工具进行手工抹涂。

（1）涂料的调配。

运送到施工现场的钢结构防火涂料，应采用便携式电动搅拌器进行适当搅拌，使其均匀一致，方可用于喷涂。双组分包装的涂料，应按说明书规定的配合比进行现场调配，边配边用。单组分包装的涂料，应充分搅拌。搅拌和调配好的涂料，应稠度适宜，喷涂后不发生流淌和下坠现象。

（2）底层喷涂施工。

当钢基材表面除锈和防锈处理符合要求，尘土等杂物清除干净后方可施工。

底涂层一般喷2～3遍，必须在前一遍干燥后再喷涂后一遍。头遍喷涂盖住基底面

70%即可，第二、三遍喷涂时，每遍厚度不应超过2.5mm。每喷1mm厚的涂层，消耗湿涂料1.2 ~ 1.5kg/m^2。

喷涂时，手握喷枪要稳，喷嘴与钢基材面垂直或成70°角，喷口到喷面距离为40 ~ 60cm。要求回旋转喷涂，注意搭接处颜色一致，厚薄均匀，防止漏喷、流淌。确保涂层完全闭合，轮廓清晰。施工过程中，操作者应采用测厚针检测涂层厚度，直到符合设计规定的厚度，方可停止喷涂。

喷涂形成的涂层是粒状表面，当设计要求涂层表面平整、光滑时，待喷完最后一遍，应采用抹灰刀或其他适用的工具做抹平处理，使外表面均匀、平整。

（3）面层喷涂施工。

当底层厚度符合设计规定，干燥后方可施工面层喷涂料。面层涂料一般涂饰1 ~ 2遍，如第一遍是从左至右喷，第二遍应从右至左喷，以确保全部覆盖住底涂层。涂面层用料为0.5 ~ 1.0kg/m^2。

对于露天钢结构的防火保护，喷好防火的底涂层后，也可选用适合建筑外墙用的面层涂料作为防水装饰层，用量为1.0kg/m^{2}即可。面层施工应确保各部分颜色均匀一致，接槎平整。

5.2.4　防火涂层厚度检测

在涂层干燥后及外观检查合格后，应进行防腐涂层厚度检测。可采用探针和卡尺检测防火涂层的厚度，用于检测的卡尺尾部应有可外伸的窄片。测量设备的分辨率不应低于0.5mm。防腐涂层厚度检测步骤如下：

（1）测试前准备。检测前应清除测试点表面的灰尘、附着物等，并应避开构件的连接部位。

（2）测点布置。测定楼板和防火墙防火涂层的厚度时，可选相邻两纵横轴线相交的面积为一个单元，然后在其对角线上每米选择一点进行测试，每个单元不应少于5个测点。梁、柱构件的防火涂层厚度检测，在构件长度内每隔3m取一个截面，且每个构件不应少于2个截面。

（3）测试。在测点处，应将仪器的探针或窄片垂直插入防火涂层直至钢材防腐涂层表面，并记录标尺读数，测试值应精确到0.5mm。当探针不易插入防火涂层内部时，可采取防火涂层局部剥除的方法进行检测。剥除面积不宜大于15mm × 15mm。

（4）检测结果评价。同一截面上各测点厚度的平均值不应小于设计厚度的85%，构件上所有测点厚度的平均值不应小于设计厚度。

5.3 涂装施工质量验收

本节适用于钢结构的防腐涂料（油漆类）涂装和防火涂料涂装工程的施工质量验收。

（1）钢结构涂装工程可按钢结构制作或钢结构安装工程检验批的划分原则划分成一个或若干个检验批。

（2）钢结构普通涂料涂装工程应在钢结构构件组装、预拼装或钢结构安装工程检验批的施工质量验收合格后进行。钢结构防火涂料涂装工程应在钢结构安装工程检验批和钢结构普通涂料涂装检验批的施工质量验收合格后进行。

（3）涂装时的环境温度和相对湿度应符合涂料产品说明书的要求，当产品说明书无要求时，环境温度应在5～38℃之间，相对湿度应不大于85%。涂装时构件表面不应有结露；涂装后4h内应使其免受雨淋。

5.3.1 钢结构防腐涂料涂装

1. 主控项目检验。

钢结构防腐涂料涂装主控项目检验标准应符合表5-15的规定。

钢结构防腐涂料涂装主控项目检验标准 表5-15

项目	合格质量标准	检验数量	检验方法
涂料基层验收	涂装前钢材表面除锈应符合设计要求和国家现行有关标准的规定。涂料基层处理后的钢材表面不应有焊渣、焊疤、灰尘、油污、水和毛刺等。设计无要求时，钢材表面除锈等级应符合表5-16的规定	按构件数抽查10%，且同类构件不应少于3件	用铲刀检查和用现行国家标准《涂装前钢材表面锈蚀等级和除锈等级》（GB 8923.1）规定的图片对照观察检查
涂料厚度	涂料、涂装遍数、涂层厚度均应符合设计要求。当设计对涂层厚度无要求时，涂层干漆膜总厚度：室外应为150μm，室内应为125μm，其容许偏差为-25μm。每遍涂层干漆膜厚度的容许偏差为-5μm	按构件数抽查10%，且同类构件不应少于3件	用干漆膜测厚仪检查。每个构件检测5处，每处的数值为3个相距50mm测点涂层干漆膜厚度的平均值

各种底漆或防锈漆要求最低的除锈等级 表5-16

涂料品种	除锈等级
油性酚醛、醇酸等底漆或防锈漆	St2
高氯化聚乙烯、氯化橡胶、氯磺化聚乙烯、环氧树脂、聚氨酯等底漆或防锈漆	Sa2
无机富锌、有机硅、过氯乙烯等底漆	Sa2½

2. 一般项目检测。

钢结构防腐涂料涂装一般项目检验标准应符合表5-17的规定。

钢结构防腐涂料涂装一般项目检验标准 表5-17

项目	合格质量标准	检验数量	检验方法
表面质量	构件表面不应误涂、漏涂，涂层不应脱皮和返锈等。涂层应均匀，无明显皱皮、流坠、针眼和气泡等	全数检查	观察
附着力测试	当钢结构处在有腐蚀介质环境或外露且设计有要求时，应进行涂层附着力测试。在检测处范围内，当涂层完整程度达到70%以上时，涂层附着力达到合格质量标准的要求	按构件数抽查1%，且应不少于3件，每件测3处	按照现行国家标准《漆膜划圈试验》（GB/T 1720）或《色漆和清漆漆膜的划格试验》（GB/T 9286）执行
标志	涂装完成后，构件的标志、标记和编号应清晰完整	全数检查	观察

5.3.2 钢结构防火涂料涂装

1. 主控项目检验。

钢结构防火涂料涂装主控项目检验标准应符合表5-18的规定。

钢结构防火涂料涂装主控项目检验标准 表5-18

项目	合格质量标准	检验数量	检验方法
涂料基层验收	防火涂料涂装前钢材表面除锈及防锈底漆涂装应符合设计要求和国家现行有关标准的规定	按构件数抽查10%，且同类构件应不少于3件	表面除锈用铲刀检查和用现行国家标准《涂装前钢材表面锈蚀等级和除锈等级》（GB 8923.1）规定的图片对照观察检查。底漆涂装用干漆膜测厚仪检查，每个构件检测5处，每处的数值为3个相距50mm测点涂层干漆膜厚度的平均值

续表

项目	合格质量标准	检验数量	检验方法
强度试验	钢结构防火涂料的粘结强度、抗压强度应符合现行国家标准《钢结构防火涂料应用技术规程》（T/CECS 24）的规定。检验方法应符合现行国家标准《建筑构件用防火保护材料通用要求》（XF/T 110）的规定	每使用100t或不足100t薄图型防火涂料应抽检一次粘结强度；每使用500t或不足500t厚涂型防火涂料应抽检一次粘结强度	检查复验报告
涂层厚度	薄涂型防火涂料的涂层厚度应符合有关耐火极限的设计要求。厚涂型防火涂料涂层的厚度，80%及以上面积应符合有关耐火极限的设计要求，且最薄处厚度不应低于设计要求的85%	按同类构件数抽查10%，且均应不少于3件	涂层厚度测量仪、测针和钢尺检查。测量方法应符合现行国家标准《钢结构防火涂料应用技术规程》（T/CECS 24）的规定
表面裂纹	薄涂型防火涂料涂层表面裂纹宽度应不大于0.5mm；厚涂型防火涂料涂层表面裂纹宽度应不大于1mm	按同类构件数抽查10%，且均应不少于3件	观察和尺量检测

2. 一般项目检测。

钢结构防火涂料涂装一般项目检测标准应符合表5–19的规定。

钢结构防火涂料涂装一般项目检验标准 表5–19

项目	合格质量标准	检验数量	检验方法
基层表面	防火涂料擦装基层不应有油污、灰尘和泥砂等污垢	全数检查	观察
涂层表面质量	防火涂料不应有误涂、漏涂，图层应闭合，无脱层、空鼓、明显缺陷、粉化松散和浮浆等外观缺陷，乳突应剔除	全数检查	观察

第6章

钢结构安装

6.1

钢结构安装施工准备

6.1.1 图纸会审与设计变更

在建筑钢结构的施工中，钢结构安装是一项很重要的分部工程，由于其规模大、结构复杂、工期长、专业性强，因此操作时应严格执行现行国家标准《钢结构设计标准》（GB 50017）和《钢结构工程施工质量验收标准》（GB 50205）。同时钢结构安装应组织图纸会审，在会审前施工单位应熟悉并掌握设计文件内容，发现设计中影响构件安装的问题，并查看与其他专业工程配合不适宜的方面。

1. 图纸会审。

在钢结构安装前，为了解决施工单位熟悉图纸过程中发现的技术难题和质量隐患等一系列问题，将其消灭在萌芽状态，参与各方要进行图纸会审。

图纸会审的内容一般包括：

（1）设计单位的资质是否满足、图纸是否经设计单位正式签署。

（2）设计单位作设计意图说明和提出工艺要求，制作单位介绍钢结构主要制作工艺。

（3）各专业图纸之间有无矛盾。

（4）各图纸之间的平面位置、标高等是否一致，标注有无遗漏。

（5）各专业工程施工程序和施工配合有无问题。

（6）安装单位的施工方法能否满足设计要求。

2. 设计变更。

施工图纸在使用前、后，均会出现由建设单位要求、现场施工条件变化或国家政策法规改变等原因引起的设计变更，设计变更不论何种原因、由谁提出，都必须征得建设单位同意并办理书面变更手续。设计变更往往会影响项目的工期和费用，在实施时应严格按规定办事，以明确责任，避免出现索赔事件，不利于施工。

6.1.2 施工组织设计与文件资料准备

1. 施工组织设计。

施工组织设计是依据合同文件、设计文件、调查资料、技术标准及建设单位提供的条件、施工单位自有情况、企业总工计划、国家法规等资料进行编制的。其内容包括：工程概况及特点介绍；施工程序和工艺设计；施工机械的选择及吊装方案；施工现场平面图；施工进度计划；劳动组织、材料、机具需用量计划；质量措施、安全措施、成本措施等。

2. 文件资料准备。

钢结构安装工程需要准备的文件资料见表6-1。

钢结构安装工程需要准备的文件资料　　表6-1

项目	具体内容
设计文件	包括钢结构设计图、建筑图、相关基础图、钢结构施工总图、各分部工程施工详图、其他有关图纸及技术文件
记录	包括图纸会审记录、支座或基础检查验收记录、构件加工制作检查记录等
文件资料	包括施工组织设计，施工方案或作业设计，材料、成品质量合格证明文件及性能检测报告等

6.1.3　中转堆场的准备

由于施工场地的限制和构件安装流水顺序不同，必须设置构件的中转堆场，用于储存待安装的钢构件，进行构件的安装流水安排和组织供应，以及构件的检查和修复。

中转堆场的选址应尽量靠近工程现场，同市区公路相通，符合运输车辆的运输要求，并做好“三通一平”。

堆场面积既要保证施工现场吊装进度，又要预留一定的储备量；既能满足构件堆放，又能保证必要的构件配套、预检、拼装与修理用地；另外，还需考虑堆场办公、生活用地，但要注意面积控制。

应对进出场构件做好台账；应绘制实际的构件堆放平面布置图，分别编好相应区、块、堆、层，便于日常查找；根据吊装流水要求，提前做好配套供应计划；对运输过程中发生变形、遗失掉落的零（构）件，应及时矫正和解决；做好堆场的防汛、防火、防爆、防腐工作，合理安排供水、供电和夜间照明。

6.1.4　钢构件的准备

1. 钢构件核查。

钢构件核查主要是清点构件的型号、数量，并按设计和规范要求对构件质量进行全面检查，包括构件强度与完整性（有无严重裂缝、扭曲、侧弯、损伤及其他严重缺陷）；外形和几何尺寸、平整度；埋设件和预留孔的位置、尺寸和数量；接头钢筋吊环、埋设件的稳固程度和构件的轴线等是否准确，有无出厂合格证。如有超出设计或规范规定的偏差，应在吊装前纠正。

2. 构件编号。

现场构件进行脱模，排放；场外构件进场及排放，并按图纸对构件进行编号。不易辨别上下、左右、正反的构件，应在构件上用记号注明，以免吊装时搞错。

3. 弹线定位。

在构件上根据就位、校正的需要弹好就位和校正线。柱弹出三面中心线、牛腿面与柱顶面中心线、±0.000线（或标高准线）。吊点位置：基础杯口应弹出纵横轴线；吊车梁、屋架等构件应在端头与顶面及支承处弹出中心线和标高线；在屋架或屋面梁上弹出天窗架、屋面板或檩条的安装就位控制线，在两端及顶面弹出安装中心线。

4. 构件接头准备。

（1）准备和分类清理好各种金属支撑件及安装接头用连接板、螺栓、铁件和安装垫铁；施焊必要的连接件，如屋架、吊车梁的垫板、柱支撑连接件及其余与柱连接相关的连接件，以减少高空作业。

（2）清除构件接头部位及埋设件上的污物、铁锈。

（3）对于需组装拼装及临时加固的构件，按规定要求使其达到具备吊装条件。

（4）在基础杯口底部，根据柱子制作的实际长度（从牛腿至柱脚尺寸）误差，调整杯底标高，用1：2水泥砂浆找平，标高容许误差为±5mm，以保持吊车梁的标高在同一水平面上；当预制柱采用垫板安装或重型钢柱采用杯口安装时，应在杯底设垫板处局部抹平，并加设小钢垫板。

（5）柱脚或杯口侧壁未划毛的，要在柱脚表面及杯口内稍加凿毛处理。

（6）钢柱基础，要根据钢柱实际长度、牛腿间距离、钢板底板平整度检查结果，在柱基础表面浇筑标高块（块呈十字式或四点式）。标高块强度不应小于30MPa，表面埋设16～20mm厚的钢板。基础上表面也应凿毛。

6.1.5 基础和预埋件施工

1. 基础施工。

（1）施工前准备及人员管理。

①组织技术人员编制钢结构安装的施工组织设计；

②做好施工前的劳动力部署计划及机械设备的配套计划；

③做好材料进场的计划，确认交通是否畅通；

④临时设施的布置；

⑤做好与土建单位的交接手续，积极配合，互相沟通。

（2）施工放线。

在条件容许施工时进行施工测量放线。

①按照设计要求，对照图纸，配合土建单位将标高、轴线核对准确；

②施工前用经纬仪或水准仪复校轴线、标高，用记号笔或墨线做上记号，注明标高，并做好记录；

③确定每个钢柱在基础混凝土上的连接面边线及轴线；

④尽量避免钢柱与螺栓的碰撞，避免柱底变形，减少与基础的接触面及螺栓的弯曲变形，以免造成不必要的损耗；

⑤在施工放线过程中应当控制误差，尽量采用经纬线，如遇大风天气，停止放线。由于施工水平的不同，每次放线都会存在误差，想要减小误差，应先对两边山墙进行放线，再用钢尺测量。如果山墙线和图纸有误差，要及时纠正，使之尽量控制在2mm之内。

（3）基础预埋。

①在基础混凝土浇筑之前，要仔细校对螺栓的大小、长度、高程及位置，并固定好预埋螺栓；

②混凝土浇筑前应将螺栓螺纹用塑料薄膜包裹，以免混凝土浇捣时对螺栓螺纹的污染；

③浇筑混凝土时应派专业人员值班，对螺栓定位进行实时观测，避免预埋件的位移及标高的改变；

④混凝土浇筑完后，应及时清理螺栓及螺纹上的残留混凝土。

2. 预埋件施工。

（1）概述。

预埋件包括型钢柱底埋件、装饰柱埋件、椭球支座埋件、抗风柱埋件等，埋件数量、种类众多。但按照总体形式来划分，主要分为两类：锚栓式埋件和锚筋式埋件。锚栓式埋件主要由锚栓和支承板组成，如型钢柱底埋件；锚筋式埋件主要由锚筋和支承板组成，如装饰柱埋件。

（2）施工总体程序。

为确保工程总体施工进度，钢结构预埋件的埋设工作紧随土建的钢筋绑扎工作进行，既要确保预埋件的埋设不受土建钢筋绑扎的影响，又要保证不延误土建混凝土浇筑的时间。

（3）施工工艺。

锚栓式埋件的施工工艺如下：

①预埋件的测量放线和定位。在各埋件平面布置图上，给出了预埋件中心点或者与预埋件相关控制点的尺寸，在预埋件测量放线过程中，利用已经测量完成的控制网测量成果，对施工图中明确标明的坐标点进行放点。然后根据施工图上表示的预埋件同控制点的相对关系，设置预埋件的位置。

对于型钢柱底埋件，首先根据平面布置图进行型钢柱底埋件中心点的测量定位，并将测量点的位置在现场标示出来，然后根据测量点和型钢柱定位轴线方向，在混凝土保护层表面，采用油漆点明显标志确定每个锚栓垂直落点位置，并确保同一根型钢柱下的四个锚栓的连线交叉点与各根型钢柱的中心点相重叠。

②锚栓就位。锚栓就位应在钢筋绑扎完成后进行。施工时主要根据混凝土保护层上设置的定位点和画线布置锚栓。由于每个埋件需要布置四根锚栓，因此预埋时可制作钢板套模，以确保四根锚栓间相对位置的准确性，待锚栓位置符合要求后，应用钢筋将其固定。四根锚栓顶部设置对拉母线，母线交叉点通过重力铅锤线与底板保护层上的定位点进行对照，并初步调整该组锚栓的位置。对于锚栓未能直接落于保护层上的，必须在每组锚栓下设置支撑，以保证锚栓的顶部标高。

在设置支撑时，应当充分利用混凝土板钢筋绑扎时所必须设置的支撑马凳，当不能借用混凝土钢筋的支撑马凳时，应在锚栓下部设置支撑垫块或柱箍筋点焊连接。

6.1.6 起重设备及吊具准备

在多层与高层钢结构安装施工中，常用吊装机具和设备以塔式起重机、履带式起重机、汽车式起重机为主。

1. 常用起重机械。

（1）塔式起重机。

塔式起重机，又称塔吊，分为行走式、固定式、附着式与和爬式几种类型。塔式起重机由提升、行走、变幅、回转等机构及金属结构两大部分组成，其中金属结构部分的重量占起重机总重量的很大比例。塔式起重机具有提升高度高、工作半径大、工作速度快、吊装效率高等优点。随着建筑机械技术的发展，大吨位塔式起重机的出现，弥补了塔式起重机起重量不大的缺点。

（2）履带起重机。

履带起重机是在行走的履带底盘上装有起重装置的起重机械。按传动方式不同，可分为机械式、液压式和电动式三种。其优点是起重能力大、能360°回转、操作灵活、使用方便，在一般平整坚实的地面上可负载行驶。由于履带的作用，还可在松软、泥泞、崎岖不平的地面上作业；其缺点是稳定性较差、行驶速度慢、自重大、对路面有破坏性，因此，转移时多用平板拖车装运。

（3）汽车起重机。

汽车起重机是将起重机构安装在普通载重汽车或专用汽车底盘上的起重机，其行驶驾驶室与起重操纵室分开设置。汽车起重机按起重量大小分为轻型（20t以内）、中型和重型（50t及以上）三种。按传动装置形式分为机械传动、电力传动和液压传动。目前，液压传动的汽车起重机应用较广。汽车起重机的底盘两侧设有4个支腿，可增加起重机的稳定性，具有机动性能好、运行速度快、对路面破坏性小的优点；但不能负荷行驶，吊重物时必须架起支腿，对工作场地的要求较高，主要用于构件的装卸及单层钢结构的吊装。

（4）轮胎起重机。

轮胎起重机是利用轮胎式底盘行走的动臂旋转起重机。按传动方式分为机械式、电动式和液压式三种。与汽车起重机相比其优点有：轮距较宽、稳定性好、车身短、转弯半径小、可在360°范围内工作；但其行驶时对路面要求较高，行驶速度比汽车起重机慢，不适于在松软泥泞的地面上工作。

（5）轻小型起重设备。

①千斤顶。千斤顶是一种用钢性顶举件作为工作装置，通过顶部托座或底部托爪在行程内顶升重物的轻小起重设备。千斤顶是起重高度小的起重设备之一，分为机械式和液压式两种。液压式千斤顶结构紧凑、工作平稳、可自锁，故使用广泛，特别是在大型钢结构建筑安装中可用于屋盖节点位置的同步提升。其缺点是起重高度有限、起升速度慢。

②电动葫芦。电动葫芦简称电葫芦，是一种轻小型起重设备，具有体积小、自重轻、操作简单、使用方便等特点。起重量一般为0.1 ~ 80t，起升高度为3 ~ 30m。稍加改造，还可以作卷扬机用。因此，电动葫芦是提高劳动效率，改善劳动条件的必备机械。

③卷扬机。卷扬机是通过转动卷筒，使缠绕在卷筒上的钢丝产生牵引力的起重设备，可以垂直提升或水平、倾斜牵引重物。卷扬机分为手动卷扬机和电动卷扬机两种。目前常用的是电动卷扬机。电动卷扬机由电动机、联轴节、制动器、齿轮箱和卷筒组成，共同安装在机架上。在装卸量大的情况下，能令空钩快速下降，提高工作效率；在装卸敏感货物或进行设备安装时，能设置较慢的速度，保证了货物安全和安装精度。

2. 起重机械的选择。

起重机械的合理选用是保证安装工作安全、快速、顺利进行的基本条件。在安装工作中，根据安装件的种类、重量、安装高度、现场的自然条件等情况，合理选择起重机械。

如果现场吊装作业面积能满足吊车行走和起重臂旋转半径距离要求，可采用履带式起重机或轮胎式起重机进行吊装。

如果安装工地在山区，道路崎岖不平，各种起重机械很难进入现场，或者高、长结构或大质量结构构件无法使用起重机械时，一般可利用起重桅杆进行吊装。

对于吊装件重量很轻，吊装的高度低（高度一般在5m以下）的情况，可利用简单的起重机械，如链式起重机（手拉葫芦）等吊装。

如果安装工地设有塔式起重机（塔吊），根据吊装地点位置、安装件的高度及吊件重量等条件且符合塔吊吊装性能时，可以利用现有塔式起重机进行吊装。

选择应用起重机械，除了考虑安装件的技术条件和现场自然条件外，更重要的是考虑起重机的起重能力，即起重量（t）、起重高度（m）和回转半径（m）三个基本条件。

起重量、起重高度和回转半径三个基本条件之间是密切相连的。起重机的起重臂长度一定（起重臂角度以75°为起重机起重正常角度），起重机的起重量随着起重半径的增加而逐渐减少；同时，随着起重臂的起重高度增加，相应的起重量也减少。

为了保证吊装安全起见，起重机的起重量必须大于吊装件的重量，其中包括绑扎索具的重量和临时加固材料的重量。

起重机的起重高度，必须满足所需安装件的最高构件的吊装高度要求，在施工现场，实际安装是以安装件的标高为依据，吊车起重杆吊装构件的总高度必须大于安装件最高标高的高度。

起重半径，也称吊装回转半径，是以起重机起重臂上的吊钩向下垂直于地面一点至吊车中心间的距离。起重机的起重臂仰角（起重臂与水平面的夹角）越大，起重半径越小，起重的重量越大。相反，起重臂向下降，仰角减小，起重半径增大，起重的重量就相对减少。

一般起重机的起重量是根据起重臂的仰角、起重半径和起重臂高度确定。所以在实际吊装时，要根据吊装的重量，确定起重半径和起重臂仰角及其长度。在安装现场吊装高度较高、截面较宽的构件时，应注意起重臂从吊起、途中到安装就位，构件不能与起重臂相碰。构件和起重臂间至少要保持0.9～1m的距离。

3. 其他施工机具。

在多层与高层钢结构施工中，除了塔式起重机、汽车起重机、履带起重机外，还会用到以下一些机具，如千斤顶、倒链、卷扬机滑车及滑车组、钢丝绳、电焊机、全站仪、经纬仪等。

6.1.7 吊装技术准备

（1）认真熟悉掌握施工图纸、设计变更，组织图纸审查和会审；核对构件的空间就位尺寸和相互之间的关系。

（2）计算并掌握吊装构件的数量、单体重量和安装就位高度以及连接板、螺栓等吊装构件数量；熟悉构件之间的连接方法。

（3）组织编制吊装工程施工组织设计或作业设计（内容包括工程概况、选择吊装机械设备、确定吊装程序、方法、进度、构件制作、堆放平面布置、构件运输方法、劳动组织、构件和物资机具供应计划、保证质量安全技术措施等）。

（4）了解已选定的起重、运输及其他辅助机械设备的性能及使用要求。

（5）进行技术交底，包括任务、施工组织设计或作业设计，技术要求，施工保证措施，现场环境（如原有建筑物、构筑物、障碍物、高压线、电缆线路、水道、道路等）情况，内外协作配合关系等。

6.1.8　材料的准备

对于材料的准备，施工方应加强与钢构件加工单位的联系，明确工程预拼装的部位和范围及供应日期；进行安装中所需各种附件的加工订货工作和材料、设备采购等工作；按施工平面布置图的要求，组织构件及机械进场。

材料准备包括：钢构件的准备、螺栓的准备、焊接材料的准备、拼装平台等。

1. 钢构件的准备。

钢构件的准备包括：钢构件堆放场的准备，钢构件的检验。

（1）钢构件堆放场的准备。

钢构件通常在专门的钢结构加工厂制作，然后运至现场直接吊装或经过组（拼）装后进行吊装。钢构件在吊装现场力求就近堆放，并遵循“重近轻远”（即重构件摆放的位置离吊机近一些，反之可近一些）的原则。对规模较大的工程需另设立钢构件堆放场，以满足钢构件进场堆放、检验、组装和配套供应的要求。

钢构件在吊装现场堆放时，一般沿吊车开行路线两侧按轴线就近堆放。其中钢柱和钢屋架等大件放置，应依据吊装工艺做平面布置设计，避免现场二次倒运困难。钢梁、支撑等可按吊装顺序配套供应堆放，为保证安全，堆垛高度一般不超2m和3层。钢构件堆放应以不产生超出规范要求的变形为原则。

（2）钢构件的检验。

安装前应按构件明细表核对构件的材质、规格，按施工图的要求，查验零部件的技术文件、合格证、试验测试报告以及设计文件（包括设计要求，结构试验结果的文件）；对照构件明细表按数量和质量进行全面检查。对设计要求构件的数量、尺寸、水平度、垂直度及安装接头处的尺寸等进行逐一检查。对钢结构构件进行检查，其项目包含钢结构构件的变形、标记、制作精度和孔眼位置等。对于制作中遗留的缺陷及运输中产生的变形，超出容许偏差时应进行处理，并应根据预拼装记录进行安装。

所有构件必须经过质量和数量检查，全部符合设计要求，并经办理验收、签认手续后，方可进行安装。

钢结构构件在吊装前应将表面的油污、冰雪、泥沙和灰尘等清除干净。

2. 螺栓的准备。

螺栓、螺母、垫圈均应附有质量证明书，并符合设计要求和国家标准的规定。螺栓验收入库后应按规格分类存放。应防雨、防潮，遇有螺纹损伤或螺栓、螺母不配套时，不得使用。螺栓不得粘附泥土、油污，必须清理干净。

3. 焊接材料的准备。

钢结构焊接施工之前应对焊接材料的品种、规格、性能进行检查，各项指标应符合现行国家标准和设计要求。检查焊接材料的质量合格证明文件、检验报告及中文标志等，对重要钢结构采用的焊接材料应进行抽样复验。

4. 拼装平台。

拼装平台应具有适当的承重刚度和水平度，水平度误差不应超过2～3mm。

6.2 施工测量

6.2.1 施工控制网

1. 控制网的设置。

（1）设置一般规定。

施工中常用的控制网，有平面控制网和高程控制网两种，平面控制网又分场区平面控制网和建筑物的平面控制。控制网的设置，可利用原区域内的平面与高程控制网，作为建筑物、构筑物定位的依据。当原区域内的控制网不能满足施工测量的技术要求时，应另测设施工的控制网。

施工平面控制网，应符合下列规定。

①施工平面控制网的坐标系统，应与工程设计所采用的坐标系统相同；

②当利用原有的平面控制网时，其精度应满足需要；投影所引起的长度变形，不应超过1/40000；当超过时，应进行换算；

③当原控制网精度不能满足需要时，可选用原控制网中个别点作为施工平面控制网坐标和方位的起算数据；

④控制网点应根据总平面图和施工总布置图设计。

（2）建筑物的平面控制网。

建筑物的平面控制网应根据场区控制网进行定位、定向和起算，可结合建筑物、构筑物特点，布设成十字轴线或矩形控制网。根据建筑物结构、机械设备传动性能及生产工艺连线程度，分别布设一级或二级控制网，其主要技术要求应符合表6-2的规定。

控制网的技术要求　表6-2

等级	仪器分级	总测回数
Ⅰ级	1/30000	$7\sqrt[n]{n}$
Ⅱ级	1/15000	$15\sqrt[n]{n}$

矩形网可采用导线法或增测对角线的测边法测定。

建筑物的控制测量，应符合下列规定。

①控制网应按设计总图和施工总布置图布设，点位应选择在通视良好、利于长期保存的地方。

②控制网加密的指示桩，宜选在建筑物行列线或主要设备中心线方向上。

③主要的控制网点和主要设备中心线端点，应埋设混凝土固定标桩。

④控制网轴线起始点的测量定位误差，不应低于同级控制网的要求，容许误差宜为2cm；两建筑物（厂房）间有联动关系时，容许误差宜为1cm，定位点不得少于三个。

⑤角度观测可采用方向观测法，其测回数应根据测角中误差的大小，按表6-3确定。

角度观测的测回数　表6-3

测角中误差		2.5″	3.5″	4.0″	5.0″	10.0″
测回数	DJ1	4	3	2	—	—
	DJ2	6	5	4	3	1

⑥矩形网的角度闭合差不应大于测角中误差的4倍。

⑦当采用钢尺丈量距离时，一级网的边长应以二测回测定，二级网的边长应以一测回测定。长度应进行温度、坡度和尺长修正。钢尺量距的主要技术要求应符合表6-4的要求。

钢尺量具的主要技术要求　表6-4

边长丈量较差相对误差	作业尺数	丈量总次数	定线最大偏差（mm）	尺段高差较差（mm）	读定次数	估读值至（mm）	温度读数值至（℃）	同尺各次或同段各尺的较差（mm）
1/30000	2	4	50	≤5	3	0.5	0.5	≤2
1/20000	1～2	2	50	≤10	3	0.5	0.5	≤2
1/10000	1～2	2	70	≤10	2	0.5	0.5	≤2

⑧矩形网应按平差结果进行实地修正，调整到设计位置。当增设轴线时，可采用现场改点法进行配赋调整。

⑨点位修正后，应进行矩形网角度的检测。

建筑物的围护结构封闭前，根据施工需要将建筑物外部控制转移至内部。内部的控制点宜设置在已建成的建筑物、构筑物的预埋件或预埋测量标板上。当由外部控制向建筑物内部引测时，其投点误差一级不应超过2mm，二级不应超过3mm。

2．高程控制网。

场区的高程控制网，应布设成闭合环线、附合路线或节点网形。高程测量的精度不宜低于三等水准的精度，其主要技术要求为：每千米高差全中误差≤6mm，路线长度<50km。当选用DS水准仪时，应采用水准尺，与已知点联测的观测次数应往返各一次，附合或环线的观测次数可为往返各一次，平地的往返较差、附合或环线的闭合差$\leq 12\sqrt{L}$ mm（L为往返测段、附合或环线的水准路线长度），山地的往返较差、附合或环线的闭合差$< 4\sqrt{n}$ mm（n为测站数）；当选用DS_2水准仪时，应采用双面水准尺，与已知点联测的观测次数及附合或环线的观测次数应往返各一次，平地的往返较差、附合或环线的闭合差$< 20\sqrt{L}$ mm（L同上），山地的往返较差、附合或环线的闭合差$\leq 6\sqrt{n}$ mm（n同上）。

场地水准点的间距宜小于1km，距离建筑物、构筑物不宜小于25m，距高回填土边线不宜小于15m。建筑物高程控制的水准点，可单独埋设在建筑物的平面控制网的标桩上，也可利用场地附近的水准点，间距宜在200m左右。当施工中水准点标桩不能保存时，应将其高程引测至稳固的建筑物或构筑物上，引测的精度不应低于原有水准的等级要求。

3．平面控制网。

（1）一般规定。

①平面控制网，可根据场区地形条件和建筑物的设计形式和特点，布设十字轴线或矩形控制网，平面布置异型的建筑可根据建筑物形状布设多边形控制网。

②建筑物的轴线控制桩应根据建筑物的平面控制网测定，定位放线方法可选择直角坐标法、极坐标法、角度（方向）交会法、距高交会法等。

③建筑物平面控制网，4层以下宜采用外控法，4层及以上采用内控法。上部楼层平面控制网，应以建筑物底层控制网为基础，通过仪器竖向垂直接力投测。竖向投测宜以每50～80m设一转点，控制点竖向投测的容许误差应符合表6-5的规定。

轴线竖向传递投测得测量容许偏差　　　　表6-5

项目	每层	总高度H（m）				
		$H\leq 30$	$30<H\leq 60$	$60<H\leq 90$	$90<H\leq 150$	$H>150$
测量容许误差（mm）	3	5	10	15	18	20

④轴线控制基准点投测至中间施工层后，应进行控制网平差校核。调整后的点位精度应满足边长相对误差达到1/20000和相应的测角中误差±10″的要求。设计有特殊要求的工程项目应根据限差确定其放样精度。

（2）四种定位放线的测量方法。

选择测量方法一般根据现场情况和能力水平自由选择，以控制网满足施工需要为原则。

①直角坐标法。直角坐标法适用于平面控制点连线平行坐标轴方向及建筑物轴线方向时，矩形建筑物定位的情况。

若地面较为平坦，待定的碎部点靠近已知点或已测的地物时，可通过测量x、y来确定碎部点。如图6–1所示，由P沿已测地物丈量y_1定一点，在此点上安置十字方向架，并且定出直角方向，再量x_1，即可确定碎部点1。

②极坐标法。极坐标法适用于平面控制点的连线不受坐标轴方向的影响（平行或不平行坐标轴），任意形状建筑物定位的情况；以及采用光电测距仪定位的情况。

如图6–2所示，测水平角β，同时测量测站点至碎部点的水平距D，即可求得碎部点的位置。测β_1，同时测量D_1，即可确定1点的位置；测β_2，同时测量D_2，即可确定2点的位置。

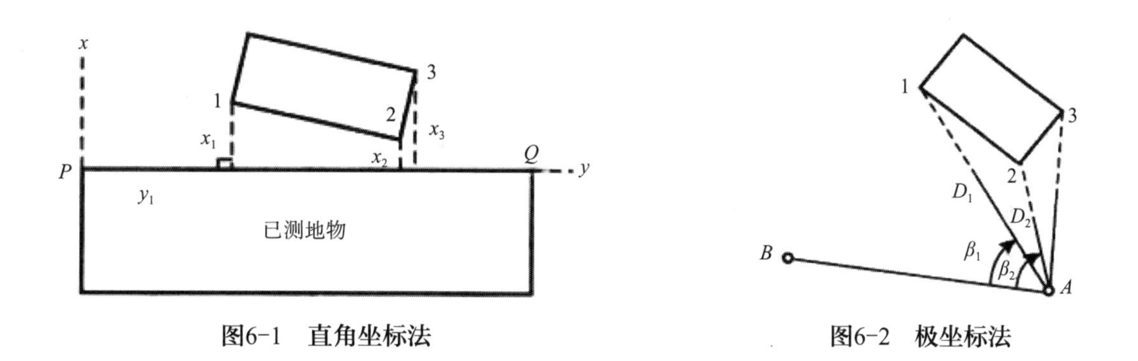

图6–1　直角坐标法　　图6–2　极坐标法

③方向交会法。角度（方向）交会法适用于平面控制点距待测点位距离较长、量距困难或不便量距的情况。

若地物点距离控制点较远，或不方便量距时，如图6–3所示，欲测定河对岸的特征点1、2、3等点，可先将仪器安置在A点；然后经过对中、整平、定向，瞄准1、2、3各点，并且在图板上标画出各方向线；然后将仪器安置在B点，平板定向后，再瞄准1、2、3各点，同样在图板上标画出各方向线，同名各方向线交点，即为1、2、3各点在图板上的位置。

④距离交会法。距离交会法适用于平面控制点距待测点距离不超过所用钢尺的全长且场地量距条件较好的情况。

若地面较平坦，地物相对靠近已知点时，可采用测量距离来确定点位。如图6–4所

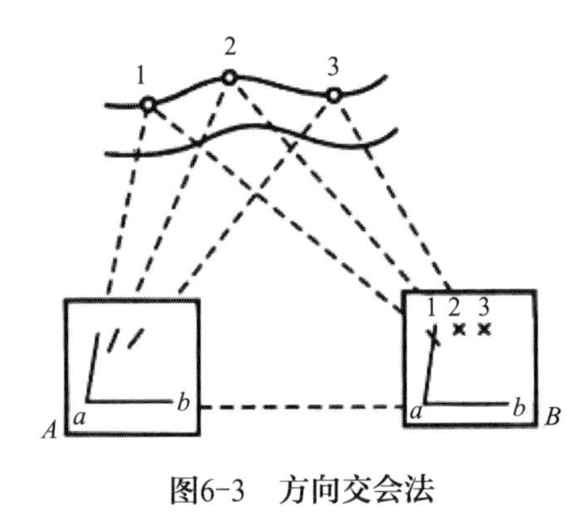

图6-3　方向交会法

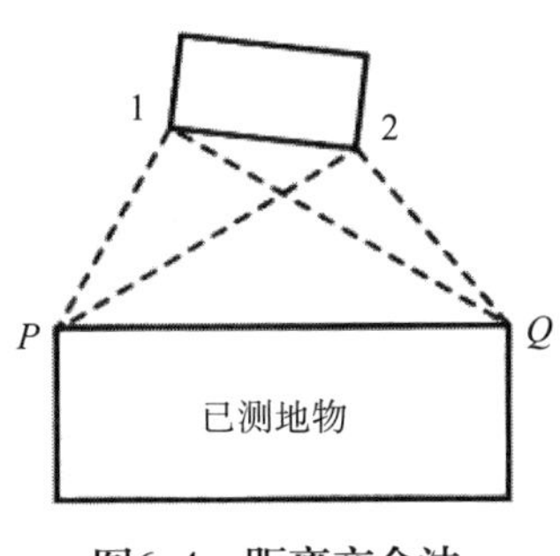

图6-4　距离交会法

示，要确定1点，先通过量$P1$与$Q1$距离，换为图上的距离后，用两脚规以P为圆心，$P1$为半径作圆弧，再以Q为圆心，$Q1$为半径作圆弧，两圆弧相交便得1点：同法交出2点。连接1、2两点便得出房屋的一条边。

（3）建筑物竖向投测外控法。

基础工程完工后，要逐层向上投测轴线。根据建筑场地平面控制网，校测建筑物轴线控制桩后，将建筑物四廓和各细部轴线，精确地弹测到±0.000首层平面上，再精确地延长到建筑物以外适当的地方，并妥善保护起来，作为向上投测轴线的依据。

用外控法作竖向投测，是控制竖向偏差的常用方法。根据不同的场地条件，有以下三种测法。

①延长轴线法。当场地四周宽阔，可将建筑四廓轴线延长到建筑物的总高度，或附近的多层建筑顶面上，则可在轴线的延长线上安置经纬仪，以首层轴线为准，向上逐层投测。如图6–5中仪器甲的投测情况。

②侧向借线法。当场地四周窄小，建筑四廓轴线无法延长时，可将轴线向建筑物外侧平移出（即俗称借线），移出的尺寸应视外脚手架的情况而定，在满足通视的原则下，尽可能短。将经纬仪安置在借线点上，以首层的借线点为准，向上投测并指挥施工层上的观测人员，垂直仪器视线横向移动尺杆，以视线为准向内测出借线尺寸，则可在楼板上定出轴线位置，如图6–5中仪器乙工作的情况。

③正倒镜挑直法。当场地内地面上无法安置经纬仪向上投测时，可将经纬仪安置在施工层上，用正倒镜挑直线的方法，直接在施工层上投测出轴线位置。如图6–5中仪器丙工作的情况。

（4）建筑物竖向投测内控法。

当施工场地狭小，无法在建筑物以外安置经纬仪时，可在建筑物内用铅直线原理将轴线铅直投测到施工层上，作为各层放线的依据。根据使用仪器设备不同，内控法有以下四种测法。

①吊线坠法。用特制线坠以首层地面处结构立面上的轴线标志为准，逐层向上悬挂

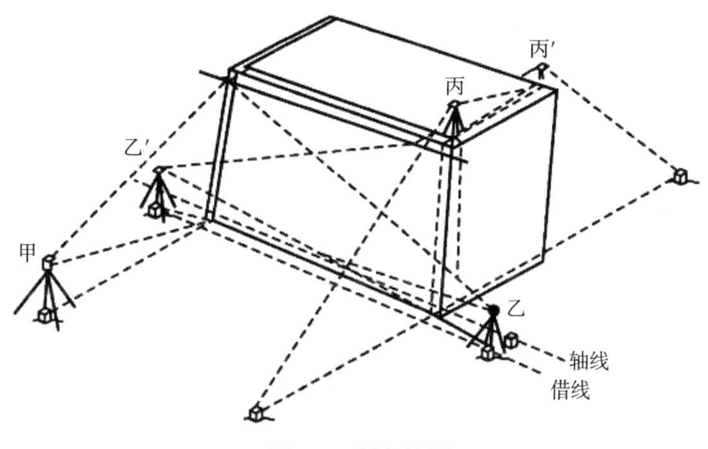

图6-5　竖向检测

引测轴线。为保证投测精度，操作时还应注意以下要点。

a．线坠体形正、重量适中，用编织线或钢丝悬挂；

b．线坠上端固定牢固，线间无障碍；

c．线坠下端左右摇摆小于3mm时取中，两次取中之差小于2mm时再取中定点，投点时，视线要垂直结构立面；

d．防振动、防侧风；

e．每隔3～4层放一次通线，以作校核。

②激光铅垂仪法。激光铅垂仪是一种铅垂定位专用仪器，适用于建筑的铅垂定位测量。该仪器可以从两个方向（向上或向下）发射铅垂激光束，用它作为铅垂基准线，精度比较高，仪器操作也比较简单。

激光铅垂仪（图6–6）主要由氦氖激光器、竖轴、发射望远镜、水准管、基座等部分组成。激光器通过两组螺栓固定在套筒内。竖轴是一个空心筒轴，两端有螺扣用来连接激光器套筒和发射望远镜，激光器、发射望远镜分别装在下端、上端，即构成向上发射的激光铅垂仪。倒过来安装即成为向下发射的激光铅垂仪。用激光铅垂仪作垂直向上传递控制时必须在首层面层上做好平面控制，并选择4个较合适的位置作控制点（图6–7）或用中心“十”字控制。在首层控制点上架设激光铅垂仪，设置仪器对中整平后启动电源，使激光铅垂仪发射出可见的红色光束，投射到上层的接收靶上，查看红色光斑点离靶心最小之点，此点即为第二层上的一个控制点。其余的控制点用同样方法作向上传递。

③天顶垂准测量法。垂准测量的传统方法是采用挂锤球、经纬仪投影和激光铅垂仪法来传递坐标，但这几种方法均受施工场地及周围环境的制约。当视线受阻，超过一定高度或自然条件不佳时，施测就无法进行。天顶垂准测量法的基本原理，是应用经纬仪望远镜进行天顶观测，经纬仪轴系间必须满足下列条件：

a．水准管轴应垂直于竖轴；

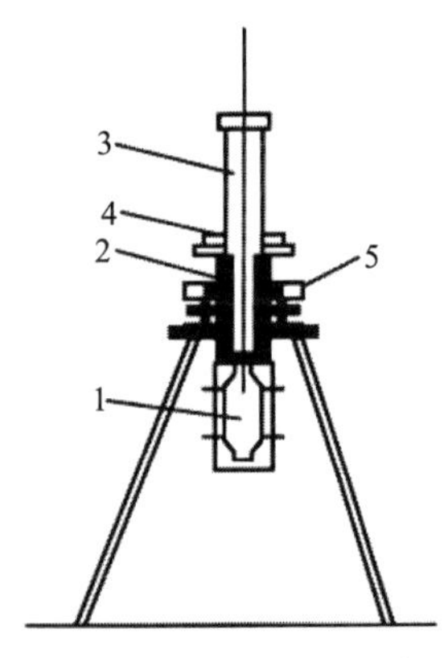

图6-6　激光铅垂仪示意

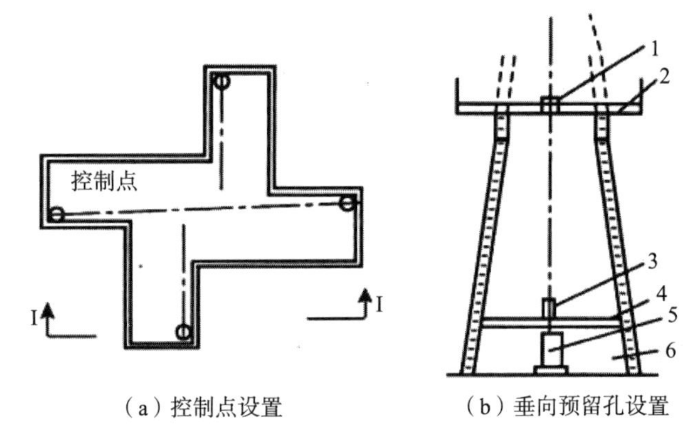

图6-7　内控制布置

1—中心靶；2—滑模平台；3—通光管；4—防护棚；5—激光铅垂仪；6—操作间

b. 视准轴应垂直于横轴；

c. 横轴应垂直于竖轴。

则视准轴与竖轴是在同一方向上。当望远镜指向天顶时，旋转仪器利用视准轴线可以在天顶目标上与仪器的空间画出一个倒锥形轨迹。然后调动望远镜微动手轮，逐步归化，往复多次，直至锥形轨迹的半径达到最小，近似铅垂。天顶目标分划上的成像，经望远镜棱镜通过90°折射进行观测。

④天底垂准测量（俯视法）施测程序及操作方法。

a. 依据工程的外形特点及现场情况，拟定出测量方案。并做好观测前的准备工作，定出建筑物底层控制点的位置，以及在相应各楼层留设作视孔，一般孔径为ϕ150mm，各层俯视孔的偏差≤ϕ8mm；

b. 把目标分划板放置在底层控制点上，使目标分划板中心与控制点标志的中心重合；

c. 开启目标分划板附属照明设备；

d. 在俯视孔位置上安置仪器；

e. 基准点对中；

f. 当垂准点标定在所测楼层面十字丝目标上后，用墨斗线将其弹在俯视孔边上；

g. 利用标出来的楼层上十字丝作为测站，即可测角放样，测设高层建筑物的轴线。数据处理和精度评定与天顶垂准测量相同。

6.2.2　高程控制网

1. 一般规定。

首级高程控制网应按闭合环线、附合路线或节点网形布设。高程测量的精度，不宜低于三等水准的精度要求。

钢结构工程高程控制点的水准点，可设置在平面控制网的标桩或外围的固定地物上，也可单独埋设。水准点的个数不应少于3个。

建筑物标高的传递宜采用悬挂钢尺测量方法进行，钢尺读数时应进行温度、尺长和拉力修正。标高向上传递时宜从两处分别传递，面积较大或高层结构宜从三处分别传递。当传递的标高误差不超过 ± 3.0mm时。可取其平均值作为施工楼层的标高基准；超过时，则应重新传递。标高竖向传递投测的测量容许误差应符合表6–6的规定。

标高竖向传递投测的测量容许误差　　表6–6

项目	每层	总高度H（m）		
		$H \leqslant 30$	$30 < H \leqslant 60$	$H > 60$
测量容许误差（mm）	± 3	± 5	± 10	± 12

注：表中误差不包括沉降和压缩引起的变形值。

2. 高程的传递。

（1）传递位置。选择高程竖向传递的位置，应满足上下贯通铅直量尺的条件，主要为结构外墙、边柱或楼梯间等处。一般高层结构至少要由3处向上传递，以便于施工层校核、使用。

（2）传递步骤。

①用水准仪根据统一的 ± 0.000水平线，在各传递点处准确地测出相同的起始高程线。

②用钢尺沿铅直方向，向上量至施工层，并划出整数水平线，各层的高程线均应由起始高程线向上直接量取。

③将水准仪安置在施工层，校测由下面传递上来的各水平线，较差应在 ± 3mm之内。在各层抄平时，应后视两条水平线以作校核。

（3）操作要点。

①由 ± 0.000水平线量高差时，所用钢尺应经过检定，尺身铅直、拉力标准，并应进行尺长及温度改正（钢结构不加温度改正）。

②在预制装配高层结构施工中，不仅要注意每层高度误差不超限，更要注意控制各层的高程，防止误差累计而使建筑物总高度的误差超限。为此，在各施工层高程测出后，应根据误差情况，通知施工人员对层高进行控制，必要时还应通知构件厂调整下一阶段的柱高。

6.2.3　钢结构施工测量

1. 单层厂房钢结构施工测量。

（1）施工测量的一般规定。

钢柱安装前，应在柱身四面分别画出中线或安装线，弹线容许误差为1mm。

竖直钢柱安装时，应在相互垂直的两轴线方向上采用经纬仪，同时校测钢柱垂直度。当观测面为不等截面时，经纬仪应安置在轴线上；当观测面为等截面时，经纬仪中心与轴线间的水平夹角不得大于15°。

钢结构厂房吊车梁与轨道安装测量应符合下列规定。

①应根据厂房平面控制网，用平行借线法测定吊车梁的中心线；吊车梁中心线投测容许误差为 ± 3mm，梁面垫板标高容许偏差为 ± 2mm。

②吊车梁上轨道中心线投测的容许误差为 ± 2mm，中间加密点的间距不得超过柱距的两倍，并应将各点平行引测到牛腿顶部靠近柱的侧面，作为轨道安装的依据。

③应在柱牛腿面架设水准仪按三等水准精度要求测设轨道安装标高。标高控制点的容许误差为 ± 2mm，轨道跨距和轨道中心线投测容许误差都为 ± 2mm，轨道标高点容许误差为 ± 1mm。

钢屋架（桁架）安装后应有垂直度、直线度、标高、挠度（起拱）等实测记录。

复杂构件的定位可由全站仪直接架设在控制点上进行三维坐标测定。也可由水准仪对标高、全站仪对平面坐标进行共同测控。

（2）吊车梁安装测量。

吊车梁、吊车轨道的安装测量的主要目的是使吊车梁中心线、轨道中心线及牛腿面的中心线在同一竖直面内，梁面、轨道面均在设计的高程位置上，同时使轨距和轮距满足设计要求，如图6–8所示。安装前先弹出吊车梁顶面中心线和吊车梁两端中心线，将吊车轨道中心线投到牛腿面上。其步骤是：如图6–9（a）所示，利用厂房中心线A_1A_1，根据设计轨距在地面上投测出吊车轨道中心线$A'A'$和$B'B'$。再分别安置经纬仪于吊车轨道中心线的一个端点A'上，瞄准另一端点A'，仰起望远镜，即可将吊车轨道中心线投测到每根柱子的牛腿面上，并弹出墨线。然后根据牛腿面上的中心线和梁端中心线，将吊车梁安置在牛腿面上，如图6–10所示。吊车梁安装完后，应检查吊车梁的高程，可将水准仪安置在地面上，在柱子侧面测设+50cm标高线，用钢尺从该线沿柱子侧面向上量至梁面的高度，检查梁面标高是否正确，然后在梁下用铁板调整梁面高程，使之符合设计要求。

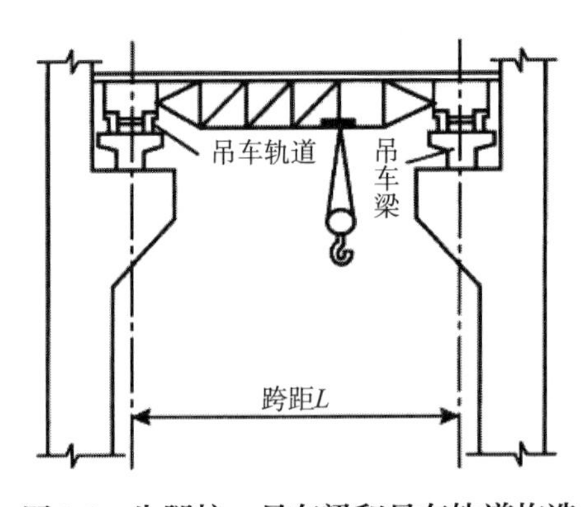

图6–8　牛腿柱、吊车梁和吊车轨道构造

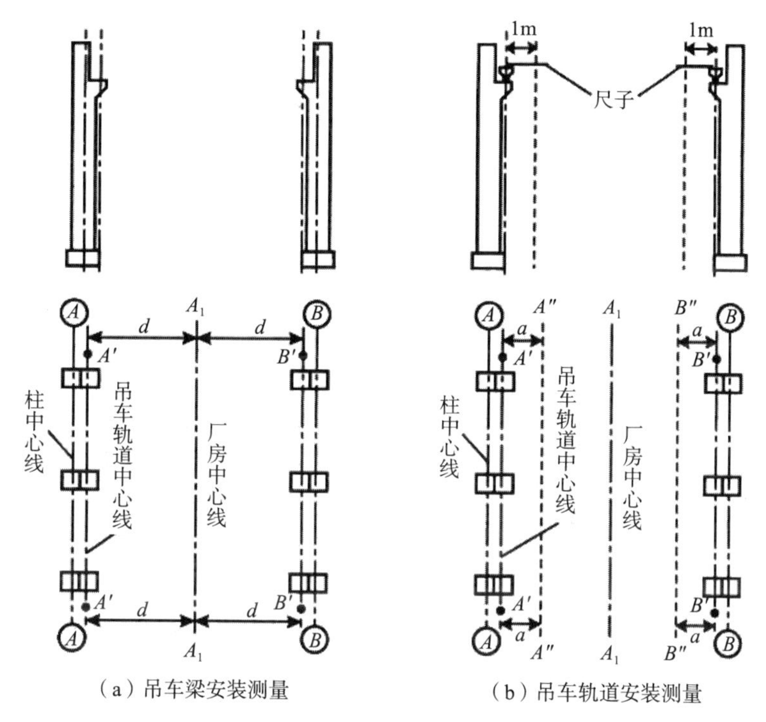

（a）吊车梁安装测量　　（b）吊车轨道安装测量

图6-9　吊车梁、吊车轨道安装测量

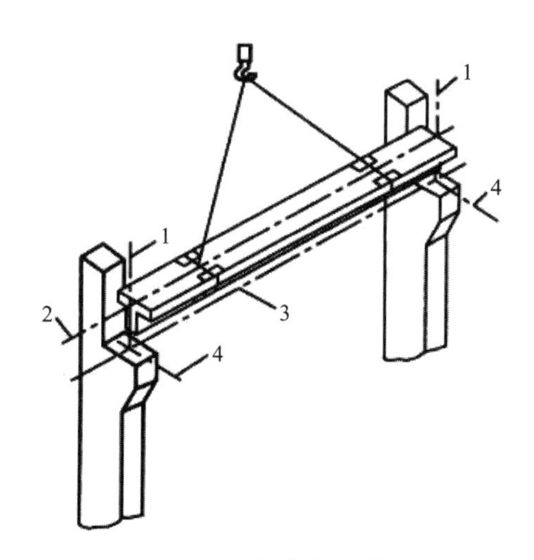

图6-10　吊车梁安装

1—吊车梁端面中心线；2—吊车梁顶面中心线；3—吊车梁对位中心线；4—吊车梁顶面对位中心线（牛腿面中心线）

（3）吊车轨道安装测量。

安装吊车轨道之前，须对吊车梁上的中心线进行检测，此项检测多用平行线法。如图6-9（b）所示，首先在地面上从吊车轨道中心线向厂房中心线方向量出距离为a（如1m）的平行线$A'A'$和$B'B'$。然后安置经纬仪于平行线一端A''上，瞄准另一端点A''，固定照准部，上仰望远镜投测。此时另一人在梁上左右移动横放的尺子，当视线对准尺上a刻划时，尺子的零点应与梁面上的中线重合。若不重合应予以改正，可用撬杠移动吊车梁，使吊车梁中线至$A''A''$（或BB）的间距等于a为止。

吊车轨道按中心线安装就位后，可将水准仪安置在吊车梁上，水准尺直接放在轨道顶面上进行检测，每隔3m测一点高程，误差应在±3mm以内。还要用钢尺检查两吊车轨道间跨距，误差不超过±5mm。

2. 多层、高层钢结构施工测量。

（1）多层及高层钢结构安装前，应对建筑物的定位轴线、底层柱的位置线、柱底基础标高进行复核，合格后方能开始安装。

（2）为避免误差累积，控制轴线要从最近的基准点进行引测。因此，每节柱的控制轴线应从基准控制轴线的转点引测，不得从下层柱的轴线引出。

（3）在安装钢柱之间的主梁时，应测量钢梁两端柱的垂直度变化，还应监测邻近各柱因梁连接而产生的垂直度变化；待一区域整体完成后，应进行结构整体测量。

仅仅监测安装主梁两端的钢柱是不够的，柱子一般有多层梁，并且主梁刚度较大，安装时柱子会变动，并且可能波及相邻的钢柱，此时要一起跟踪监测，一区域整体吊装完成后还要进行整体校正，才能保证整体结构的测量精度。

（4）钢结构安装时，应考虑对日照、焊接等可能引起构件伸缩或弯曲变形的因素，采取相应措施。安装过程中，宜对下列项目进行观测，并应作记录：

①柱、梁焊缝收缩引起柱身垂直度偏差值；

②柱受日照温差、风力影响的变形；

③塔吊附着或爬升对结构垂直度的影响。

（5）主体结构的整体垂直度的容许偏差为H/2500+10mm（H为高度），且不应大于50.0mm，主体结构的整体平面弯曲容许偏差为L/1500（L为宽度），且不应大于25.0mm。

（6）高度在150m以上的高层建筑，整体垂直度宜采用GPS进行测量复核。

3. 高耸钢结构施工测量。

高耸钢结构的施工控制网宜在地面布设成田字形、圆形或辐射形。由平面控制点投测到上部直接测定施工轴线点，应采用不同测量法校核，其测量容许误差为4mm。

标高±0.000m以上塔身铅垂度的测设宜使用激光铅垂仪，接收靶在标高100m处收到的激光仪旋转360°划出的激光点轨迹圆直径应小于10mm。

高耸钢结构标高低于100m时，宜在塔身中心点设置铅垂仪；标高为100～200m时，宜设置四台铅垂仪；标高为200m以上时，宜设置包括塔身中心点在内的五台铅垂仪。铅垂仪的点位应从塔的轴线点上直接测定，并应用不同的测设方法进行校核。

激光铅垂仪投测到接收靶的测量容许误差应符合表6-7的要求。有特殊要求的高耸钢结构，其容许误差应由设计和施工单位共同确定。

激光铅垂仪投测到接受靶的测量容许误差　表6-7

塔高（m）	50	100	150	200	250	300	350
高耸结构验收容许偏差（mm）	57	85	110	127	143	165	—
测量容许误差（mm）	10	15	20	25	30	35	40

高耸钢结构施工到100m高度时，宜进行日照变形观测，并绘制出日照变形曲线，列出最小日照变形区间。

高耸钢结构标高的测定，宜用钢尺沿塔身铅垂方向往返测量，并宜对测量结果进行尺长、温度和拉力修正，精度应高于1/10000。

高度在150m以上的高耸钢结构，整体垂直度宜采用GPS进行测量复核。

6.3 构件安装

6.3.1　钢柱安装

1. 钢柱安装要求。

（1）柱脚安装时，锚栓宜使用导入器或护套。

（2）首节钢柱安装后应及时进行垂直度、标高和轴线位置校正，钢柱的垂直度可采用经纬仪或线坠测量；校正合格后，钢柱应可靠固定，并进行柱底二次灌浆，灌浆前应清除柱底板与基础面之间的杂物。

（3）首节以上的钢柱定位轴线应从地面控制轴线直接引上，不得从下层柱的轴线引上；钢柱校正垂直度时，应确定钢梁接头焊接的收缩量，并应预留焊缝收缩变形值。

（4）倾斜钢柱可采用三维坐标测量法进行测校，也可采用柱顶投影点结合标高进行测校，校正合格后宜采用刚性支撑固定。

2. 钢柱安装施工。

（1）放线。

钢柱安装前应设置标高观测点和中心线标志，同一工程的观测点和标志设置位置应一致，并符合下列规定：

①标高观测点的设置。标高观测点的设置以牛腿（肩梁）支撑面为基准，设在柱的便于观测处。无牛腿（肩梁）柱应以柱顶端与屋面梁连接的最上一个安装孔中心为基准。

②中心线标志的设置。在柱底板上表面上行线方向设一个中心标志，列线方向两侧各设一个中心标志。在柱身表面上行线和列线方向各设一个中心线，每条中心线在柱底部、中部（牛脚或肩梁部）和顶部各设一处中心标志。双牛腿（肩梁）柱在行线方向两个柱身表面分别设中心标志。

（2）确定吊装机械根据现场实际选择吊装机械后，方可进行吊装。吊装时，要将安装的钢柱按位置、方向放到吊装（起重半径）位置。

目前，安装所用的吊装机械，大部分用履带式起重机、轮胎式起重机及轨道式起重机吊装柱子。如果场地狭窄，不能采用上述机械吊装，可采用抱杆或架设走线滑车进行吊装。

（3）吊点的设置钢柱安装属于竖向垂直吊装，为使吊起的钢柱保持下垂，便于就位，需根据钢柱的种类和高度确定绑扎点。钢柱吊点一般采用焊接吊耳、吊索绑扎、专用吊具等。钢柱的吊点位置及吊点数应根据钢柱形状、断面、长度、起重机性能等具体情况确定。为了保证吊装时索具安全，吊装钢柱时，应设置吊耳。吊耳应基本通过钢柱重心的铅垂线。吊耳的设置如图6-11所示。

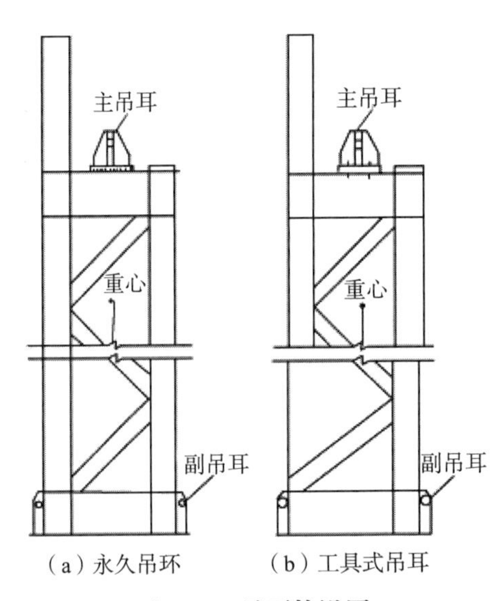

（a）永久吊环　（b）工具式吊耳

图6-11　吊耳的设置

钢柱一般采用一点正吊。吊点应设置在柱顶处，吊钩通过钢柱重心线，钢柱易于起吊对线、校正。当受起重机臂杆长度、场地等条件限制时，吊点可放在柱长1/3处斜吊。由于钢柱倾斜，起吊、对线、校正较难控制。具有牛腿的钢柱，绑扎点应靠牛腿下部；无牛腿的钢柱按其高度比例，绑扎点设在钢柱全长2/3的上方位置处。

防止钢柱边缘的锐利棱角在吊装时损伤吊绳，应用适宜规格的钢管割开一条缝，套在棱角吊绳处，或用方形木条垫护。注意绑扎牢固，并易拆除。

（4）吊装作业根据现场实际条件选择吊装机械后，方可进行吊装。吊装前应将待安装钢柱按位置、方向放到吊装（起重半径）位置。为了防止钢柱根部在起吊过程中变形，钢柱吊装一般采用双机抬吊，主机吊在钢柱上部，辅机吊在钢柱根部。待柱子根部离地一定距离（2m左右）后，辅机停止起钩，主机继续起钩和回转，直至把柱子吊直后，辅机松钩。对于重型钢柱，可采用双机递送抬吊或三机抬吊、一机递送的方法吊装；对于很高和细长的钢柱，可采取分节吊装的方法，在下节柱及柱间支撑安装并校正后，再安装上节柱。

钢柱起吊前，应在柱底板向上500～1000mm处画一水平线，以便固定前后复查平面标高。

钢柱柱脚固定方法一般有两种形式：一种是基础上预埋螺栓固定，底部设钢垫板找平，如图6–12（a）所示；另一种是插入杯口灌浆固定方式，如图6–12（b）所示。前者当钢柱吊至基础上部时插锚固螺栓固定，多用于一般厂房钢柱的固定；后者当钢柱插入杯口后支承在钢垫板上找平，最后固定方法同钢筋混凝土柱，用于大、中型厂房钢柱的固定。为了避免吊起的钢柱自由摆动，应在柱底上部用麻绳绑好，作为牵制溜绳的调整方向。

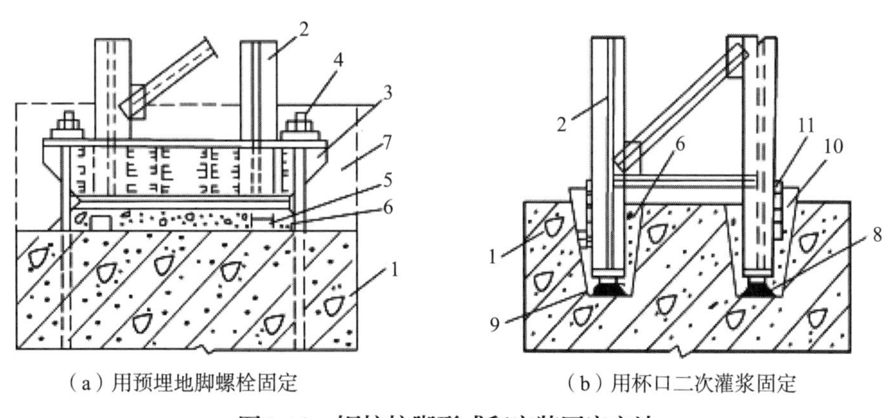

（a）用预埋地脚螺栓固定　　（b）用杯口二次灌浆固定

图6–12　钢柱柱脚形式和安装固定方法

1—柱基础；2—钢柱；3—钢柱脚；4—地脚螺栓；5—钢垫板；
6—二次灌浆细石混凝土；7—柱脚外包混凝土；8—砂浆局部粗找平；
9—焊于柱脚上的小钢套墩；10—钢楔；11—35mm厚硬木垫板

吊装前的准备工作就绪后，首先进行试吊。吊起一端高度为100～200mm时应停吊，检查索具是否牢固和吊车稳定板是否位于安装基础上。

钢柱起吊后，在柱脚距地脚螺栓或杯口300～400mm时扶正，使柱脚的安装螺栓孔对准螺栓或柱脚对准杯口，缓慢落钩、就位，经过初校，待垂直偏差在20mm以内，拧紧螺栓或打紧木楔临时固定，即可脱钩。钢柱柱脚套入地脚螺栓。为防止其损伤螺纹，应用薄钢板卷成筒套到螺栓上。钢柱就位后，取去套筒。

如果进行多排钢柱安装，可继续按此做法吊装其余所有的柱子。钢柱吊装调整与就位如图6–13所示。

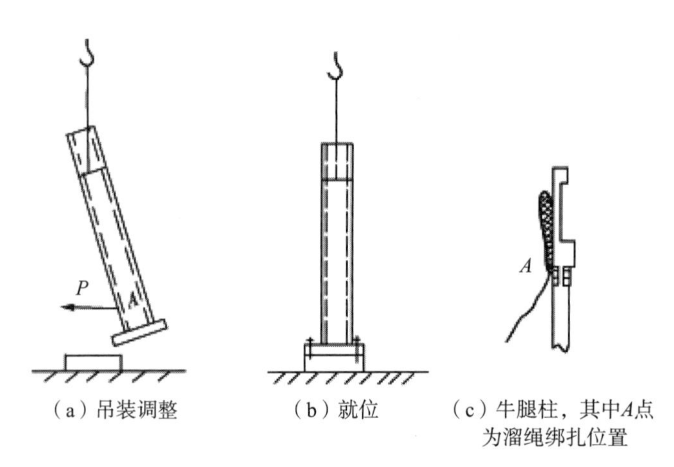

（a）吊装调整　（b）就位　（c）牛腿柱，其中A点为溜绳绑扎位置

图6–13　钢柱吊装调整与就位示意图

吊装钢柱时，应注意起吊半径或旋转半径。钢柱底端应设置滑移设施，以防钢柱吊起扶直时发生拖动阻力及压力作用，致使柱体产生弯曲变形或损坏底座板。当钢柱被吊装到基础平面就位时，应将柱底座板上面的纵横轴线对准基础轴线（一般由地脚螺栓与螺孔来控制），以防止其跨度尺寸产生偏差，导致柱头与屋架安装连接时，发生水平方向向内拉力或向外撑力作用，使柱身弯曲变形。

（5）多节钢柱吊装作业。

吊装前，先做好柱基的准备，进行找平，画出纵横轴线，设置基础标高块，如图6–14（a）所示，标高块的强度应不低于30N/mm^2；顶面埋设12mm厚钢板，并检查预埋地脚螺栓位置和标高。

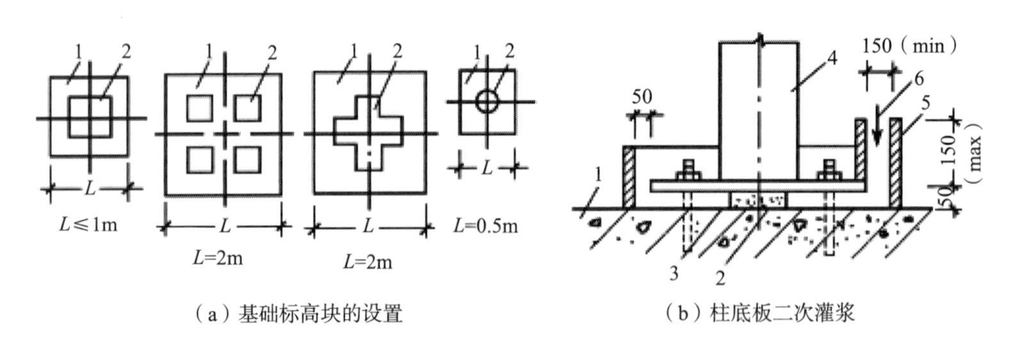

（a）基础标高块的设置　（b）柱底板二次灌浆

图6–14　基础标高块设置及柱底二次灌浆

1—基础；2—标高块（无收缩水泥浆）；3—12mm厚钢板；4—钢柱；5—模板；6—砂浆浇灌入口

钢柱多用宽翼工字形或箱形截面，前者用于高度6m以下柱子，多采用焊接H型钢，截面尺寸为300mm×200mm～1200mm×600mm，翼缘板厚度为10～14mm，腹板厚度为6～25mm；后者多用于高度较大的高层建筑柱，截面尺寸为500mm×500mm～700mm×700mm，钢板厚度12～30mm。为充分利用吊车能力和减少连接，一般制成3～4层一节，节与节之间用坡口焊连接，一个节间的柱网必须安装3层的高度后，再安装相邻节间的柱。

钢柱吊点应设在吊耳（制作时预先设置，吊装完成后割去）处；同时，在钢柱吊装前预先在地面挂上操作挂筐、爬梯等。

钢柱的吊装，根据柱子质量高度情况采用单机吊装或双机抬吊。单机吊装时，需在柱根部放置垫木，用旋转法起吊，防止柱根拖地和碰撞地脚螺栓，损坏螺纹；双机抬吊多采用递送法，吊离地面后，在空中进行回直，如图6–15所示。

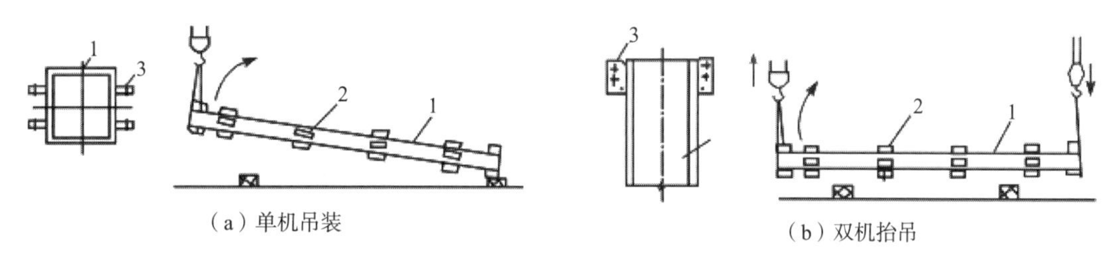

图6–15　钢柱起吊方法

1—钢柱；2—连接钢梁；3—吊耳

钢柱就位后，应立即对垂直度、轴线、牛腿面标高进行初校，安设临时螺栓，然后卸去吊索。钢柱上、下接触面之间的间隙一般不得大于1.5mm；如间隙为1.6～6.0mm，可用低碳钢的垫片垫实间隙。柱间间距偏差可用液压千斤顶与钢楔，或倒链与钢丝绳或缆风绳进行校正。

在钢柱安装、校正、螺栓紧固后，即应进行底层钢柱柱底灌浆，如图6–14（b）所示。先在柱脚四周立模板，将基础上表面清洗干净，清除积水；然后用高强度聚合砂浆从一侧自由灌入至密实，灌浆后，用湿草袋或麻袋护盖养护。

（6）钢柱校正。

钢柱的校正工作一般包括平面位置、标高及垂直度三项内容，其示意分别如图6–16（a）、（b）和（c）所示。钢柱校正工作主要是校正垂直度和复查标高。

①测量工具。钢柱校正工作需用的测量工具有观测钢柱垂直度的经纬仪和线坠。其使用方法如下：

a. 经纬仪测量。校正钢柱垂直度需用两台经纬仪观测，如图6–16（b）所示。首先将经纬仪放在钢柱一侧，使纵中丝对准柱子座的基线；然后固定水平度盘的各螺钉。测钢柱的中心线，由下而上观测，若纵中心线对准，即柱子垂直；若不对准，则需调整柱子，直至对准经纬仪纵中丝为止。

以同样方法测横线，使柱子另一面中心线垂直于基线横轴。钢柱准确定位后，即可对柱子进行临时固定工作。

b. 线坠测量。图6–16（c）中用线坠测量垂直度时，因柱子较高，应采用1～2kg质量的线坠。其测量方法是在柱的适宜高度，把型钢头先焊在柱子侧面上（也可用磁力吸盘），然后将线坠上的线头拴好，量得柱子侧面和线坠吊线之间距离，如上下一致，则说明柱子垂直，反之则说明有误差。测量时，需设法稳住线坠，其做法是将线坠放入空水桶或盛水的水桶内，注意坠尖与桶底间保持悬空距离，方能测得准确。

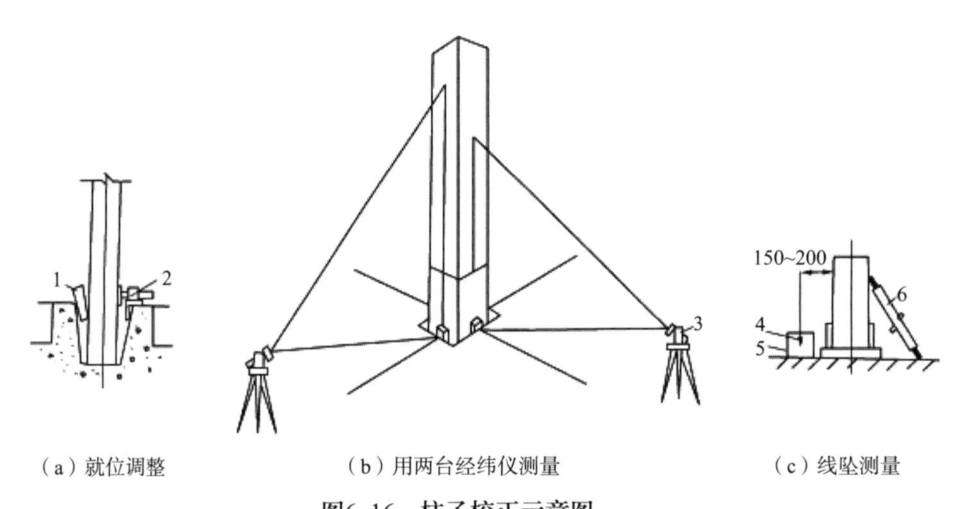

图6–16 柱子校正示意图

1—楔块；2—螺钉顶；3—经纬仪；4—线坠；5—水桶；6—调整螺杆千斤顶

柱子校正除采用上述测量方法外，还可用增加或减换垫铁来调整柱子垂直度，或采取倾斜值的方法进行校正。

②起吊初校与千斤顶复校。钢柱吊装柱脚穿入基础螺栓后，柱子校正工作主要是对标高进行调整和对垂直度进行校正。钢柱垂直度的校正，可采用起吊初校加千斤顶复校的办法。其操作要点如下：

a. 钢柱吊装到位后，应先利用起重机起重臂回转进行初校，钢柱垂直度一般应控制在20mm以内。初核完成后，拧紧柱底地脚螺栓，起重机方可脱钩；

b. 在用千斤顶复核的过程中，必须不断观察柱底和砂浆标高控制块之间是否有间隙，以防校正过程中顶升过度，使水平标高产生误差；

c. 待垂直度校正完毕，再度紧固地脚螺栓，并塞紧柱子底部四周的承重校正块（每摞不得多于3块），并用电焊点焊固定，如图6–17所示。

③松紧楔子和千斤顶校正。

a. 柱平面轴线校正。在吊车脱钩前，将轴线误差调整到规范容许偏差范围以内，

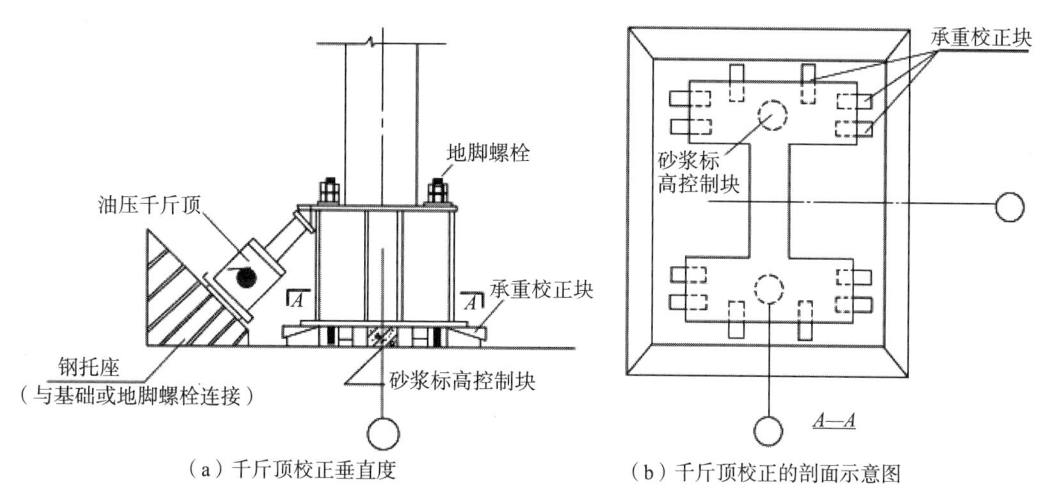

（a）千斤顶校正垂直度　　（b）千斤顶校正的剖面示意图

图6-17　用千斤顶校正垂直度

就位后如有微小偏差，在一侧将钢楔稍松动，另一侧打紧钢楔或敲打插入杯口内的钢楔，或用千斤顶侧向顶移纠正，如图6-18所示。

b. 标高校正。在柱安装前，根据柱实际尺寸（以半腿面为准），用抹水泥砂浆或设钢垫板校正标高，使柱牛腿标高偏差在容许范围内。如安装后还有偏差，则在校正吊车梁时，调整砂浆层、垫板厚度予以纠正；如偏差过大，则将柱拔出重新安装。

c. 垂直度校正。在杯口用紧松钢楔、设小型丝杠千斤顶或小型液压千斤顶等工具给柱身施加水平或斜向推力，使柱子绕柱脚转动，从而纠正偏差，如图6-18所示。在顶的同时，缓慢松动对面楔子，并用坚硬石子把柱脚卡牢，以防发生水平位移，校好后打紧两面的楔子，对大型柱横向垂直度的校正，可用内顶或外设卡具外顶的方法。校正以上柱应考虑温差的影响，宜在早晨或阴天情况下进行。柱子校正后，灌浆前应每边两点用2～3块小钢塞将柱脚卡住，以防受风力等影响转动或倾斜。

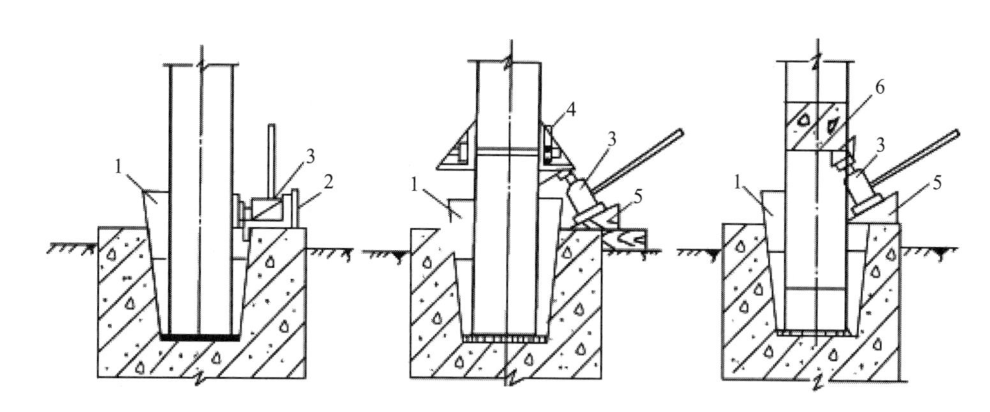

图6-18　用千斤顶校正柱子

1—钢或木楔；2—钢顶座；3—小型液压千斤顶；4—钢卡具；5—垫木；6—柱水平肢

④缆风绳校正法。采用缆风绳校正法进行钢柱校正时，柱平面轴线、标高的校正同松紧楔子和千斤顶校正。垂直度校正是在柱头四面各系一根缆风绳，缆风绳的布置如图6-19所示。校正时，将杯口钢楔稍微松动、拧紧或放松缆风绳上的法兰螺栓或倒链，即可使柱子向要求方向转动。本法需较多缆风绳，操作麻烦，占用场地大，常影响其他作业进行，同时，校正后易回弹，影响精度，仅适用于柱长度不大，稳定性差的中、小型柱子。

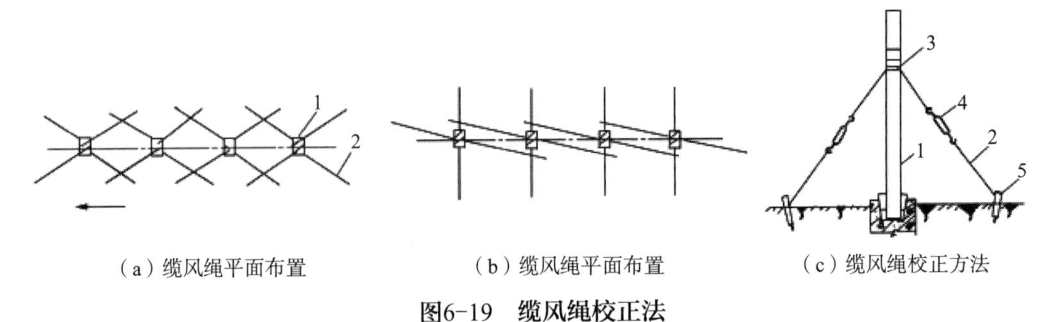

图6-19　缆风绳校正法

1—柱；2—缆风绳用3ϕ9～12mm钢丝绳或ϕ6mm钢筋；3—钢箍；4—法兰螺栓或5kN倒链；5—木桩或固定在建筑物上

⑤撑杆校正法。采用撑杆校正法进行钢柱校正时，柱平面轴线、标高的校正同松紧楔子和千斤顶校正。垂直度校正是利用木杆或钢管撑杆在牛腿下面校正，如图6-20所示。校正时敲打木楔，拉紧倒链或转动手柄，即可给柱身施加一斜向力，使柱子向箭头方向移动，同样，应稍松动对面的楔子，待垂直后，再楔紧两面的楔子。本法工具也较简单，适用于10m以下的矩形或工字形中小型柱的校正。

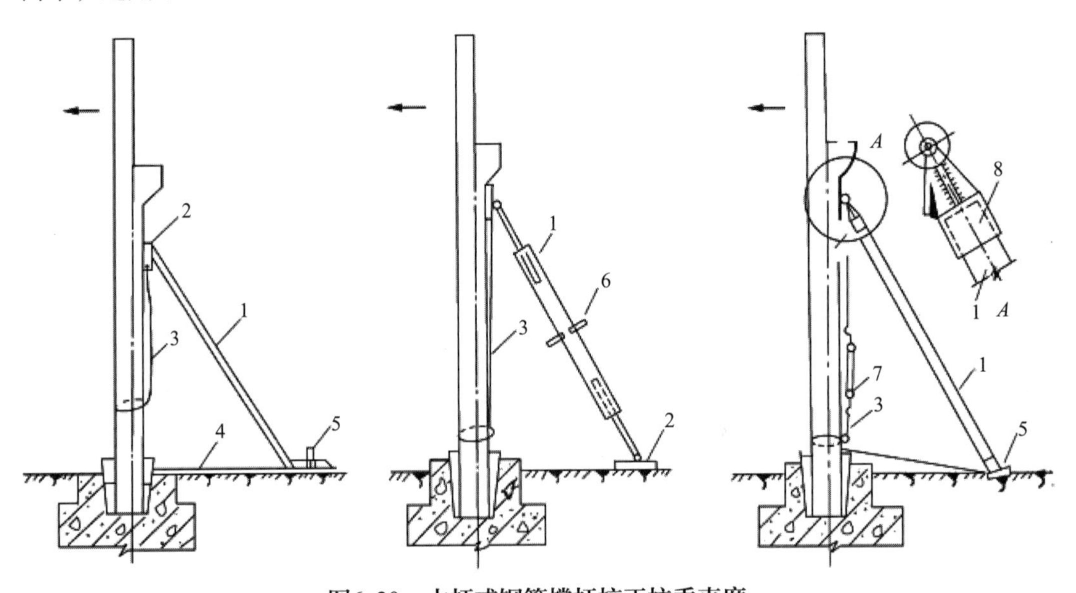

图6-20　木杆或钢管撑杆校正柱垂直度

1—木杆或钢管撑杆；2—摩擦板；3—钢线绳；4—槽钢撑头；5—木楔或撬杠；6—转动手柄；7—倒链；8—钢套

⑥垫铁校正法。垫铁校正法是指用经纬仪或吊线坠对钢柱进行检验，当钢柱出现偏差时，在底部空隙处塞入铁片或在柱脚和基础之间打入钢楔子，以增减垫板。采用此法校正时，钢柱位移偏差多用千斤顶校正；标高偏差可用千斤顶将底座少许抬高，然后增减垫板厚度使其达到设计要求。

钢柱校正和调整标高时，垫不同厚度垫铁或偏心垫铁的重叠数量不准多于2块，一般要求厚板在下面、薄板在上面。每块垫板要求伸出柱底板外5～10mm，以备焊成一体，保证柱底板与基础板平稳牢固结合，如图6–21所示。

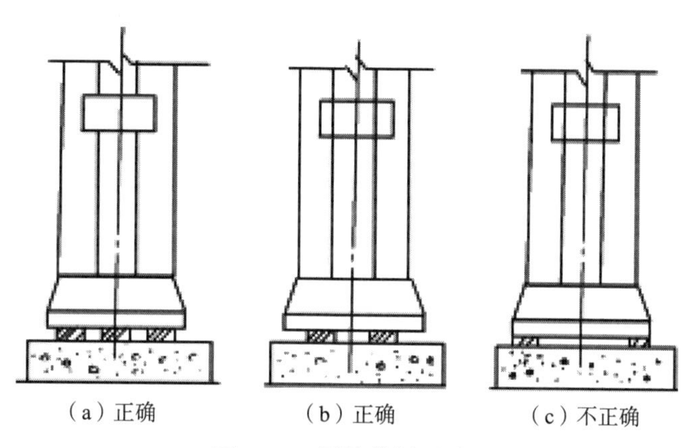

图6–21 钢柱垫铁示意

校正钢柱垂直度时，应以纵横轴线为准，先找正并固定两端边柱作为样板柱，然后以样板柱为基准校正其余各柱。调整垂直度时，垫放的垫铁厚度应合理，否则垫铁的厚度不均，也会造成钢柱垂直度产生偏差。可根据钢柱的实际倾斜数值及其结构尺寸，用式（6–1）计算所需增、减垫铁厚度，用以调整垂直度：

$$\delta=\frac{\Delta SB}{2L} \tag{6-1}$$

式中：δ——垫板厚度调整值（mm）；

ΔS——柱顶倾斜的数值（mm）；

B——柱底板的宽度（mm）；

L——柱身高度（mm）。

垫板之间的距离要以柱底板的宽为基准，做到合理恰当，使柱体受力均匀，避免柱底板局部压力过大产生变形。

（7）多节钢柱校正。

多节钢柱校正比普通钢柱校正更为复杂，实践中要对每根下节柱进行重复多次校正和观测垂直偏移值。其主要校正步骤如下：

①多节钢柱初校应在起重机脱钩后电焊前进行，电焊完毕后，应做第二次观测。

②电焊施焊应在柱间砂浆垫层凝固前进行，以免因砂浆垫层的压缩而减少钢筋的焊接应力。接头坡口间隙尺寸宜控制在规定的范围内。

③梁和楼板吊装后，增加的荷载以及梁柱间的电焊会使柱产生偏移，尤其对荷载不对称的外侧柱更为明显，故需再次进行观测。

④对数层一节的长柱，每层梁板吊装前后，均需观测垂直偏移值，将最终垂直偏移值控制在容许值以内。如果超过容许值，则应采取有效措施。

⑤当下节柱经最后校正，偏差在容许范围以内时，可以不进行调整。在这种情况下，吊装上节柱时，如果根据标准中心线，在柱子接头处钢筋往往对不齐，若按照下节柱的中心线，则会产生积累误差。一般解决的方法是：上节柱底部就位时，应对准上述两条中心线（下柱中心线和标准中心线）的中点，各借一半，如图6-22所示；校正上节柱顶部时，仍以标准中心线为准，以此类推。

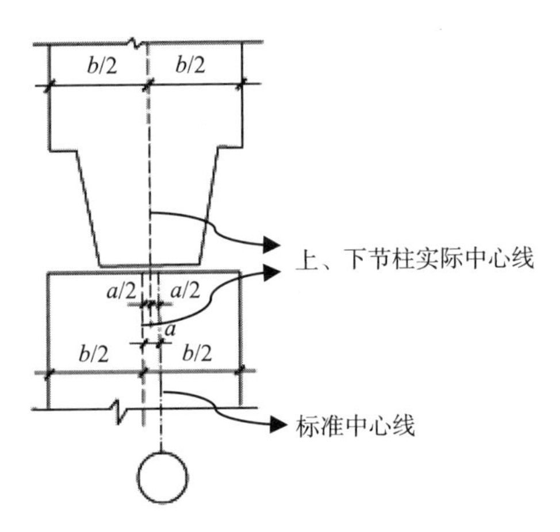

图6-22　上、下节柱校正时中心线偏差调整简图

a—下节柱柱顶中线偏差值；*b*—柱宽

⑥钢柱校正后，其垂直度容许偏差为*h*/1000（*h*为柱高），但不大于20mm。中心线对定位轴线的位移不得超过5mm，上、下节柱接口中心线位移不得超过3mm。

⑦若柱垂直度和水平位移均有偏差，且垂直度偏差较大时，就应先校正垂直度偏差，然后校正水平位移，以减少柱倾覆的可能性。

⑧多层装配式结构的柱，特别是一节到顶、长细比较大、抗弯能力较小的柱，杯口要有一定的深度。如果杯口过浅或配筋不够，会使柱倾覆，校正时要特别注意撑顶与敲打钢楔的方向，切勿弄错。

另外，钢柱校正时，还应注意风力和日照温度、温差的影响，一般当风力超过5级时不宜进行校正工作，已校正的钢柱应进行侧向梁安装或采取加固措施。对受温差影响较大的钢柱，宜在无阳光影响时（如阴天、早晨、傍晚）进行校正。

（8）钢柱的固定。

①钢柱临时固定。柱子插入杯口就位，初步校正后，即用钢（或硬木）楔临时固定。方法是当柱插入杯口使柱身中心线对准杯口（或杯底）中心线后刹车，用撬杠拨正，在柱与杯口壁之间的四周空隙，每边塞入两个钢（或硬木）楔，再将柱子落到杯底并复查对线，接着将每两侧的楔子同时打紧，如图6–23所示，起重机即可松绳脱钩进行下一根柱吊装。

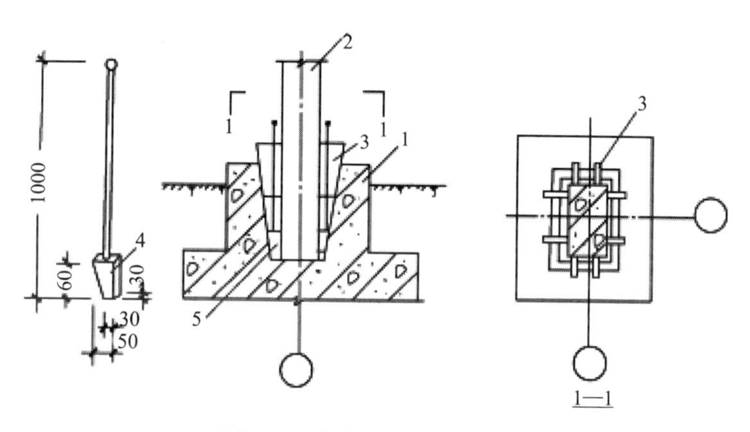

图6–23　钢柱临时固定方法

1—杯形基础；2—柱；3—钢或木楔；4—钢塞；5—嵌小钢塞或卵石

重型或高度10m以上细长柱及杯口较浅的柱，若遇刮风天气，有时还在柱面两侧加缆风绳或支撑来临时固定。

②钢柱最后固定。钢柱校正后，应立即进行固定，同时还须满足以下规定：

a．钢柱校正后应立即灌浆固定。若当日校正的柱子未灌浆，次日应复核后再灌浆，以防楔子松动变形（因刮风受振动）和千斤顶回油等因素产生新的偏差。

b．灌浆（灌缝）时，应将杯口间隙内的木屑等建筑垃圾清除干净，并用水充分湿润，使之能良好结合。

c．当柱脚底面不平（凹凸或倾斜）或与杯底间有较大间隙时，应先灌一层同强度等级的稀砂浆，使其充满后，再灌细石混凝土。

d．无垫板钢柱固定时，应在钢柱与杯口的间隙内灌比柱混凝土强度等级高一级的细碎石混凝土。先清理并湿润杯口，分两次灌，第一次灌至楔子底面，待混凝土强度等级达到25%后，将楔子拔出，再二次灌至与杯口平。

e．第二次灌浆前须复查柱子垂直度，如超出容许误差，应采取措施重新校正并纠正。

f．有垫板安装柱（包括钢柱杯口插入式柱脚）的二次灌浆方法，通常采用赶浆法或压浆法。赶浆法是在杯口一侧灌强度等级高一级的无收缩砂浆（掺水泥用量

0.03‰~0.05‰的铝粉）或细石混凝土，用细振捣棒振捣使砂浆从柱底另一侧挤出，待填满柱底周围约100mm高，接着在杯口四周均匀地灌细石混凝土至与杯口平［图6-24（a）］；压浆法是于杯口空隙内插入压浆管与排气管，先灌200mm高的混凝土，并插捣密实，然后开始压浆，待混凝土被挤压上拱，停止顶压，再灌200mm高的混凝土顶压一次，即可拔出压浆管和排气管，继续灌混凝土至杯口，如图6-24（b）所示。本方法适用于截面很大、垫板高度较薄的杯底灌浆。

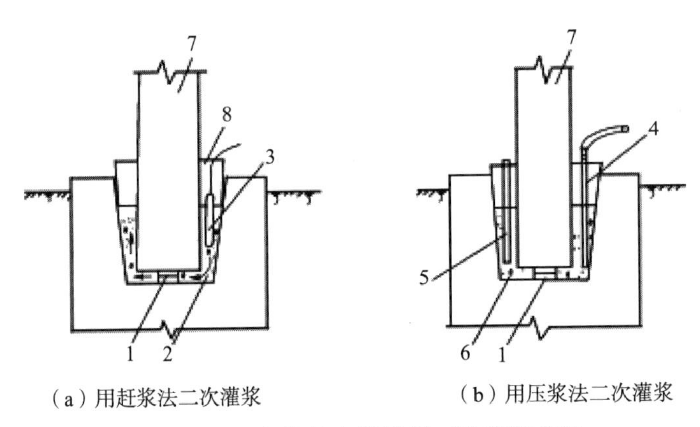

（a）用赶浆法二次灌浆　　（b）用压浆法二次灌浆

图6-24　有垫板安装柱的二次灌浆方法

1—钢垫板；2—细石混凝土；3—插入式振动器；4—压浆管；5—排气管；6—水泥砂浆；7—柱；8—钢楔

g．振捣混凝土时，应严防碰动楔子而造成柱子倾斜。

h．采用缆风绳校正的柱子，待二次所灌混凝土强度达到70%时，方可拆除缆风绳。

3．钢柱安装验收。

根据现行国家标准《钢结构工程施工质量验收标准》（GB 50205）的规定，钢柱安装验收标准如下：

（1）钢柱的安装位置应正确，符合设计要求，如有偏差，必须校正。对于重型钢柱，可用螺旋千斤顶加链条套环托座，沿水平方向顶校钢柱。此法效果较理想，校正后的位移精度在1mm以内。

（2）校正后，为防止钢柱位移，柱四边用10mm厚的钢板定位，并用电焊固定。钢柱复校后，再紧固锚固螺栓，并将承重块上下点焊固定，防止走动。

（3）钢柱垂直度偏差可用经纬仪进行检验，如超过容许偏差，用螺旋千斤顶或油压千斤顶进行校正。在校正过程中，应随时观察柱底部和标高控制块之间是否脱空，以防校正过程中造成水平标高的误差。

（4）单层钢结构安装中，柱子安装的容许偏差应符合表6-8的规定。

单层钢结构中柱子安装的容许偏差　　表6-8

<table>
<tr><th colspan="3">项目</th><th>容许偏差（mm）</th><th>图例</th><th>检验方法</th></tr>
<tr><td colspan="3">柱脚底座中心线对定位轴线的偏移Δ</td><td>5.0</td><td></td><td>用吊线和钢尺等实测</td></tr>
<tr><td rowspan="2">柱基准点标高</td><td colspan="2">有吊车梁的柱</td><td>+3.0
−5.0</td><td rowspan="2">基准点</td><td rowspan="2">用水准仪等实测</td></tr>
<tr><td colspan="2">无吊车梁的柱</td><td>+5.0
−8.0</td></tr>
<tr><td colspan="3">弯曲矢高</td><td>H/1200，且不大于15.0</td><td>—</td><td>用经纬仪或拉线和钢尺等实测</td></tr>
<tr><td rowspan="3">柱轴线垂直度</td><td colspan="2">单节柱</td><td>H/1000，且不大于25.0</td><td rowspan="3"></td><td rowspan="3">用经纬仪或吊线和钢尺等实测</td></tr>
<tr><td rowspan="2">多层柱</td><td>单节柱</td><td>H/1000，且不大于10.0</td></tr>
<tr><td>柱全高</td><td>35.0</td></tr>
</table>

6.3.2　钢梁安装

1．钢梁安装要求。

（1）钢梁宜采用两点起吊。当单根钢梁长度大于21m，采用两点吊装不能满足构件强度和变形要求时，宜设置3～4个吊装点吊装或采用平衡梁吊装，吊点位置应通过计算确定。

（2）钢梁可采用一机一吊或一机串吊的方式吊装，就位后应立即临时固定连接。

（3）钢梁面的标高及两端高差可采用水准仪与标尺进行测量，校正完成后应进行永久性连接。

2. 钢吊车梁安装施工。

（1）搁置行车梁牛腿面的水平标高调整。

先用水准仪（精度为±3mm/km）测出每根钢柱上原先弹出的±0.000基准线在柱子校正后的实际变化值。一般实测钢柱横向近牛腿处的两侧，同时做好实测标记。根据各钢柱搁置行车梁牛腿面的实测标高值，定出全部钢柱搁置行车梁牛腿面的统一标高值，以统一标高值为基准，得出各搁置行车梁牛腿面的标高差值。根据各个标高差值和行车梁的实际高差加工不同厚度的钢垫板。同一搁置行车梁牛腿面上的钢垫板一般应分成两块加工，以利于两根行车梁端头高度值不同的调整。在吊装行车梁前，应先将精加工过的垫板点焊在牛腿面上。

（2）行车梁纵横轴线的复测和调整。

钢柱的校正应把有柱间支撑的作为标准排架认真对待，从而控制其他柱子纵向的垂直偏差和竖向构件吊装时的累计误差；在已吊装完的柱间支撑和竖向构件的钢柱上复测行车梁的纵横轴线，并应进行调整。

（3）行车梁吊装前应严格控制定位轴线。

认真做好钢柱底部临时标高垫块的准备工作，密切注意钢柱吊装后的位移和垂直度偏差数值，实测行车梁搁置端部梁高的制作误差值。

（4）吊车梁绑扎。

钢吊车梁一般绑扎两点。梁上设有预埋吊环的吊车梁，可用带钢钩的吊索直接钩住吊环起吊；自重较大的梁，应用卡环与吊环吊索相互连接在一起；梁上未设吊环的，可在梁端靠近支点，用轻便吊索配合卡环绕吊车梁（或梁下部）左右对称绑扎，或用工具式吊耳吊装，如图6-25所示，并注意以下几点：

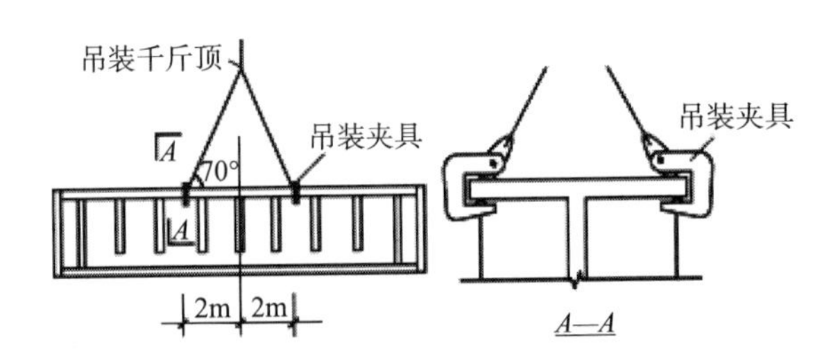

图6-25 利用工具式吊耳吊装

①绑扎时吊索应等长，左右绑扎点应对称；

②梁棱角边缘应衬以麻袋片、汽车废轮胎块、半边钢管或短方木护角；

③在梁一端需拴好溜绳（拉绳），以防就位时左右摆动，碰撞柱子。

（5）钢吊车梁吊装。

①起吊就位和临时固定。

梁吊装须在柱子最后固定、柱间支撑安装后进行。在屋盖吊装前安装吊车梁，可使用各种起重机进行。如屋盖已吊装完成，则应用短臂履带式起重机或独脚桅杆吊装，起重臂杆高度应比屋架下弦低0.5m以上；如无起重机，也可在屋架端头、柱顶拴倒链安装。吊车梁应布置在接近安装位置处，使梁重心对准安装中心。安装可由一端向另一端，或从中间向两端顺序进行。当梁吊至设计位置离支座面200mm时，用人力扶正，使梁中心线与支撑面中心线（或已安相邻梁中心线）对准，并使两端搁置长度相等，然后缓慢落下。如有偏差，稍吊起用撬杠引导正位；如支座不平，用斜铁片垫平。当梁高度与宽度之比大于4时，或遇五级以上大风时，脱钩前，应用8号钢丝将梁捆于柱上临时固定，以防止倾倒。

②梁的定位校正。

a．高低方向校正主要是对梁的端部标高进行校正。可用起重机吊空、特殊工具抬空、油压千斤顶顶空，然后在梁底填设垫块。

b．水平方向移动校正常用撬棒、钢楔、法兰螺栓、链条葫芦和油压千斤顶进行。一般的重型行车梁，用油压千斤顶和链条葫芦解决水平方向移动较为方便。

c．校正应在梁全部安装、屋面构件校正并最后固定后进行。质量较大的吊车梁，也可边安装边校正。校正内容包括中心线（位移）、轴线间距（即跨距）、标高垂直度等。纵向位移在就位时已校正，故校正主要为横向位移。

d．校正吊车梁中心线与吊车跨距时，先在吊车轨道两端的地面上，根据柱轴线放出吊车轨道轴线，用钢尺校正两轴线的距离，再用经纬仪放线、钢丝挂线坠或在两端拉钢丝等方法校正，如图6–26所示。如有偏差，用撬杠拨正，或在梁端设螺栓、液压千斤顶侧向顶正，如图6–27（a）所示；或在柱头挂倒链将吊车梁吊起或用杠杆将吊车梁抬起，如图6–27（b）所示，再用撬杠配合移动拨正。

e．吊车梁标高的校正，可将水平仪放置在厂房中部某一吊车梁上或地面上，在柱上测出一定高度的水准点，再用钢尺或样杆量出水准点至梁面铺轨需要的高度，观测每根梁两端及跨中三点，根据测定标高进行校正。校正时，用撬杠撬起或在柱头屋架上弦端头节点上挂倒链，将吊车梁需垫垫板的一端吊起。重型柱在梁一端下部用千斤顶顶起填塞铁片，如图6–27所示，在校正标高的同时，用靠尺或线坠在吊车梁的两端（鱼腹式吊车梁在跨中）测垂直度：当偏差超过规范容许偏差（一般为5mm）时，用楔形钢板在一侧填塞纠正。

③最后固定。吊车梁校正完毕后，应立即将吊车梁与柱牛腿上的埋设件焊接固定，在梁柱接头处支侧模，浇筑细石混凝土并养护。

（6）钢吊车梁安装验收根据现行国家标准《钢结构工程施工质量验收标准》（GB 50205）的规定，钢吊车梁安装的容许偏差见表6–9。

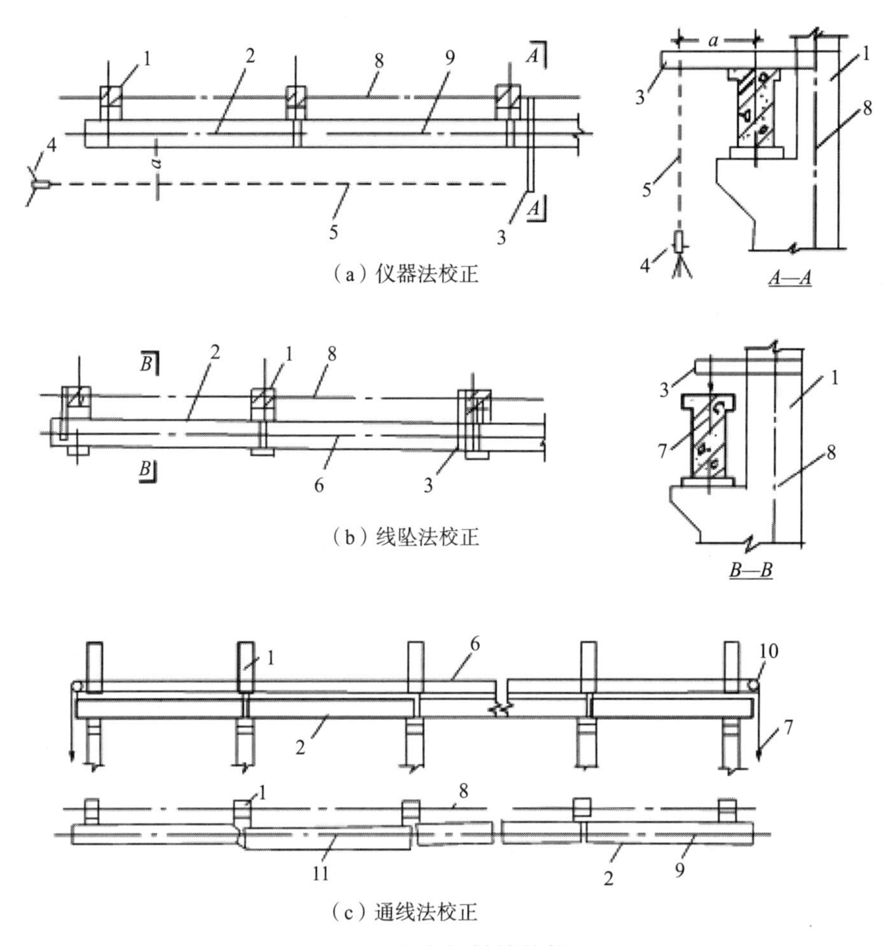

（a）仪器法校正

（b）线坠法校正

（c）通线法校正

图6-26　吊车梁轴线的校正

1—柱；2—吊车梁；3—短木尺；4—经纬仪；5—经纬仪与梁轴线平行视线；6—钢丝；7—线坠；8—柱轴线；9—吊车梁轴线；10—钢管或圆钢；11—偏离中心线的吊车梁

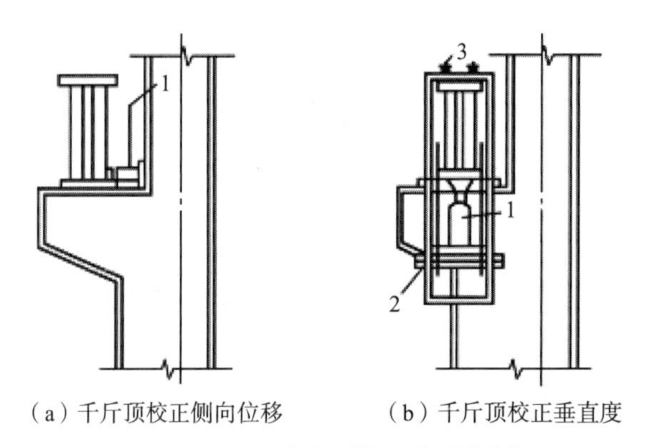

（a）千斤顶校正侧向位移　　（b）千斤顶校正垂直度

图6-27　用千斤顶校正的吊车梁

1—液压（或螺栓）千斤顶；2—钢托架；3—螺栓

钢吊车梁安装容许偏差　　　　表6-9

项目		容许偏差（mm）	图例	检验方法
梁的跨中垂直度Δ		$h/500$	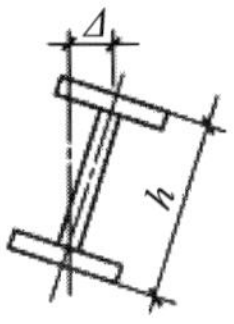	用吊线和钢尺检查
侧向弯曲矢高		$l/1500$，且不大于10.0	—	用拉线和钢尺检查
垂直上拱矢高		10.0		
两端支座中心位移Δ	安装在钢柱上时，对牛腿中心的偏移	5.0	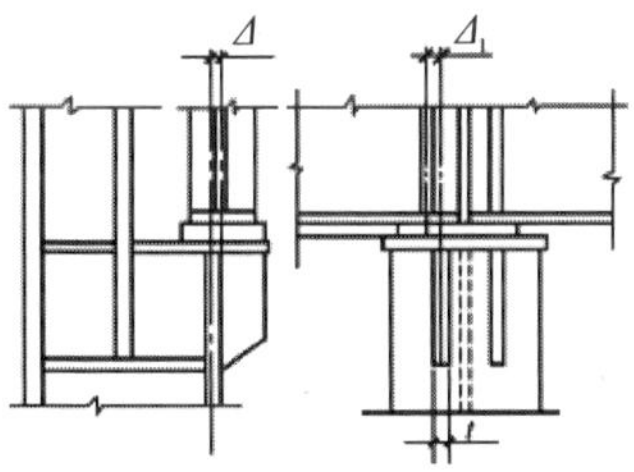	用拉线和钢尺检查
	安装在混凝土柱上时，对定位轴线的偏移	5.0		
吊车梁支座加劲板中心与柱子承压加劲板中心的偏移Δ_1		$t/2$		用吊线和钢尺检查
同跨间内同一横截面吊车梁顶面高差Δ	支座处	$l/1000$，且不大于10.0	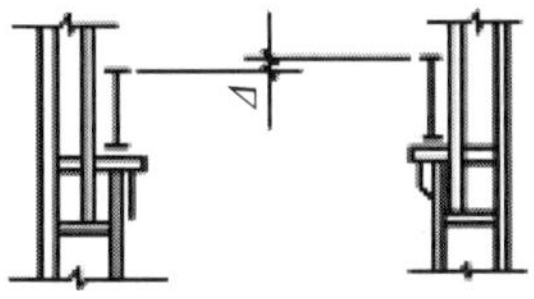	用经纬仪、水准仪和钢尺检查
	其他处	15.0		
同跨间内同一横截面下挂式吊车梁底面高差Δ		10.0		
同列相邻两柱间吊车梁顶面高差Δ		$l/1500$，且不大于10.0	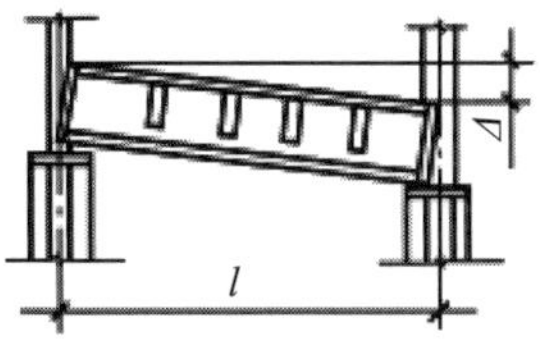	用水准仪和钢尺检查
相邻两吊车梁接头部位Δ	中心错位	3.0	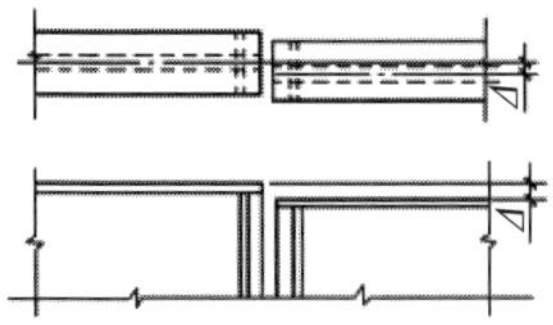	用钢尺检查
	上承式顶面高差	1.0		
	下承式底面高差	1.0		

续表

项目	容许偏差（mm）	图例	检验方法
同跨间任一截面的吊车梁中心跨距Δ	± 10.0		用经纬仪和光电测距仪检查；跨度小时，可用钢尺检查
轨道中心对吊车梁腹板轴线的偏移Δ	$t/2$		用吊线和钢尺检查

3. 高层及超高层钢结构钢梁安装。

（1）主梁采用专用卡具，为防止其在高空因风或碰撞物体落下，主要做法如图6–28所示，卡具放在钢梁端部500mm的两侧。

（2）一节柱有2层、3层、4层梁，原则上竖向构件由下向上逐件安装，由于上部和周边都处于自由状态，易于安装测量并保证质量。习惯上同一列柱的钢梁从中间跨开始对称地向两端扩展，同一跨钢梁，先安装上层梁，再安装中、下层梁。

（3）在安装和校正柱与柱之间的主梁时，把柱子撑开。测量必须跟踪校正，预留偏差值，留出接头焊接收缩量，这时柱子产生的内力在焊接完毕焊缝收缩后就消失了。

（4）柱与柱接头和梁与柱接头的焊接，以互相协调为好，一般可以先焊一节柱的顶层梁，再从下向上焊各层梁与柱的接头，柱与柱的接头可以先焊，也可以最后焊。

（5）次梁三层串吊。

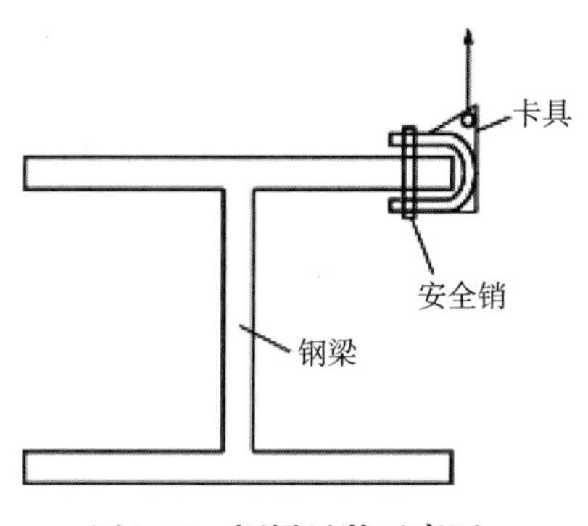

图6–28　钢梁吊装示意图

（6）同一根梁两端的水平度，容许偏差为（$L/1000$）+3，最大不超过10mm。如果钢梁水平度超标，主要原因是连接板位置或螺孔位置有误差，可采取换连接板或塞焊孔重新制孔处理。

4. 轻型钢结构斜梁安装。

门式刚架斜梁的特点是跨度大（构件长，侧向刚度很小），为确保质量安全、提高生产效率、减小劳动强度，根据现场和起重设备能力，最大限度地扩大拼装工作，在地面组装好斜梁吊起就位，并与柱连接。可选用单机两点或三、四点起吊或铁扁担，以减小索具所产生的对斜梁的压力，也可选用双机抬吊，防止斜梁侧向失稳，如图6–29所示。

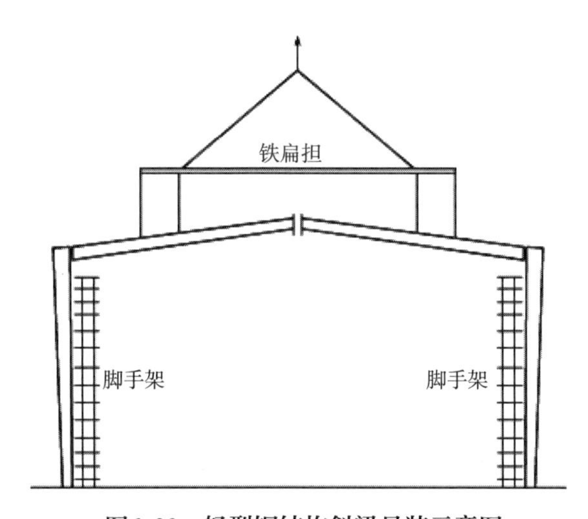

图6–29　轻型钢结构斜梁吊装示意图

大跨度斜梁吊点必须经计算确定。对于侧向刚度小、腹板宽厚比大的构件，为防止构件扭曲和损坏，主要从吊点多少及双机抬吊同步、动作协调考虑，必要时两机大钩之间拉一根钢丝绳，在起钩时两机距离固定，防止互拽。

对吊点部位，要防止构件局部变形和损坏，放加强肋板或用木方子填充好，进行绑扎。

门式刚架轻型房屋钢结构的安装容许偏差，可按现行国家标准《钢结构工程施工质量验收标准》（GB 50205）的有关规定执行。

6.3.3　桁架（屋架）安装

1. 桁架（屋架）安装要求。

桁架（屋架）安装应在钢柱校正合格后进行，并符合下列规定：

（1）钢桁架（屋架）可采用整榀或分段安装。

（2）钢桁架（屋架）应在起扳和吊装过程中防止产生变形。

（3）单榀钢桁架（屋架）安装时，应采用缆绳或刚性支撑增加侧向临时约束。

2. 钢屋架安装施工。

（1）钢屋架吊装。

钢屋架吊装时，须对柱子横向进行复测和复校，并验算屋架平面外刚度。如刚度不足，采取增加吊点的位置或采用加铁扁担的施工方法。

屋架的吊点选择既要保证屋架的平面刚度，还需注意以下两点：

①屋架的重心位于内吊点的连线之下，否则应采取防止屋架倾倒的措施；

②对外吊点的选择应使屋架下弦处于受拉状态。

屋架起吊时，距地500mm时检查无误后再继续起吊。安装第一榀屋架时，在松开吊钩前做初步校正，对准屋架基座中心线与定位轴线就位，并调整屋架垂直度，检查屋架侧向弯曲。第二榀屋架同样吊装就位后，不要松钩，用绳索临时与第一榀屋架固定，如图6-30所示，接着安装支撑系统及部分檩条，最后校正固定的整体。从第三榀开始，在屋架脊点及上弦中点装上檩条即可将屋架固定，同时将屋架校正好。

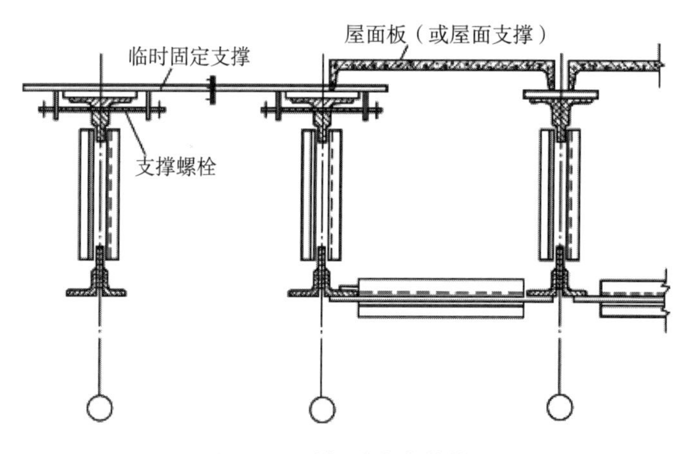

图6-30　屋架垂直度的校正

屋架分片运至现场组装时，拼装平台应平整，组拼时保证屋架总长及起拱尺寸要求。焊接时一面检查合格后再翻身焊另一面。做好拼焊施工记录，全部验收后方准吊装。屋架及天窗架也可以在地面上组装好，进行综合吊装，但要临时加固，以保证有足够的刚度。

（2）钢屋架校正。

钢屋架校正可采用经纬仪校正屋架上弦垂直度的方法。在屋架上弦两端和中央夹三把标尺，待三把标尺的定长刻度在同一直线上，则屋架垂直度校正完毕。

钢屋架校正完毕后，拧紧屋架临时固定支撑的两端螺杆和屋架两端搁置处的螺栓，随即安装屋架永久支撑系统。

3. 钢屋架安装验收。

根据现行国家标准《钢结构工程施工质量验收标准》（GB 50205）的规定，钢屋（托）架、桁架、梁及受压件垂直度和侧向弯曲矢高的容许偏差见表6-10。

钢屋（托）架、桁架、梁及受压件垂直度和侧向弯曲矢高的容许偏差　　表6-10

项目	容许偏差（mm）		图例
跨中的垂直度	$h/250$，且不大于15.0		
侧向弯曲矢高f	$l \leqslant 30$m	$l/1000$，且不大于10.0	
	30m$<l \leqslant 60$m	$l/1000$，且不大于30.0	
	$L>60$m	$l/1000$，且不大于50.0	

6.3.4　其他构件安装

钢结构其他构件包括支撑、钢板剪力墙、关节轴承节点及钢铸件或铸钢节点，安装要求见表6-11。

钢结构其他构件安装要求　　表6-11

构件名称	安装要求
支撑	①交叉支撑宜按从下到上的顺序组合吊装； ②无特殊规定时，支撑构件的校正宜在相邻结构校正固定后进行； ③屈曲约束支撑应按设计文件和产品说明书的要求进行安装
钢板剪力墙	①钢板剪力墙吊装时，应采取防止平面外的变形措施； ②钢板剪力墙的安装时间和顺序应符合设计文件要求

续表

构件名称	安装要求
关节轴承节点	①关节轴承节点应采用专门的工装进行吊装和安装； ②轴承总成不宜解体安装，就位后应采取临时固定措施； ③连接销轴与孔装配时应密贴接触，宜采用锥形孔、轴，应采用专用工具顶紧安装； ④安装完毕后，应做好成品保护
钢铸件或铸钢节点	①出厂时，应标识清晰的安装基准标记； ②现场焊接应严格按焊接工艺专项方案施焊和检验

第 7 章

经典案例分析

7.1

航天科技广场钢结构

7.1.1　工程概况

航天科技广场项目位于深圳湾畔的超高层甲级写字楼（图7-1），由两栋塔楼及商业裙房组成，1号楼为主楼，共48层，地上高度236m；2号楼为附楼，地上高度约129.2m。工程用地面积为1.3万m^2，总建筑面积约19.6万m^2（其中地上约15.1万m^2，地下约4.5万m^2），设4层地下室，底板面标高-18.000m，±0.000相当于绝对标高5.300m。

图7-1　航天科技广场整体实景图

1．钢结构工程概况。

本工程主要采用了型钢混凝土柱和型钢混凝土梁，型钢截面均为焊接组合截面，所用钢材为Q355B或Q355GJC，最大板厚80mm。其中40～80mm的板有Z向性能要求。

1号塔楼钢结构整体呈规则框架（图7-2），在45层以上为局部10.8m的倒挂悬挑结构，挂在顶部桁架下面。在第十三、二十六、三十九层的三个避难层设置了8道桁架。外框筒在第一～六层的西侧有两根斜柱。1号塔楼通过连廊与裙楼相连，连廊位于第三、五、七层。2号塔楼为框架-剪力墙结构，其中钢结构分布在B1～第六层的外框型

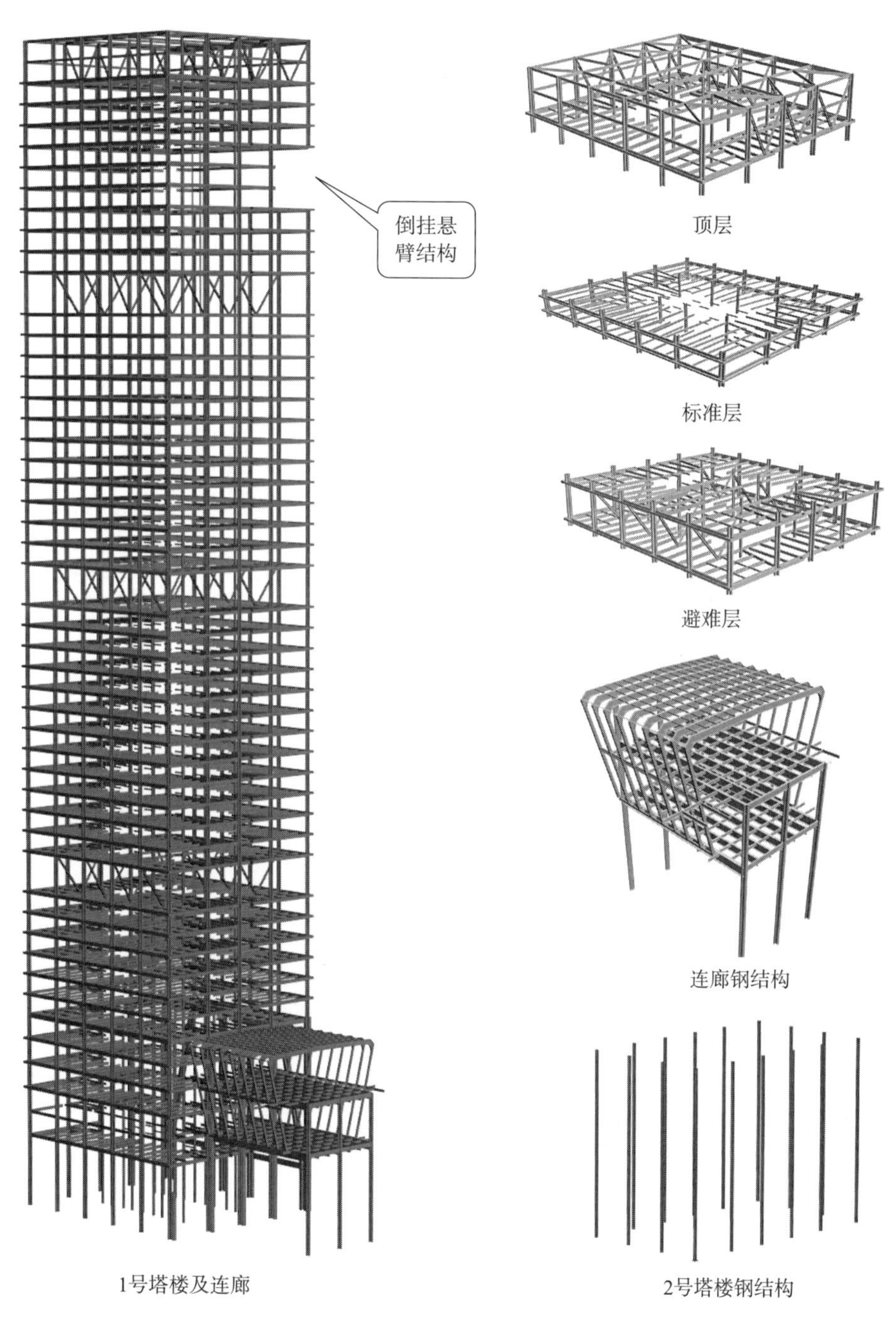

图7-2　**钢结构整体概况**

钢钢柱中。

2. 钢结构主要构件。

本工程中钢结构主要构件截面有双十字形、十字形、工字形、箱形等形式，如表7-1所示。

钢结构主要构件　表7-1

截面形式	三维效果图		说明
双十字形	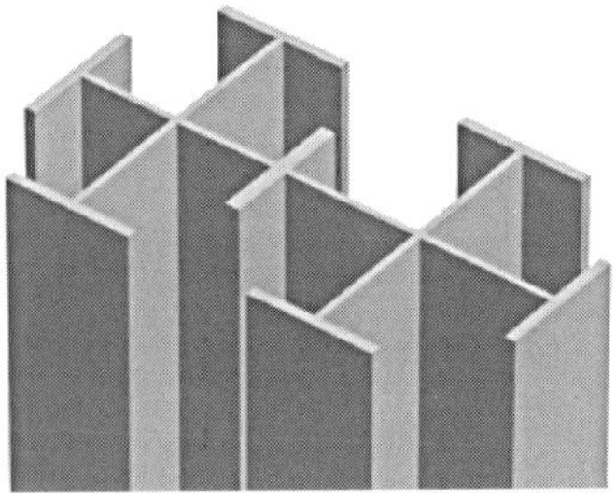	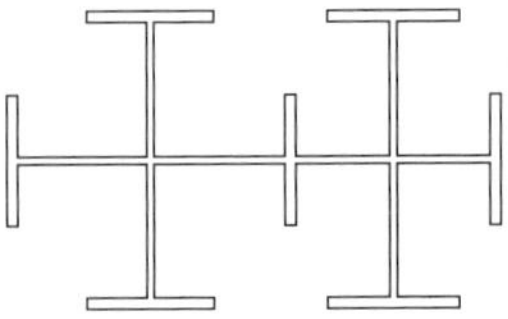	1号塔楼外框双十字钢柱，最大截面为：2726mm × 1600mm
十字形		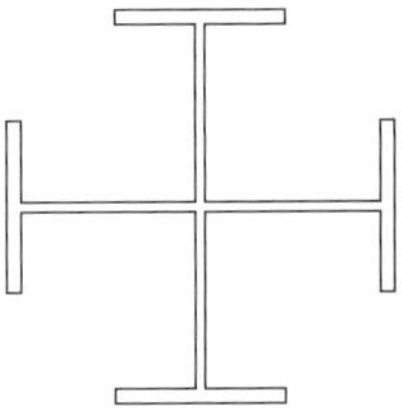	1号塔楼外框、核心筒、裙楼型钢柱等，最大截面为：1600mm × 1600mm
工字形	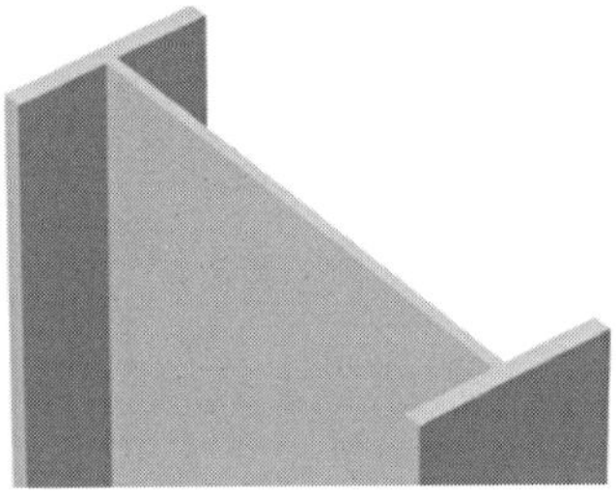	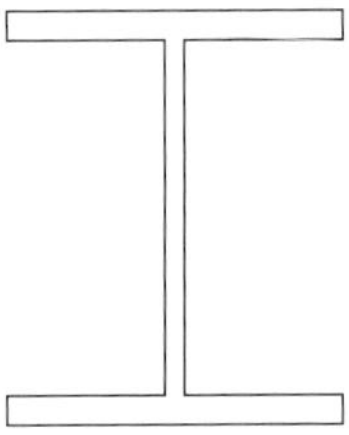	1号塔楼核心筒型钢钢柱、钢梁等，最大截面为：1400mm × 500mm
箱形			钢连廊，最大截面为：500mm × 300mm

7.1.2　重难点分析与对策

1. 桁架节点及斜柱超大节点制作。

（1）重难点分析。

本工程桁架节点最大截面为5900mm × 5400mm，最重达13t。节点区焊缝非常密集，节点制作单元的合理划分、节点运输、节点整体组焊的精度控制、节点区焊接残余应力的消减及焊接变形的控制是本工程的重点、难点。

（2）应对策略。

制作前，根据现场吊装及工厂运输实际状况并结合设计要求对节点进行合理的制作单元划分，召开专项研讨会确定节点组装、焊接及运输的专项方案。加强对整个节点制作过程中各道工序的监控检查，做好监控检查记录，确保节点的各项工艺技术指标满足规范及设计要求。

2. 高强度厚钢板焊接。

（1）重难点分析。

本工程钢材材质Q355B或Q355GJC，钢板最厚有80mm，局部位置的焊接操作空间小，焊缝长，焊接工艺复杂。厚板焊接时填充焊材熔敷金属量大，焊接时间长，热输入总量高，焊缝受拘束，焊后残余应力和变形大，易产生热裂纹与冷裂纹，保证焊接质量是本工程的重点。

（2）应对策略。

①利用以往厚板加工制作经验，针对本工程特点，按相关规定进行焊接工艺评定和焊工资格考试；

②优化焊接顺序，采用对称法、分散均匀法施焊；

③厚板定位焊时，提高预热温度；

④焊前严格按工艺要求预热，焊缝采用多层多道焊；

⑤厚板焊接过程中边焊边检查，遇到气孔等问题要及时处理；

⑥焊后对焊缝及周边母材采用火焰加热，然后用石棉布包裹保温；

⑦焊后对焊缝背部或焊缝二侧进行烘烤以消减残余应力。

3. 悬挑结构现场安装。

（1）重难点分析。

本工程中1号塔楼46层以上，局部采用倒挂悬挑结构，悬挑长度为10.8m。悬挑架空三个结构层，架空高度为12m。施工过程的结构变形大，安装精度控制难。同时安装前，下侧需搭设临时支撑胎架，支撑胎架柱脚的设置方式需要重点考虑。

（2）应对策略。

①根据悬挑钢桁架结构特点，制定相应的制作工艺流程和工厂预拼装方案。

②采用搭设临时支撑胎架，构件散件吊装，高空原位组装的方法，保证结构安装质量。

③通过施工模拟计算的胎架反力，先对地下室混凝土柱承载力进行验算，保证其能承担支撑胎架传递下来的竖向荷载。同时，支撑胎架设计为独立柱、连系桁架的形式，安装及拆除方便，施工时顶部设置操作平台。

④对施工过程中结构变形进行模拟分析，指导现场施工；对关键点预起拱，确保最终下挠后符合设计尺寸要求；采用全站仪定位测量，对卸载过程中关键点变形进行监测，确保结构施工安全。

4．连廊钢结构的安装。

（1）重难点分析。

本工程1号塔楼与2号塔楼采用3层钢结构连廊进行连接，连廊结构层分别位于第三、五、七层，最大标高为31.0m。构件最大截面尺寸为H1600mm × 600mm × 30mm × 50mm，跨度最大为29.3m，在满足吊装要求的情况下，构件分段安装的方法是关键。

（2）应对策略。

①结合本工程所选用吊装设备的性能参数，合理对较长较重构件进行分段，使其满足吊装设备的吊装要求；

②钢连廊下方需设置独立支撑柱，柱间通过连系桁架进行连接，桁架上弦设置支撑点，用于分段构件的支撑。

5．安装精度控制。

（1）重难点分析。

本工程结构高度228m，钢构件数量多、体量大，钢柱总体垂直度和大跨度悬挑钢桁架结构的安装精度控制是本工程的重点。

（2）应对策略。

①组建一个有类似工程测量经验的测量小组，确保测量精度。组建强有力的项目质检小组，加强事前、事中的质量控制，严把质量关；

②配备高精度的测量仪器和设备，确保施工过程中测量的精度；

③编制测量专项施工方案，并经过各方评审，确保测量方法先进合理；

④通过对施工工况的模拟分析，确定施工预调值，以提高结构安装精度。

7.1.3　主要部位钢结构施工方案

1．地下室钢结构施工。

本工程地下室共4层，底板面标高-18.0m，钢结构主要包括塔楼内型钢钢柱，截面为十字形和H形，最大截面尺寸为2606mm × 1480mm × 40mm × 60mm，材质Q355B或Q355GJC，柱底在B2层，标高为-10.000m，地下室钢柱共2层，柱底有地脚锚栓。

（1）地脚锚栓的安装。

①地脚锚栓的结构形式（图7-3）。

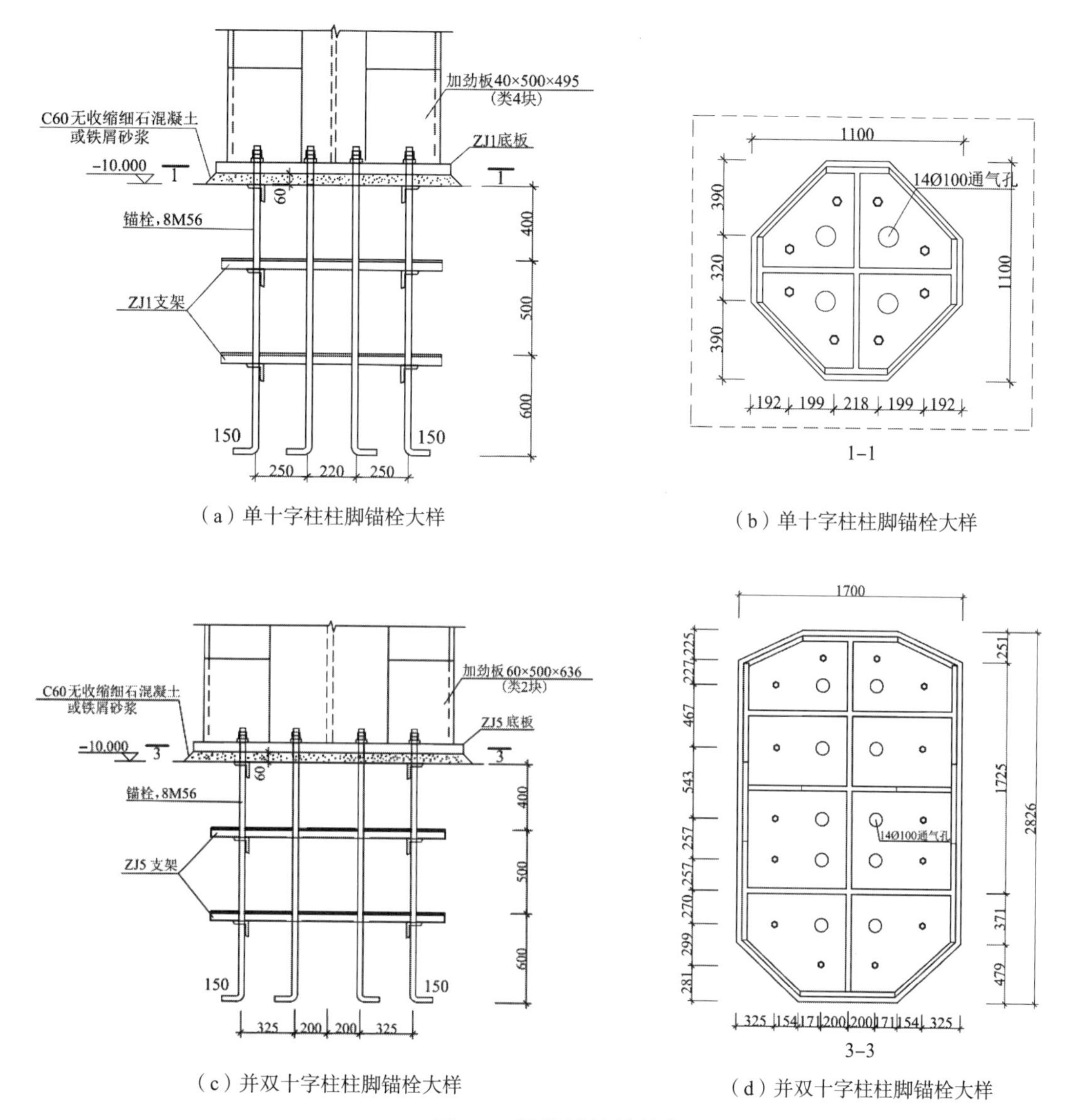

（a）单十字柱柱脚锚栓大样

（b）单十字柱柱脚锚栓大样

（c）并双十字柱柱脚锚栓大样

（d）并双十字柱柱脚锚栓大样

图7-3　地脚锚栓的结构形式

②柱脚锚栓埋设固定形式（图7-4）。

预埋锚栓直径ϕ36mm，材质Q355。锚栓预埋在土建施工时穿插进行，为保证锚栓安装精度，采用上下两层支架固定锚栓，通过加固钢筋与混凝土柱竖向钢筋进行连接固定。支架采用∟100×10和∟100×14的角钢加工，支架在工厂制作，以保证锚栓位置准确。

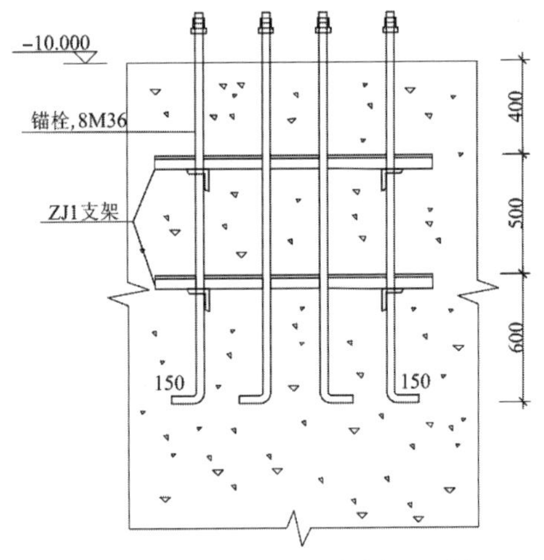

（a）单十字柱柱脚锚栓支架立面图

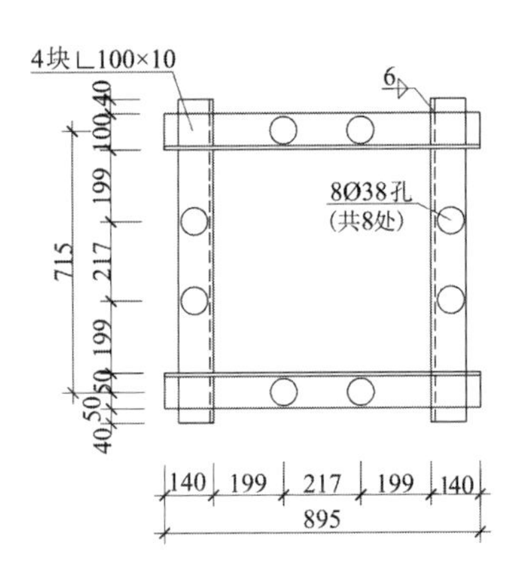

（b）单十字柱柱脚锚栓支架平面图

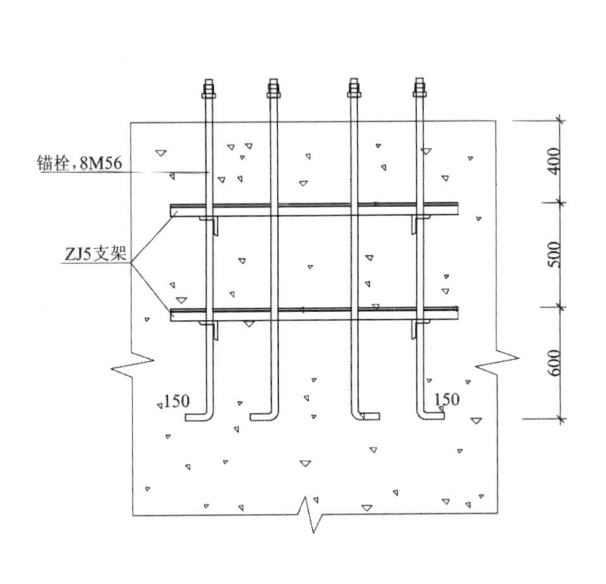

（c）并双十字柱柱脚锚栓支架立面图

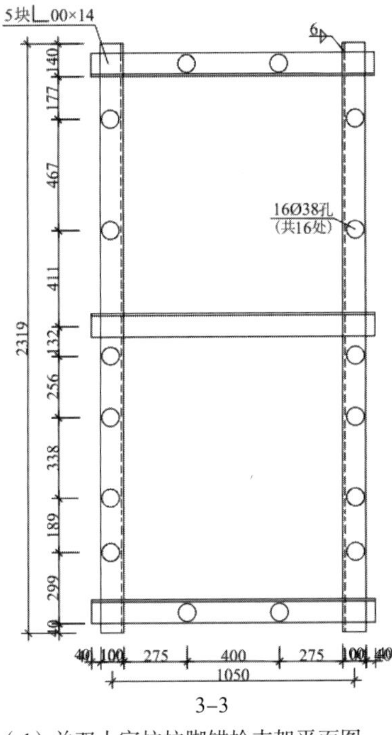

（d）并双十字柱柱脚锚栓支架平面图

图7-4 柱脚锚栓埋设固定形式

③埋设流程（图7-5）。

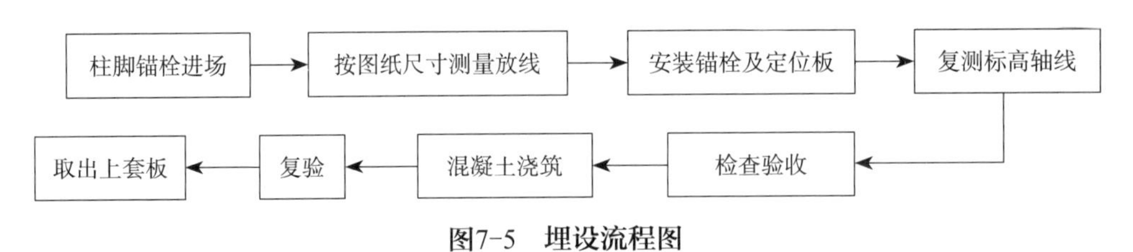

图7-5 埋设流程图

④柱脚锚栓埋设注意要点。

a. 柱脚锚栓运输时要轻装轻放、防止变形，进场后按同型号规格堆放，验收合格后用塑料胶纸包好螺纹，防止损伤生锈。

b. 锚栓预埋前，施工人员应认真审图，对于每组预埋锚栓的形状尺寸、轴线位置、标高等均应做到心中有数。用全站仪测放定位轴线，用标准钢尺复核间距，用水准仪测放标高，在模板上做好放线标记。

c. 锚栓预埋完毕后，复检各组锚栓之间的相对位置，确认无误后报监理单位验收。同时在锚栓丝杆抹上黄油，并包裹处理，防止污染和损坏锚栓螺纹。

d. 验收合格后，将工作面移交土建单位，在混凝土浇筑过程中跟踪观察，注意成品保护，避免振动棒碰到柱脚锚栓。

e. 混凝土初凝前，对预埋锚栓进行复检，发现偏差及时校正；混凝土终凝后，对柱脚锚栓进行复测，并做好测量记录。

f. 首节钢柱安装前，在柱底设置楔铁和垫板，方便钢柱调节校正。

（2）地下室钢柱吊装。

①地下室钢柱分节及吊装工况分析。

地下室共有58根型钢钢柱，其中分布在1号塔楼区域38根，分布在2号塔楼区域16根，分布在裙房区域4根。1号塔楼钢柱运至现场后，用1号塔式起重机和汽车起重机卸车，构件堆在西侧堆场和东侧堆场。2号塔楼钢柱运至现场后，使用塔吊卸车后堆在东侧堆场。根据塔吊的起重性能和起吊半径，将核心筒里的截面较小的钢柱分为两层一节，其余重型钢柱分为一层一节，地下室钢柱平面位置及吊装工况分析如图7–6所示。

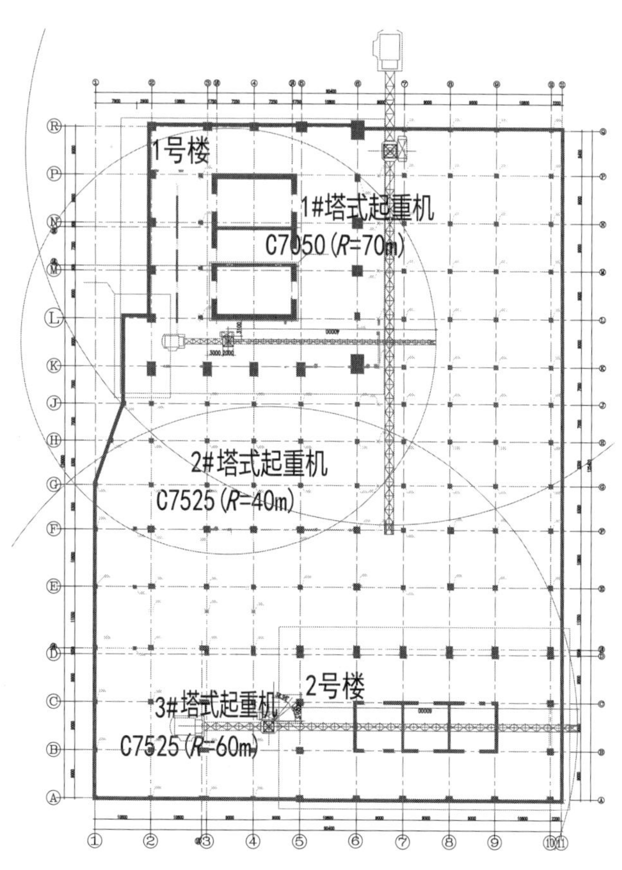

图7–6 地下室钢柱吊装工况分析图

②地下室钢柱安装要点。

钢柱安装前，对柱脚锚栓进行复测，根据柱底标高调整好螺杆上的螺母，并在基础上进行放线。钢柱用塔式起重机吊装到位后，首先将钢柱底板穿入地脚锚栓，放置在调节好的螺母上，并将钢柱四面中心线与基础放线中心线对齐，四面兼顾，使偏差控制在规范许可的范围内，穿上压板，将螺栓拧紧，拉设缆风绳临时固定，即完成首节钢柱的就位工作，如图7-7所示。

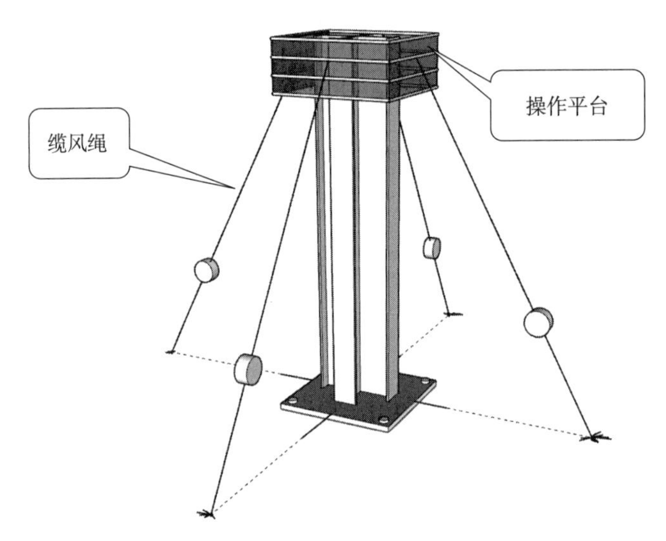

图7-7　第一节钢柱吊装示意图

2. 塔楼钢结构施工。

1号塔楼钢柱包括内筒18根型钢柱、外框20根型钢柱，外框柱截面形式为十字形和双十字形，内筒柱截面形式为十字形和工字形，材质Q355B或Q355GJC。根据塔吊起吊性能，内筒中截面较小的型钢柱按照两层一节分段，其余重型钢柱分为一层一节；大多数外框钢柱在6层以下按一层一节分段，6层以上按两层一节分段，部分重型构件一层一节划分。除注明者外，柱分段接头一般设于主梁顶面以上1.2m处。

（1）塔楼钢柱安装。

①钢柱的吊装。

塔楼钢柱安装前，设置合理的吊装点（图7-8），安装采用无缆风施工技术，使用临时连接板进行临时连接。施工时，先安装核心筒钢柱，再安装外框柱。外框柱安装时按照自东向西的顺序，钢柱安装完成后，及时连接柱间钢梁，形成稳定的结构体系。

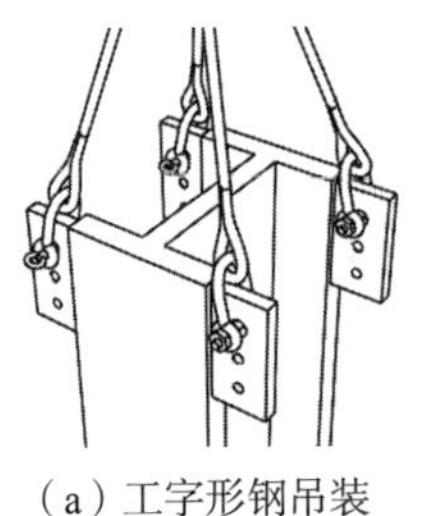

（a）工字形钢吊装　　（b）十字形钢吊装

图7-8　吊装示意图

②钢柱的临时连接。

钢柱高空对接采用临时连接板固定，钢柱对接处安装装配式操作平台，柱侧面挂上人爬梯，如图7–9所示。

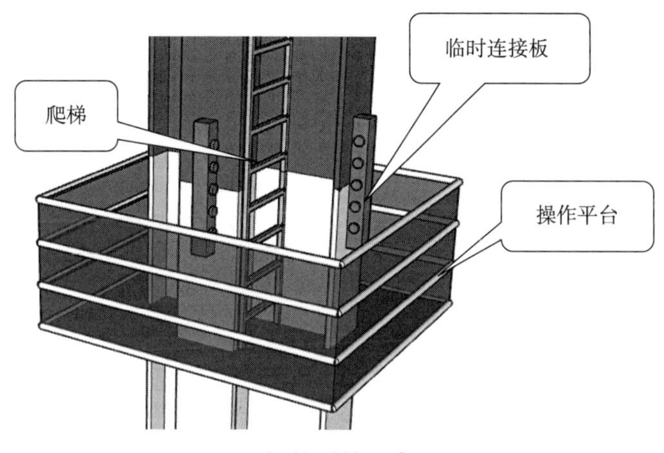

图7–9　钢柱对接示意图

（2）塔楼钢梁安装。

①楼层钢梁安装方法。

楼层钢梁最大长度11.6m，最大重量8.4t，为提高塔机吊装效率，可以由单件吊装改为多件串吊（图7–10）。吊装前，在地面将连接板用安装螺栓与钢梁连接在一起，高空与钢柱牛腿直接连接（安装螺栓不少与高强度螺栓数量的1/3）。对于双板连接的钢梁，另一块连接板临时固定在钢梁腹板侧面，安装时将连接板就位。吊装时，钢梁一端需设置吊装溜绳，避免与其他物体发生碰撞。

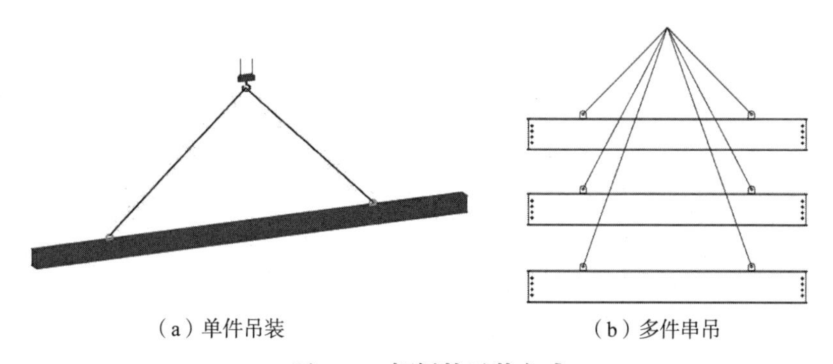

（a）单件吊装　　（b）多件串吊

图7–10　钢梁的吊装方式

②预埋件连接的钢梁安装。

楼层钢梁通过预埋件与核心筒混凝土相连，在核心筒施工期间埋入钢梁连接埋件，待混凝土硬化之后，楼层钢梁安装前使用全站仪精确定位、焊接埋件的连接板。钢梁安装时首先使用临时螺栓把钢梁安装上，以加快吊装进度。

③塔楼悬挑钢梁安装。

1号塔楼46层钢梁最大悬挑长度10.8m，钢梁截面尺寸为H750mm×300mm×20mm×45mm，重3.4t；在安装过程采取搭设支撑胎架的措施，如图7-11所示。

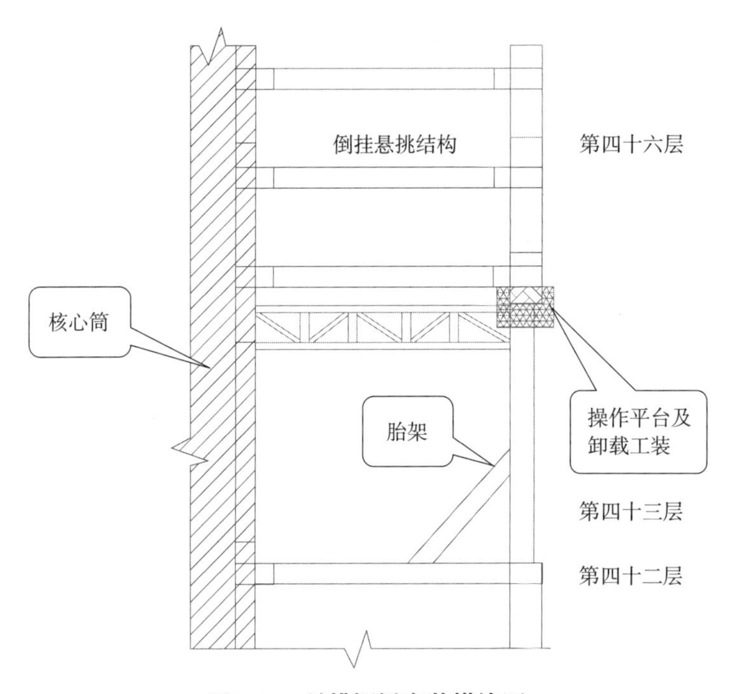

图7-11 悬挑钢梁安装措施图

④钢梁的临时连接。

钢梁吊至高空后，与钢柱牛腿、预埋件或主梁采用临时安装螺栓进行连接，如图7-12所示。校正完成后将安装螺栓换成高强度螺栓进行固定。

图7-12 钢梁临时连接示意图

3. 连廊钢结构安装。

连廊是1号塔楼与裙房之间的空中走廊，连廊分3层，位于第三、五、七层处。连廊宽度18m，长度29.3m，顶标高31m。最大构件截面为H1600 × 600 × 30 × 50（单位：mm，下同）。

（1）连廊钢结构安装思路。

钢连廊构件较大，单根构件达到20t，需要对超长构件分段后，采用C7525塔吊进行吊装。钢梁分段后搭设支撑措施，支撑措施为支撑柱和桁架，支撑柱为HW400 × 400 × 13 × 21，上下弦构件为HW250 × 250 × 9 × 14，桁架腹杆为∟125 × 10。

桁架支撑立柱设置在首层楼面混凝土柱顶部，立柱上侧采用桁架对首层连廊构件进行支撑。第二层连廊构件支撑设置在首层连廊钢梁上，底部与支撑钢柱顶部对齐，依次安装上部连廊构件。

（2）连廊钢结构的安装。

①连廊钢结构安装流程。

连廊钢结构的总体安装流程如图7–13所示。

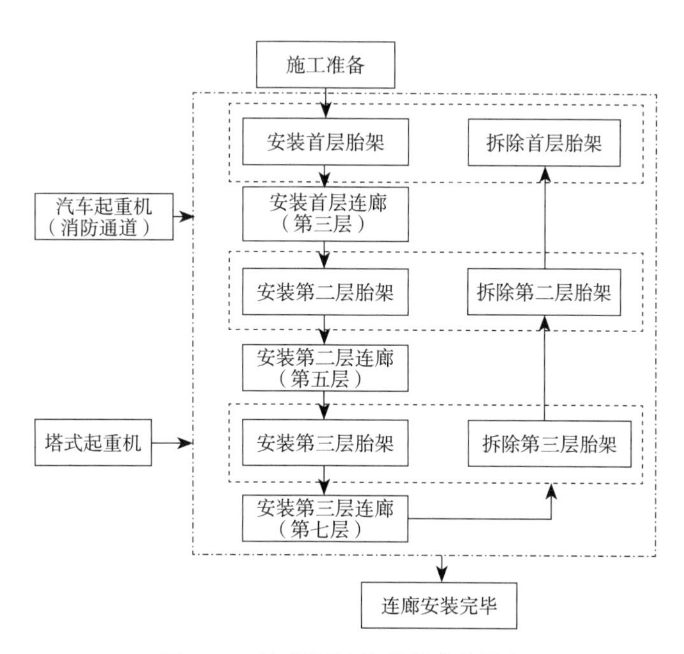

图7–13　**连廊钢结构总体安装流程**

②临时支撑胎架的搭设。

连廊钢结构安装前，下方需搭设支撑胎架，对支撑胎架进行专门的设计计算，确保结构施工安全。胎架采用型钢制作，立柱底落放在地下室混凝土柱顶，胎架顶部设操作平台，胎架立柱之间采用水平联系桁架进行连接，各节点均采用焊接连接形式，如图7–14所示。

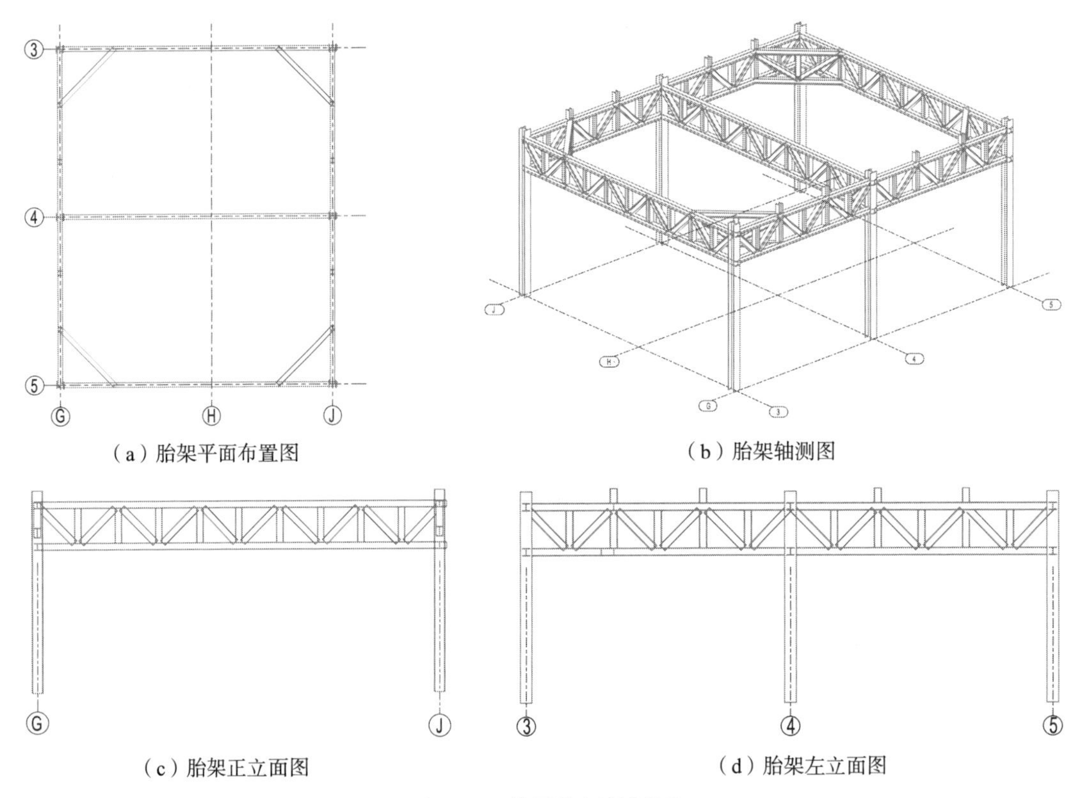

（a）胎架平面布置图　（b）胎架轴测图

（c）胎架正立面图　（d）胎架左立面图

图7-14　单层胎架效果图

连廊钢结构的临时支撑胎架用汽车起重机吊装，水平桁架整榀吊装，高空对接，胎架顶端操作平台采用高强度螺栓连接，安装时四周拉缆风绳进行临时固定。

首层胎架安装完毕后开始安装连廊钢结构的第一层（第三层），然后搭设第二层胎架和安装连廊钢结构的第二层（第五层），最后搭设第三层胎架和安装连廊钢结构的第三层（第七层），如图7-15所示。

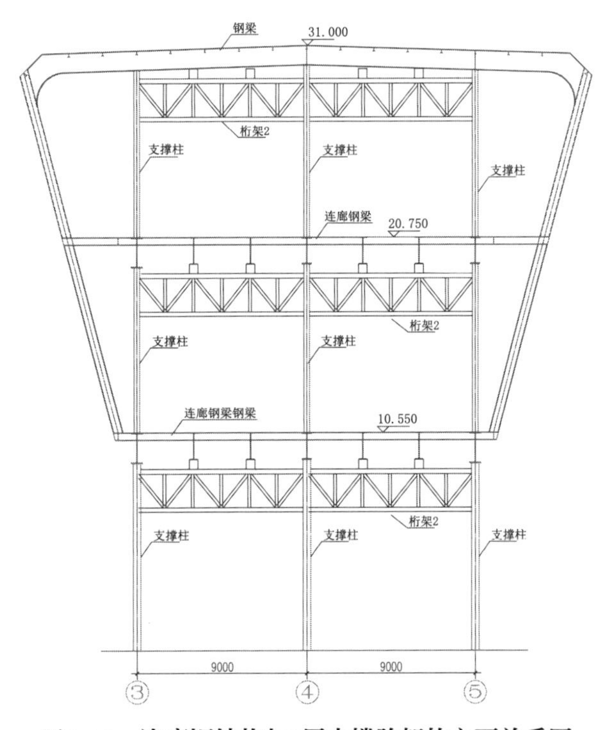

图7-15　连廊钢结构与3层支撑胎架的立面关系图

7.1.4　钢结构其他专项施工方案

1. 钢结构测量。

（1）钢结构测控总体思路。

针对本工程钢结构施工特征，测量工作分平面控制、高程控制两部分。测量工作的展开应遵循“由整体到局部”的原则，其总体思路为：平面控制点使用激光铅直仪向上传递，高程控制点使用钢卷尺分段向上量距，每次传递的点位经自检复测闭合。

①自一级控制网布设二级控制网，然后根据二级控制网测设细部点；

②根据现场通视条件，先测设主控制轴线，然后加密各建筑轴线，建立平面控制网；

③平面控制点使用激光铅直仪垂直向上投递，激光传递的点位在上部楼层组成多边形，具有复测闭合条件；

④采用坐标法对钢柱、悬挑桁架等钢构件进行定位测量；

⑤用计量检测过的50m钢卷尺分段向上量测，分四处传递高程，四点之间相互复测闭合；

⑥采用全站仪对标高传递结果进行复测。

（2）测量准备。

①测量仪器使用前进行计量检定，确保器具在受控状态下使用；

②向监理提供所用测量仪器的计量检定证书；

③对业主总包提供的测量依据进行校算；

④对业主总包提供的起始桩点进行校测；

⑤根据现行国家标准《工程测量标准》（GB 50026）和《钢结构工程施工质量验收标准》（GB 50205）、施工图纸、钢结构深化设计图等资料及建筑定位和楼层放线的相关要求，校核图纸中相关数据，掌握测量定位所需要的几何尺寸及相关数据；

⑥测量负责人对测量工进行技术交底。

（3）钢结构的安装测量。

①柱脚锚栓安装测控。

柱脚锚栓的测量定位尤为重要，将直接影响后期钢柱、钢梁及其他构件的安装精度。埋件预埋前，测量技术人员应认真分析图纸，掌握轴线与各构件之间的尺寸，将图纸上尺寸按比例大小反映到平面上。

待B4层混凝土柱施工至柱脚锚栓安装位置时，将柱脚锚栓及其支架预埋就位，预埋过程中用全站仪测设锚栓四周中心坐标，用油笔做好标记，作为控制点，用丝线对准两头控制点拉直，将中心线对准丝线进行预埋；同时用水准仪对锚栓顶部进行标高监测，待标高到位后，再由全站仪直接对锚栓精测，用钢筋加固锚栓四周。然后在螺栓顶部及丝扣处涂上黄油，用布条包扎，防止螺栓杆生锈和混凝土浇灌时碰坏丝扣。

在混凝土施工过程中进行跟踪监测，发现偏差及时调正，直至混凝土初凝。

②钢柱安装测量。

在吊装第一节钢柱前，用全站仪、水准仪对钢柱预埋螺栓轴线、标高进行复测。

在吊装的柱底上用记号笔将柱脚板中线做好标记。吊装时，先将柱底上的中线与下节钢柱轴线对准；然后架设两台经纬仪，这两台经纬仪与钢柱的夹角约90°，跟踪校正钢柱的垂直度，将钢柱用缆风绳固定。

用同样的方法安装其他钢柱，待钢柱安装形成整体后，对钢柱进行整体测量校正并用临时钢梁加固，防止钢柱垂直度的变动。

钢柱安装就位后，先校正柱底轴线和与下节柱顶连接处错口，然后用两台视线相互垂直的经纬仪测量校正柱子的垂直度，当两台经纬仪视线不能相互垂直时，可将仪器偏离轴线15°以内。钢柱校正完成后，测量钢柱顶标高。

钢柱焊前、焊后要分别对钢柱的标高、垂直度、轴线位置进行测量，以确定焊接的变形，如焊接变形超过容许范围，则要调整焊接顺序。

上节柱安装时，需要对下节柱的各种测量数据进行复测，并和原始数据进行比较，根据数据变化结果制定校正措施和吊装步骤。

③钢结构安装测量要求。

a．基础验线：根据提供的控制点，测设钢柱安装轴线，并闭合复核。在测设钢柱安装轴线时，测量仪器不能被太阳暴晒，钢尺应先平铺摊开，待钢尺与地面温度相近时再进行量距；

b．主轴线闭合，复核检验主轴线应从土建提供之基准点开始；

c．水准点施测，复核检验水准点用附合法，闭合差应小于容许偏差；

d．在跟踪测量中还需要充分注意日照、温差和焊接收缩对垂直度的影响。

2．钢结构焊接施工。

（1）焊接特点。

本工程钢构件主要截面有十字形、工字形和少量钢管，其中最大板厚为80mm。钢材材质主要有Q355B和Q355GJC两种。焊接方式主要有横焊、平焊和立焊。

（2）施工准备。

①现场焊接工艺。

针对本工程的特点，采用二氧化碳气体保护焊的焊接工艺完成钢结构焊接。该焊接工艺具有渣—气联合保护的特点，可达到较好的焊接效果，能确保本工程的焊接质量。

②焊接设备的选择。

拟投入CPXS–600型二氧化碳焊机20台，TH–10型碳弧气刨4台，同时准备部分手工焊机进行辅助焊接。主要焊接设备及辅助设备实物图如表7–2所示。

主要焊接设备及辅助设备实物图　　表7-2

设备名称及实物图		主要用途
二氧化碳焊机		①十字形钢柱、工字形钢柱等柱，柱熔透对接焊； ② 钢梁与钢柱牛腿节点焊接； ③桁架杆件对接焊； ④钢梁与预埋件连接板立焊位置焊接
交流弧焊机		①构件安装、校正时临时措施焊接； ②其他辅助焊接
二氧化碳焊枪、二氧化碳流量计		①二氧化碳焊枪与二氧化碳气体保护焊机配套使用，可拆卸，施工方便； ②二氧化碳流量计直观地反映二氧化碳流量，便于控制焊缝处保护气体强度
碳弧气刨枪、空压机		①碳弧气刨枪用于焊缝修补，使用专用的空心碳棒，正极反接使用； ②配合碳弧气刨枪使用，为碳弧气刨枪提供高压空气
可控温焊条烘箱		①根据需要提供多种烘焙温度，保证焊接质量； ②专人值守，焊条领用必须进行登记； ③便携式焊条保温筒用于现场施焊时焊条保温，能够持续保温4h
红外线探温仪		厚板焊接时检测预热温度、层间温度、后热温度、保温温度等

续表

设备名称及实物图		主要用途
焊缝量规		焊接完成后进行焊高、焊脚、弧坑等自检工具
便携式超声波探伤仪		①焊接完毕，自检合格后24h进行内部缺陷无损探伤专业仪器； ②由有相应资质证书的专业人员进行操作

（3）焊接施工。

①焊接工艺流程，如图7-16所示。

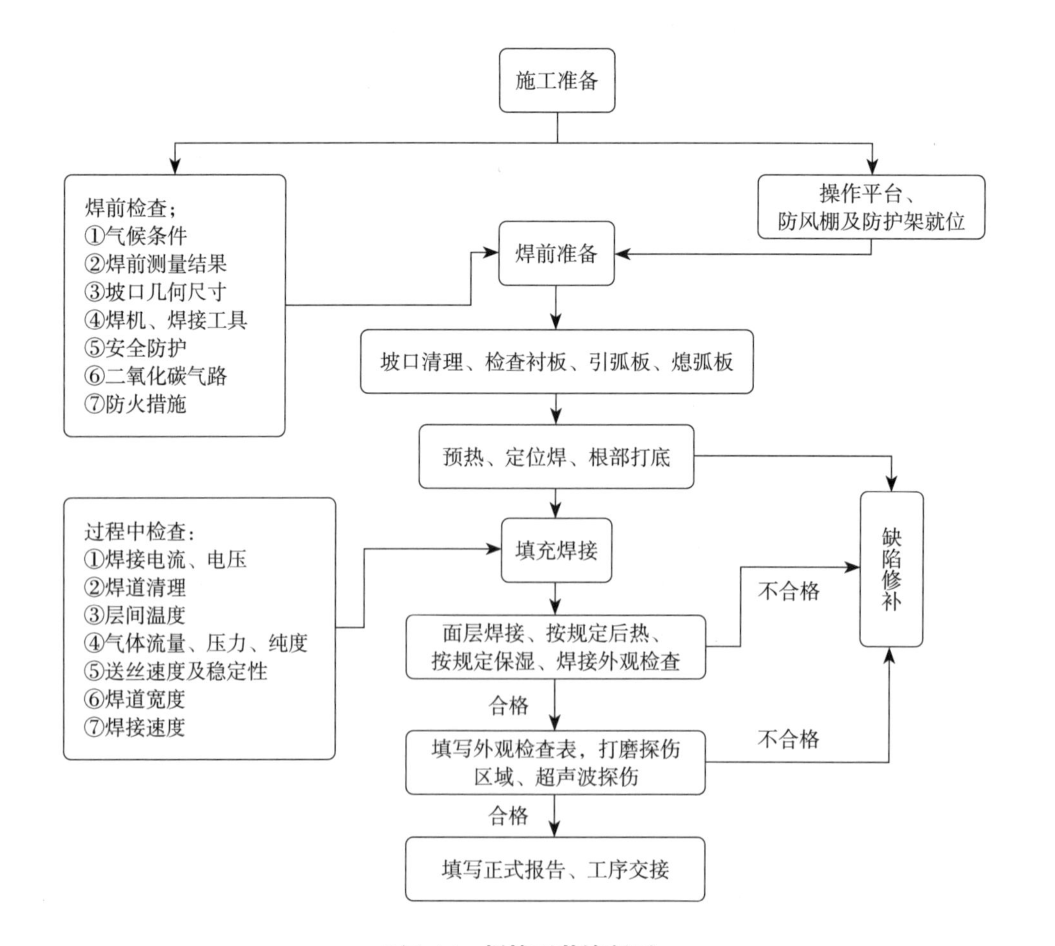

图7-16　焊接工艺流程图

②构件焊接顺序，见表7-3。

构件焊接顺序　　表7-3

<table>
<tr><th>类型</th><th>三维图</th><th>焊接顺序示意图</th></tr>
<tr><td rowspan="2">工字形柱对接焊接顺序</td><td>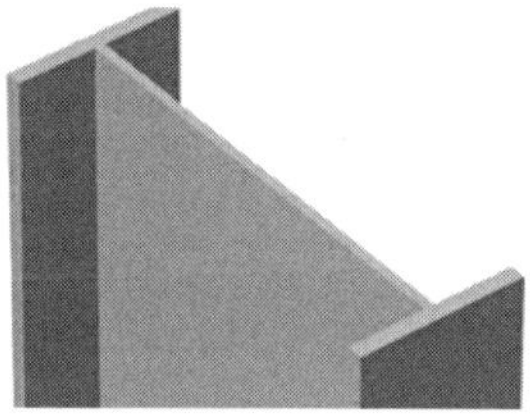</td><td>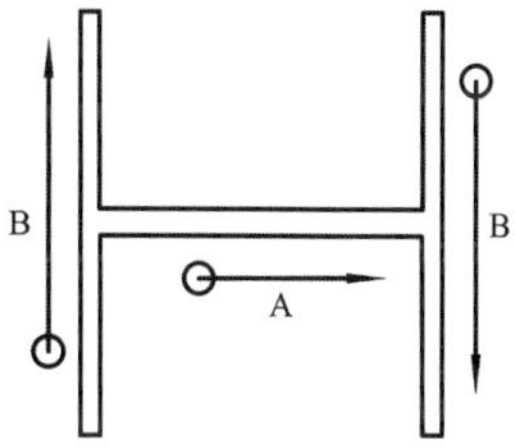
</td></tr>
<tr><td colspan="2">①首先焊腹板焊缝，然后两人同时焊接翼缘焊缝B；
②当腹板厚度较小时，可采用单面坡口焊；腹板厚度较大时，可采用双面坡口焊</td></tr>
<tr><td rowspan="2">十字形柱对接焊接顺序</td><td>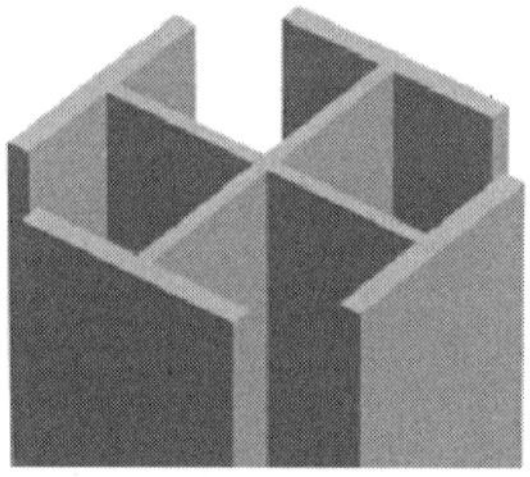</td><td>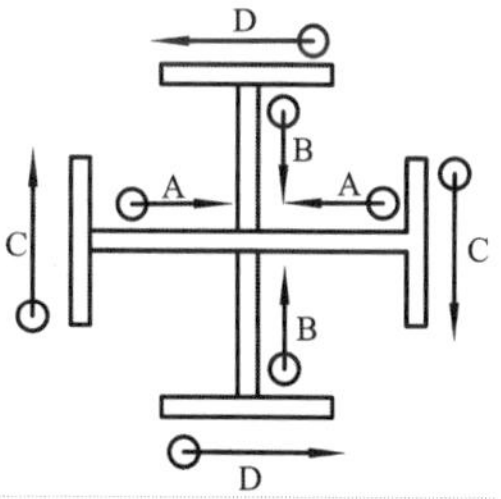
</td></tr>
<tr><td colspan="2">①两人同时对称焊接A焊缝，焊完后再同时焊接B焊缝；
②接着两人同时焊接C焊缝，焊完后再焊D焊缝</td></tr>
<tr><td rowspan="2">双十字形柱对接焊接顺序</td><td></td><td>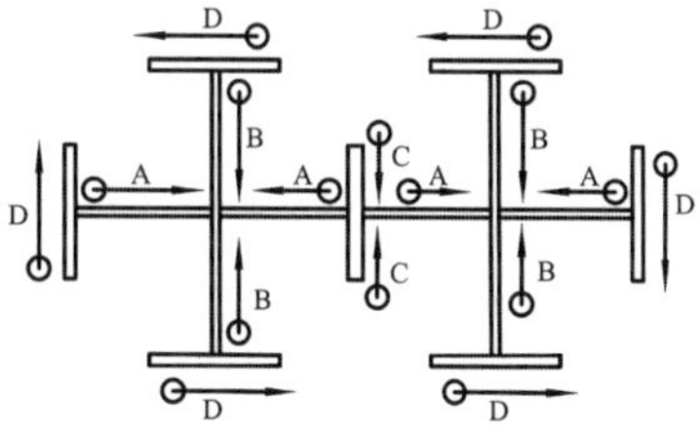
</td></tr>
<tr><td colspan="2">①两人同时对称焊接A焊缝，焊完后再同时焊接B焊缝；
②接着两人同时焊接C焊缝，焊完后再焊D焊缝</td></tr>
<tr><td rowspan="2">工字形梁，桁架对接焊接顺序</td><td></td><td>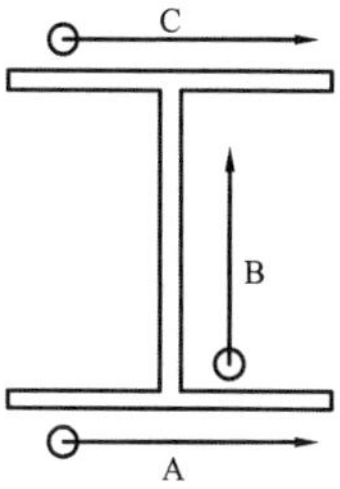
</td></tr>
<tr><td colspan="2">①每一道对接焊缝应该先焊下翼缘A，再焊接腹板焊缝B，最后焊上翼缘C；
②同一支梁两端的对接焊缝不容许同时施焊</td></tr>
</table>

续表

类型	三维图	焊接顺序示意图
箱形构件对接焊接顺序		A B　B A
	两人同时对称焊接A焊缝，焊完后再同时焊接B焊缝	

③焊接施工。

a．厚板焊接：二氧化碳气体保护焊时，气体流量宜控制在40～55L/min，焊丝外伸长20～25mm，焊接速度控制在5～7mm/s，熔池保持水准状态，运焊手法采用划斜圆方法，在焊缝起点前方50mm处的引弧板上引燃电弧，然后运弧进行焊接施工。全部焊段尽可能保持连续施焊，避免多次熄弧、起弧。穿越安装连接板处工艺孔时必须尽可能将接头送过连接板中心，接头部位均应错开。

b．二氧化碳气体保护焊熄弧时，应待保护气体完全停止供给、焊缝完全冷凝后方能移走焊枪。禁止电弧刚停止燃烧即移走焊枪，使红热熔池暴露在大气中，失去二氧化碳气体保护。

c．填充层：在进行填充焊接前应清除首层焊道上的凸起部分及引弧造成的多余部分，填充层焊接为多层多道焊，每一层均由首道、中间道、坡边道组成。首道焊丝指向向下，其倾角与垂直角成50°左右；次道及中间道焊缝焊接时，焊丝基本呈水平状，与前进方向呈80°～85°夹角；坡边道焊接时，焊丝上倾50°。每层焊缝均应保持基本垂直或上部略向外倾，焊接至面缝层时，应注意均匀地留出上部1.5mm、下部2mm深度的焊角，便于盖面时能够看清坡口边。

d．层间清理：采用直柄钢丝刷、剔凿、扁铲、榔头等专用工具，清理渣膜、飞溅粉尘、凸点，卷搭严重处采用碳刨刨削，检查坡口边缘有无未熔合及凹陷夹角，如有，必须用角向磨光机除去。修理齐平后，复焊下一层次。

e．面层焊接：直接关系到该焊缝外观质量是否符合质量检验标准，开始焊接前应对全焊缝进行修补，消除凹凸处，尚未达到合格处应先予以修复。面缝焊接前，在试弧板上完成参数调试，清理首道缝部的基台，必要时采用角向磨光机修磨成宽窄基本一致、整齐易观察的待焊边沿，自引弧段始焊在引出段收弧。焊肉均匀地高出母材2～2.5mm，以后各道均匀平直地叠压，最后一道焊速稍稍不时向后方推送，防止高温熔液坠落塌陷形成类似咬肉类缺陷。

f．焊接过程中：焊缝的层间温度应始终控制在100～150℃，施焊过程中因出现修补缺陷、清理焊渣而需停焊的情况造成了温度下降，必须进行加热处理，达到规定值后方能继续焊接。焊缝出现裂纹时，焊工应报告焊接技术负责人，查清原因，确定修补措施后，方可进行处理。

g．焊后热处理及防护措施：母材厚度25～80mm的焊缝，必须立即进行后热保温处理，后热应在焊缝两侧各100mm宽幅均匀加热，加热时自边缘向中部，又自中部向边缘、由低向高均匀加热，严禁持热源集中指向局部，后热消氢处理加热温度为250～350℃，保温时间应依据工件板厚，按每25mm板厚1h确定。达到保温时间后应缓冷至常温。

h．焊后清理与检查：焊后应清除飞溅物与焊渣，并用焊缝量规、放大镜对焊缝外观进行检查，不得有凹陷、咬边、气孔、未熔合、裂纹等缺陷，做好焊后自检记录，自检合格后鉴上操作焊工的编号钢印，钢印应鉴在接头中部距焊缝纵向50mm处，严禁在边沿处鉴印，防止出现裂源。

i．焊缝的无损检测：焊件冷至常温≥24h后，进行无损检验，检验方式为超声（UT）检测，检验标准应符合《钢焊缝手工超声波探伤方法和探伤结果分级》（GB/T 11345）规定的检验等级并出具探伤报告。

3．高强度螺栓施工。

本工程高强度螺栓选用摩擦高强度螺栓，直径有M20、M22、M24、M27四种，性能等级为10.9级，构件接触面采用喷砂（丸）处理。

（1）高强度螺栓安装流程（图7–17）。

（2）施工准备。

高强度螺栓施工最主要的施工机具是高强度螺栓电动扳手，用途如表7–4所示。

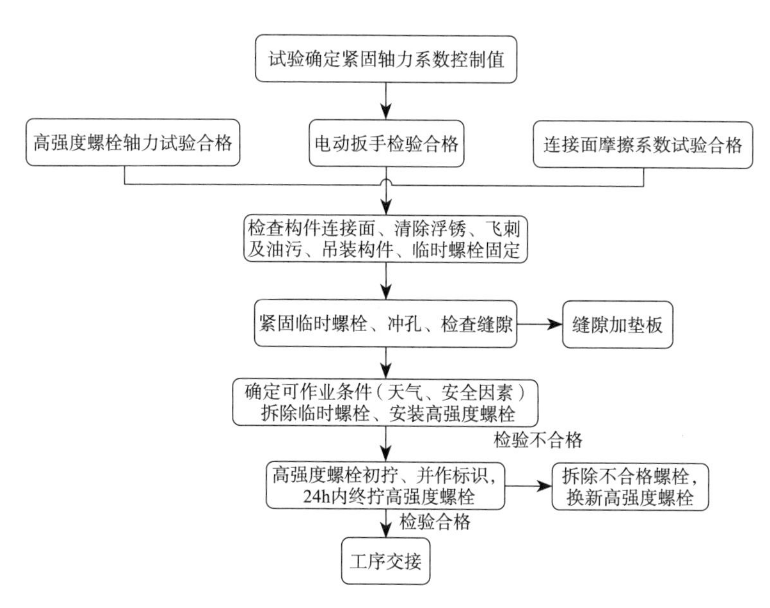

图7–17　高强度螺栓安装流程图

主要施工机具　　　　表7-4

电动工具		
名称	扭矩型电动高强度螺栓扳手	角磨机
图例		
用途	用于高强度螺栓初拧、终拧	用于清除摩擦面上浮锈、油污等
手动工具		
名称	钢丝刷	手工扳手
图例		
用途	用于清除摩擦面上浮锈、油污等	用于普通螺栓及安装螺栓初、终拧

（3）安装工艺及方法。

①高强度螺栓紧固顺序。

装配和紧固接头时，应从安装好的一端或刚性端向自由端进行；高强度螺栓的初拧和终拧，都要遵循一定的紧固顺序进行，从螺栓群中央开始，依次由里向外、由中间向两边对称进行，逐个拧紧。紧固顺序如图7-18所示。

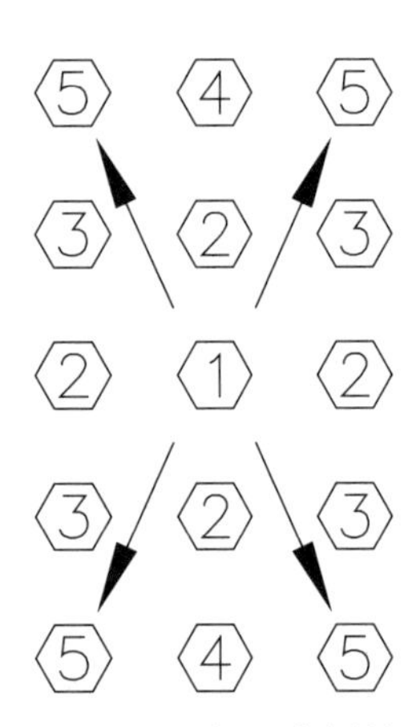

图7-18　高强度螺栓的紧固顺序示意图

②接触面缝隙超规的处理。

高强度螺栓安装时应清除摩擦面上的铁屑、浮锈等污物，摩擦面上不容许存在钢材卷曲变形及凹陷等现象。安装时应注意连接板是否紧密贴合，对因钢板厚度偏差或制作误差造成的接触面间隙，按表7-5方法进行处理。

接触面缝隙超规的处理方法　　　　表7-5

间隙大小	处理方法	处理图例
1mm以下	不作处理	连接板

续表

间隙大小	处理方法	处理图例
3mm以下	将高出的一侧磨成1∶5的缓度，使间距小于1.0mm	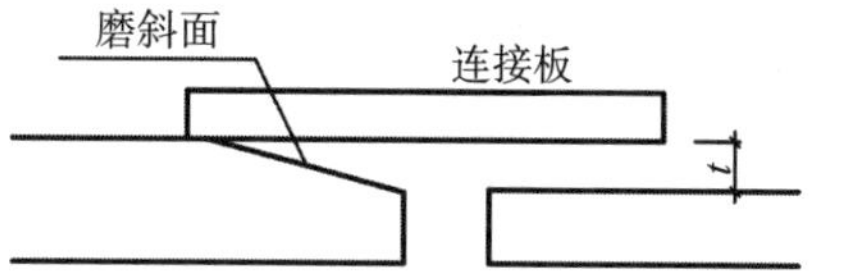 磨斜面 连接板
3mm以上	加垫板，垫板厚度不小于3mm，最多不超过二层，垫板材质和摩擦面处理方法应与构件相同	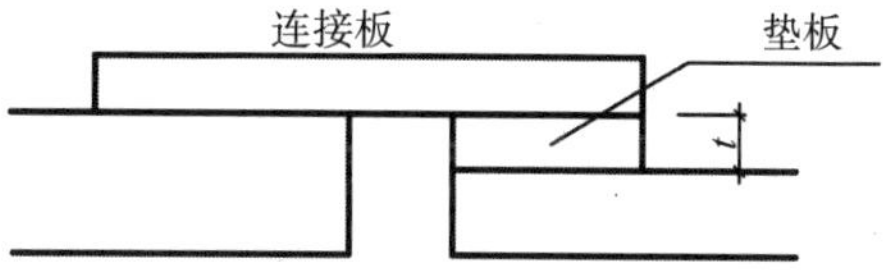 连接板 垫板

③安装临时螺栓。

a. 当构件吊装就位后，先用橄榄冲对准孔位（橄榄冲穿入数量不宜多于临时螺栓的30%），在适当位置插入临时螺栓，然后用扳手拧紧，使连接面结合紧密；

b. 临时螺栓安装时，不要使杂质进入连接面；

c. 螺栓紧固时，遵循从中间开始，对称向周围进行的顺序；

d. 临时螺栓的数量不得少于本节点螺栓安装总数的30%且不得少于2个临时螺栓；

e. 不容许使用高强度螺栓兼作临时螺栓，以防损伤螺纹引起扭矩系数的变化；

f. 一个安装段完成后，经检查确认符合要求方可安装高强度螺栓。

④安装高强度螺栓。

a. 当构件吊装到位后，先用超过1/3高强度螺栓数量的普通螺栓（替代高强度螺栓）穿入螺栓孔中（注意不要让杂物进入连接面），然后用手动扳手将螺栓拧紧，使连接面紧密接合。

b. 本工程高强度螺栓分两次拧紧，第一次初拧按终拧扭矩值的50%拧紧，第二次终拧到100%扭矩值。同一高强度螺栓初拧和终拧的时间间隔不得超过一天。

ⓐ初拧。将高强度螺栓穿入孔中，并将替代螺栓换掉，然后用手动扳手或电动扳手拧紧，使连接面紧密贴合。初拧时用油漆逐个标记，防止漏拧；

ⓑ终拧。螺栓的终拧由电动扭矩扳手完成，其终拧力矩由力矩控制设备控制，确保达到要求的最小力矩。当电动扭矩扳手达到预先设置的力矩后，其力矩控制开关自动关闭。扭矩扳手的力矩设置好后，只能用于指定的地方。

c. 安装注意事项：

ⓐ雨天不得安装，摩擦面和螺栓上不得有水及污染物，并要注意气候变化的影响；

ⓑ工厂制作时在节点部位不应涂装油漆，安装前应对钢构件的摩擦面进行除锈；

ⓒ螺栓穿入方向一致，品种规格应按照设计要求进行安装；

ⓓ终拧检查完毕的高强度螺栓节点及时进行油漆封闭。

7.2

深圳中航中心裙房钢结构

7.2.1　工程概况

本项目总用地面积53568.60m^2，由地下室、裙房及上部8栋塔楼组成，集商业及住宅为一体的城市综合体项目，总建筑面积为381953.56m^2，其中地下总面积111090.78m^2，地上总面积270862.78m^2（其中商业建筑面积70251.71m^2）。本工程钢结构部分主要分布在裙楼，由二、三层钢梁平台、三层消防通道及连廊、四层采光顶及钢梁、四层钢飘架、楼电梯及造型柱、入口钢构架等组成。用钢量总计约1600t。三维效果如图7-19所示。

本工程钢结构中H型钢、钢管等主材及相关连接件采用Q355B材质，楼承板采用Q235材质、厚0.75mm和0.9mm两种类型的DB65-254-762型压型钢板，预埋件采用Q235B材质，高强度螺栓采用摩擦型10.9级扭剪型高强度螺栓，普通螺栓采用4.6级-C级六角头螺栓。

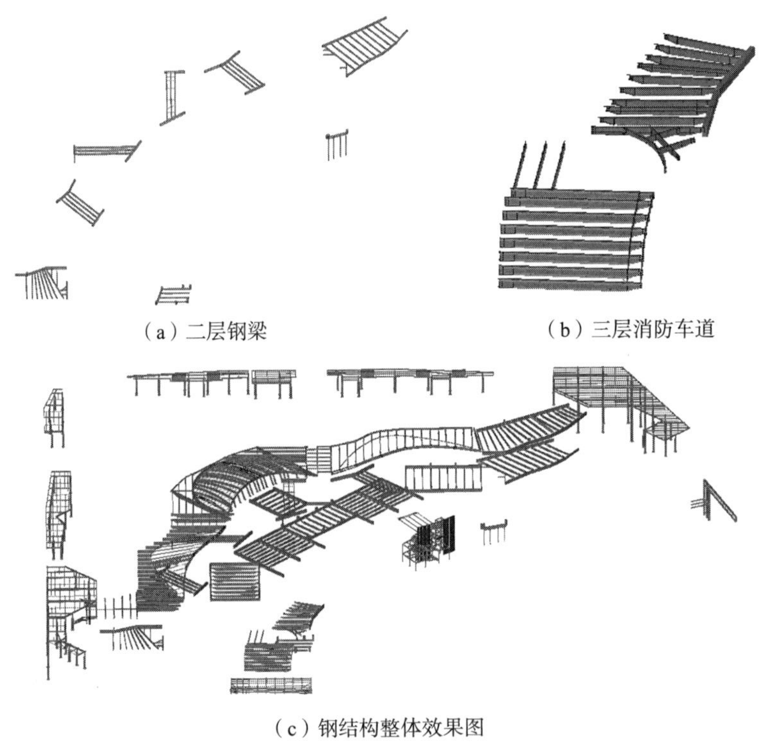

（a）二层钢梁　（b）三层消防车道

（c）钢结构整体效果图

图7-19　三维效果示意图

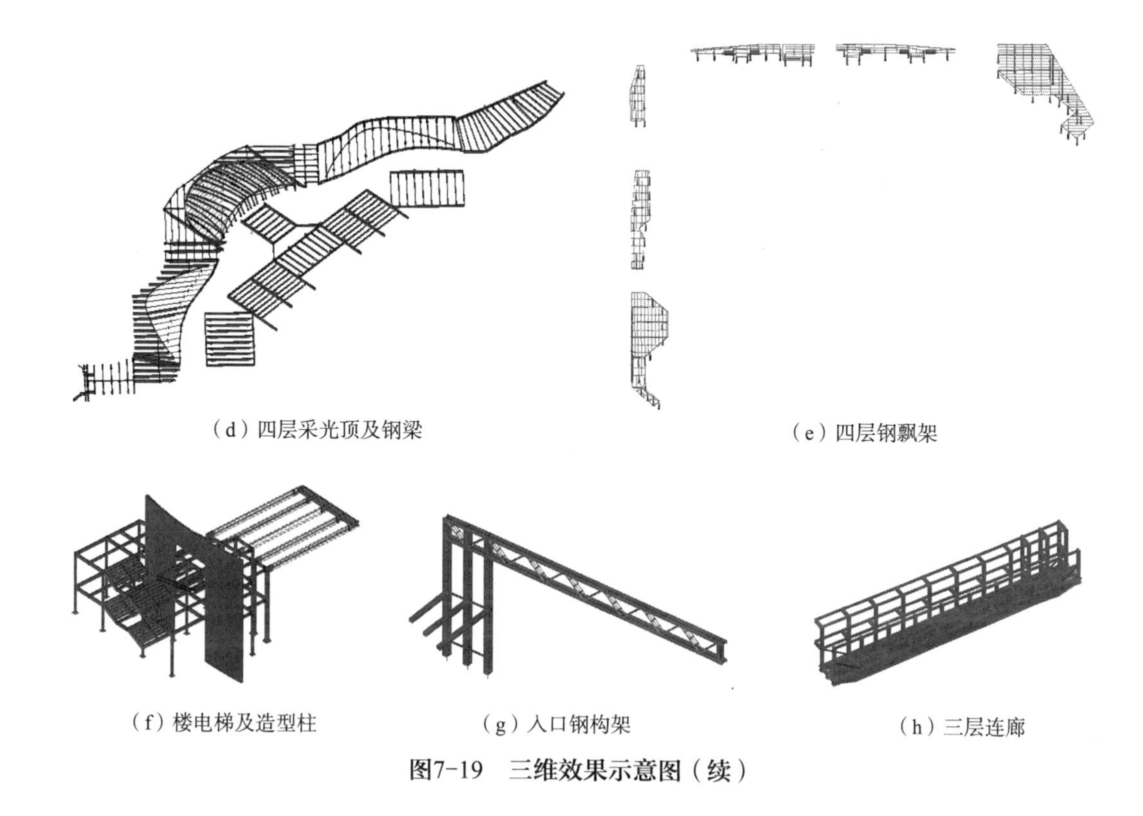

（d）四层采光顶及钢梁　（e）四层钢飘架

（f）楼电梯及造型柱　（g）入口钢构架　（h）三层连廊

图7-19　三维效果示意图（续）

7.2.2　典型构件制作工艺

1. 钢结构主要构件及特征。

本工程中钢结构主要构件截面有矩形、方形、圆形、工字形等几种形式，如表7-6所示。

钢结构主要构件及特征　表7-6

类别	构件截面示意图	构件截面尺寸（mm）	材质	分布位置
焊接矩形钢		450 × 240 × 14 × 14 800 × 300 × 16 × 20 1500 × 400 × 30 × 40 500 × 300 × 20 × 20	Q355B	造型柱 入口钢构架 四层钢梁 观光梯钢构架
方形钢		□350 × 350 × 16 × 16 □200 × 200 × 6 × 6 □ 200 × 200 × 10 × 10 □ 200 × 200 × 12 × 12 □ 140 × 140 × 6 × 6 □140 × 140 × 4 × 4	Q355B	造型柱 入口钢构架 四层钢梁 观光梯钢构架

续表

类别	构件截面示意图	构件截面尺寸（mm）	材质	分布位置
直缝焊管		$\phi600\times10$ $\phi600\times12$ $\phi500\times20\sim\phi700\times12$ $\phi500\times28\sim\phi700\times12$	Q355B	四层钢梁 四层钢飘架 造型柱
工字形钢		H–300 × 150 × 10 × 12 H–400 × 240 × 10 × 16 H–500 × 200 × 12 × 16 H–600 × 200 × 12 × 16 H–700 × 250 × 14 × 18 H–800 × 250 × 16 × 22 H–900 × 300 × 16 × 22 H–1000 × 300 × 16 × 28 H–1100 × 400 × 20 × 20 H–1400 × 400 × 20 × 30 HN–400 × 200 × 8 × 13 HN–300 × 150 × 6.5 × 9 等	Q355B	二、三层钢梁平台 二、三层钢梁 三层消防车道 钢桥及楼电梯 入口钢构架 四层钢梁 四层钢飘架 三层连廊

2. 节点连接形式。

本工程中构件节点的主要连接形式，如表7–7所示。

节点的主要连接形式 **表7–7**

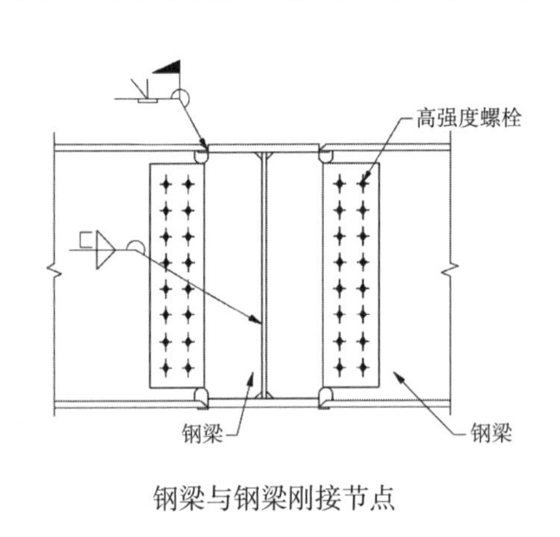

钢梁与钢梁刚接节点

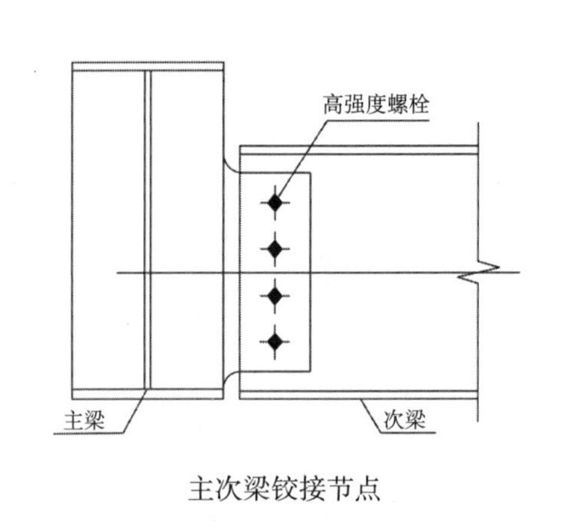

主次梁铰接节点

续表

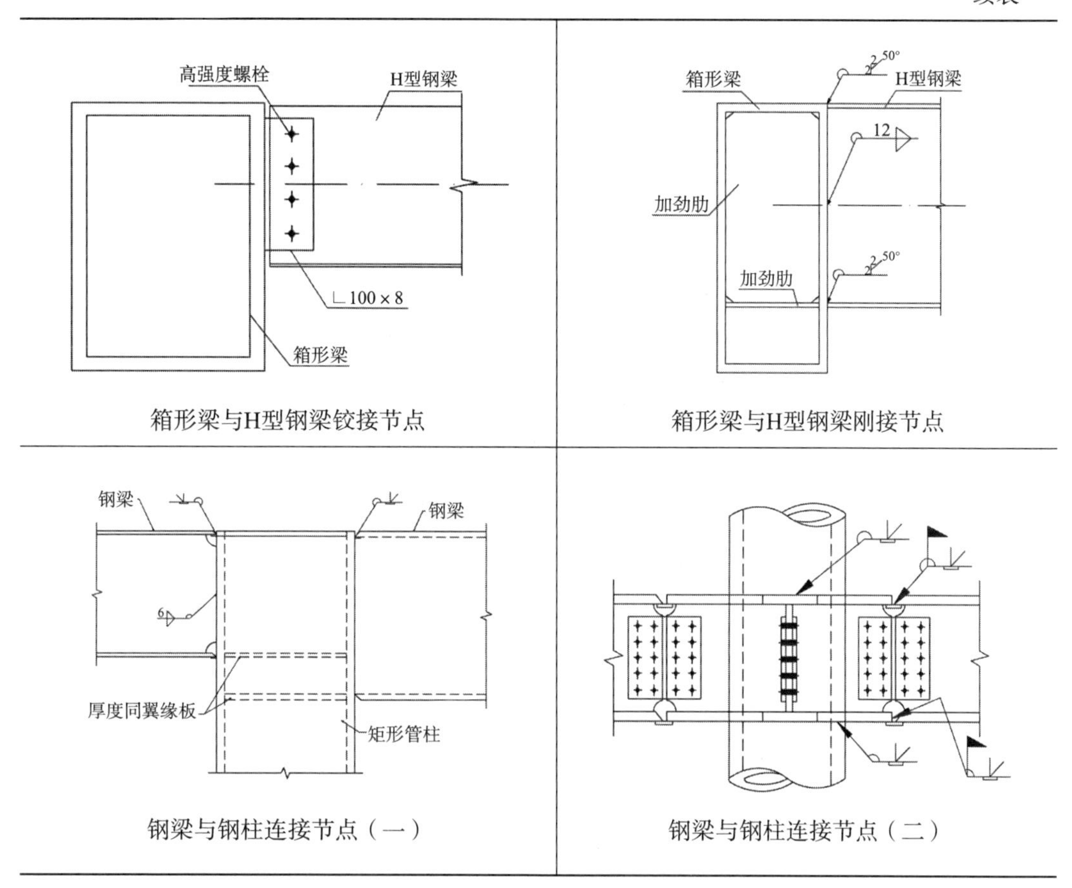

箱形梁与H型钢梁铰接节点	箱形梁与H型钢梁刚接节点
钢梁与钢柱连接节点（一）	钢梁与钢柱连接节点（二）

7.2.3　钢结构安装措施

1. 钢结构埋件安装措施。

（1）柱脚锚栓埋设。

①地脚螺栓安装概述。

本工程中预埋件锚栓安装工艺流程如下：

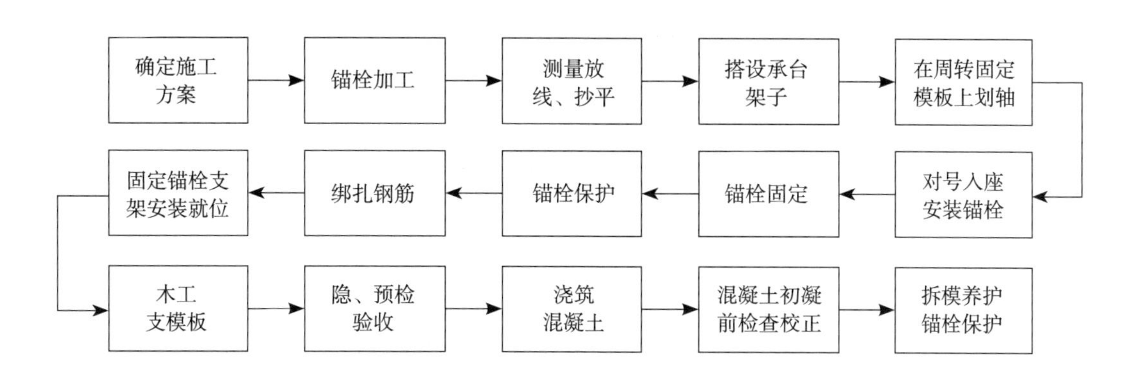

柱脚螺栓埋设的注意事项或要点参照本书“7.1 航天科技广场钢结构”中相关规定。

②锚栓埋设固定形式。

锚栓埋设固定施工时，采用套板进行定位，套板采用10mm钢板，中间开洞并用限位钢筋，锚栓之间用两道直径10mm钢筋进行焊接固定，如图7-20所示。

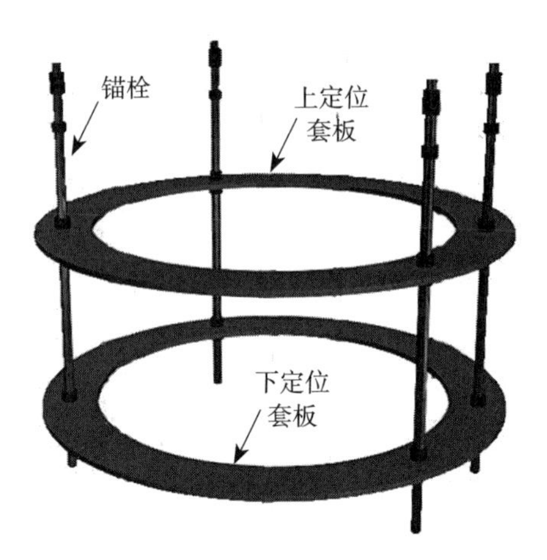

图7-20　锚栓预埋示意图

（2）预埋件安装控制。

①锚栓定位控制。预埋件在钢筋绑扎时进行埋设，待测量校正完成后将预埋件与绑扎好的钢筋焊接固定在一起，保证不产生偏移。

②利用土建施工测量控制网和在混凝土柱模板上弹设的定位墨线标识，作为对锚栓埋设的测量控制基准。

③在两块锚栓定位套板上精确弹放出轴线控制标识，并选上套板四个角作为标高控制点，如图7-21所示。

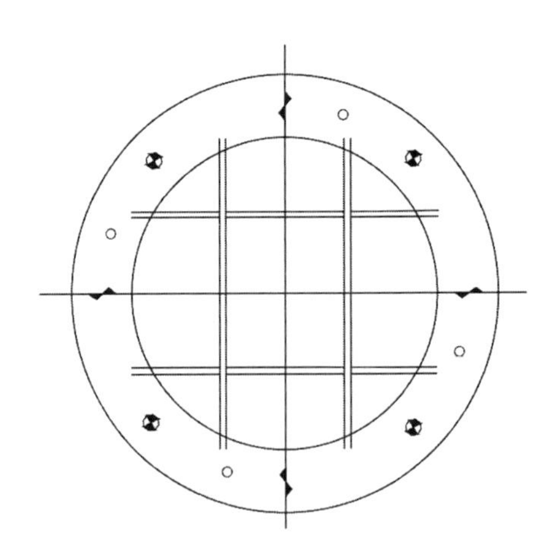

图7-21　锚栓定位板控制点布置图

④分四步对锚栓进行测量控制，首先用经纬仪、水准仪和线坠先对定位套板进行安装定位测量；其次待锚栓就位好固定前进行测量，主要测轴线位置、锚栓对角线和锚栓顶部标高；再次在浇混凝土前对锚栓进行测量校核；最后在浇完混凝土进行锚栓的埋设成果测量，并在混凝土面弹出定位墨线。

⑤预埋件顶板定位控制，安装前，仍利用已有的测量控制网对锚栓进行轴线和标高复核，然后测量混凝土面标高，在埋件顶板范围内，利用埋件四角锚杆上的四个调节螺控制埋件的水平标高。

（3）锚栓埋设精度要求，见表7–8。

锚栓埋设精度要求　　表7–8

项目		容许偏差（mm）
支承面	标高	± 3.0
	水平度	L/1000
地脚锚栓	锚栓中心偏移	5.0
锚栓露出长度		+30
螺纹长度		+30

注：L为锚栓总长度。

2. 钢柱的安装措施。

（1）安装注意要点。

①上部钢柱吊装前，下节钢柱顶面和本节钢柱底面的渣土和浮锈要清除干净，保证上下节钢柱对接面接触顶紧。

②钢柱吊装到位后，上、下节钢柱的中心线应吻合，活动双夹板平稳插入下节钢柱对应的安装耳板上，穿好连接螺栓，固定临时连接夹板，利用千斤顶进行校正。

③校正时应对轴线、垂直度、标高、焊缝间隙等因素进行综合考虑，全面兼顾，每个分项的偏差值都要达到设计及规范要求。

④利用钢柱的临时连接耳板作为吊点，吊点必须对称设置，确保钢柱吊装时为垂直状。

⑤上部钢柱之间的连接板校正、焊接完毕后，将连接板割掉，打磨光滑，并涂上防锈漆。割除时不要伤害母材。

⑥起吊前，钢构件应横放在垫木上，起吊时，不得使构件在地面上有拖拉现象，回转时，需要一定的高度。起钩、旋转、移动三个动作交替进行，就位时缓慢下落，防止擦坏螺栓丝口。

⑦每节钢柱的定位轴线应从底面控制直线直接从基准线引上，不得从下层柱的轴线引上；结构的楼层标高可按相对标高进行，安装第一节柱时从基准点引出控制标高在混凝土基础或钢柱上，以后每次使用此标高，确保结构标高符合设计及规范要求。

（2）吊装准备。

根据钢构件的重量及吊点情况，准备好不同规格的钢丝绳和卡环，还有倒链、揽风绳、爬梯、工具包、榔头以及扳手等机具。

钢柱的分节原则需要考虑到塔式起重机的起重能力，按照两层一节分段，每节重量都要在塔式起重机的起重能力范围内并留有10%的富余能力。

（3）吊点设置。

钢管柱吊点的设置需考虑吊装简便，稳定可靠。故直接用钢管柱上端的连接板作为吊点，为穿卡环方便，在深化设计时就将连接板最上面的一个螺栓孔的孔径加大，作为吊装孔，如图7–22和图7–23所示。为了保证吊装平衡，在吊钩下挂设4根足够强度的单绳进行吊运。

图7–22　吊耳设置示意图

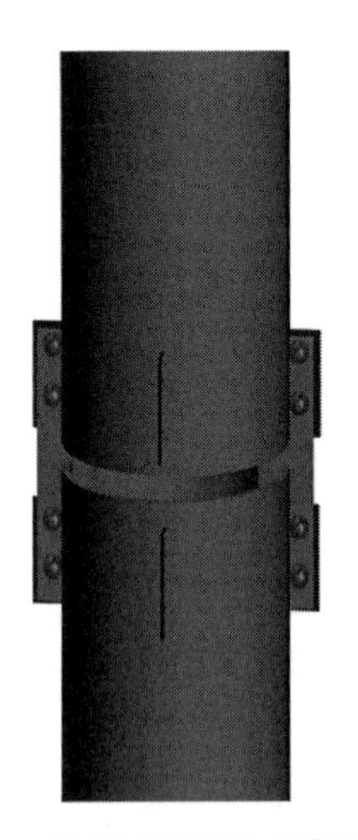

图7–23　临时连接板示意图

（4）柱顶操作架搭设。

钢柱吊装时，为保证操作人员的安全，钢柱顶部采用型钢组成的可装配式操作架，既方便组装，又可以循环使用。操作架分为两块，钢柱吊装时装配在柱顶，待吊装焊接工作完成后，将操作架拆卸为两部分吊至地面，循环使用。柱顶操作平台如图7–24所示。

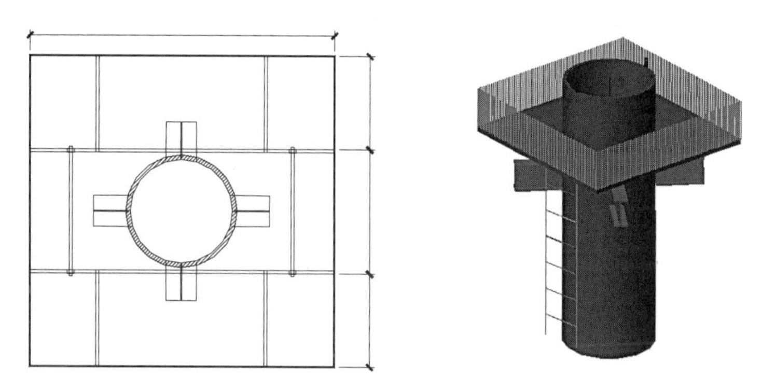

图7-24　柱顶操作平台设计示意图

（5）钢柱安装措施。

①钢柱连同操作平台，爬梯一起吊运至安装点，见图7-25（a）；

②与预埋柱脚临时连接，采用缆风绳、倒链调整垂直度，用经纬仪检查钢柱的垂直度，见图7-25（b）。

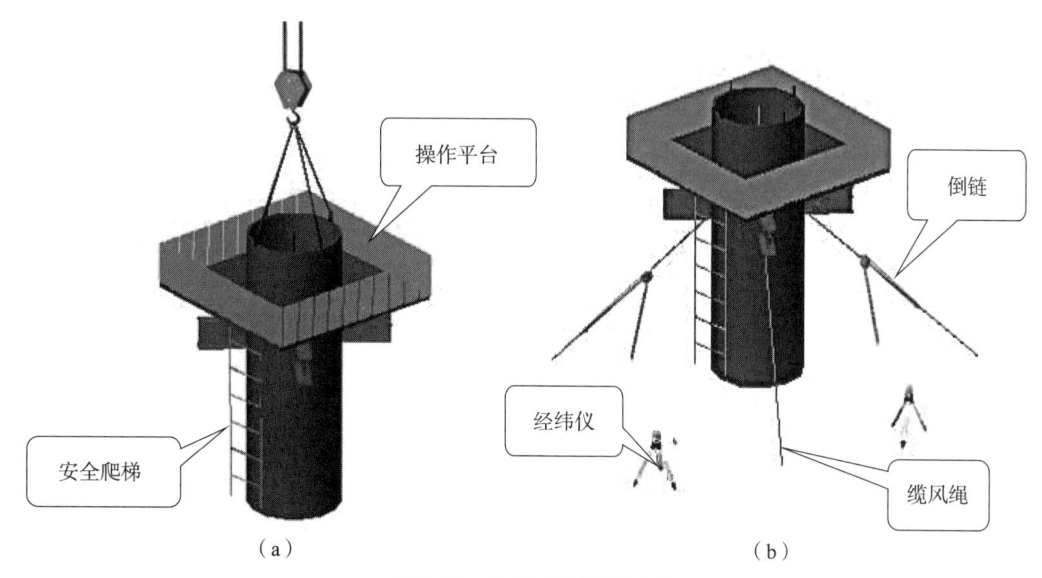

图7-25　钢柱安装示意图

3. 钢梁安装措施。

（1）钢梁安装原则。

①钢梁的安装随钢柱的安装顺序进行。

②相应钢柱安装完毕后，与相连接的钢梁应及时安装，这样才能够形成稳定的结构体系，每天安装完成的钢柱及时用钢梁连接成整体，不能及时连接的应拉设缆风绳进行临时固定。

③钢梁安装应当按照先主梁后次梁，先下层后上层的顺序进行，当完成上一区域后，才能开始下一区域的施工。

（2）钢梁安装注意事项。

①吊装耳板及吊装孔设计。

为了方便钢梁的现场安装施工并保证安全，在工厂内就应在钢梁上翼缘相应位置处焊接好吊耳或是进行开吊装孔。钢梁上翼缘设计吊耳或开吊装孔的具体原则见表7–9。通常，吊耳或吊装孔会设置在与钢梁端头相距钢构件$L/4$长度处。

开吊装孔或设计吊耳原则　　表7–9

钢梁重量		＜4.0t	≥4.0t
翼缘厚度	≤16mm	开吊装孔	设吊耳
	＞16mm	设吊耳	设吊耳

②钢梁的绑扎、起吊。

钢梁吊装绑扎方法是建筑工程中重要的环节，正确的绑扎方法能够确保钢梁的安全吊装和稳定安装。在进行钢梁吊装时，要选择合适的绑扎工具，按照正确的绑扎顺序进行操作，并注意细节和注意事项，以确保吊装过程的安全性和可靠性。

同时，要加强沟通和协调，保持吊装现场的秩序和安全，减少事故的发生。最后，在吊装完成后，要进行全面的检查，确保钢梁的安装质量和安全状态。

为方便现场安装，确保吊装安全，钢梁在工厂加工制作时，应在钢梁上翼缘部分开吊装孔或焊接吊耳，吊点到钢梁端头的距离一般为构件总长的1/4。具体原则如下：

a. 重量小于4.0t，且翼缘板厚≤16mm，钢梁面对称开吊装孔，如图7–26（a）所示；

b. 重量大于4.0t，焊接吊装耳板，如图7–26（b）所示。

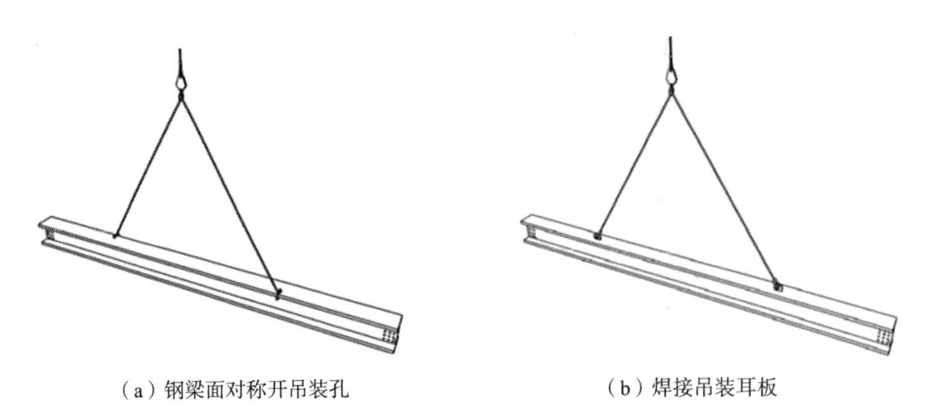

（a）钢梁面对称开吊装孔　　（b）焊接吊装耳板

图7–26　钢梁采用两根单绳起吊示意图

③钢梁的就位与临时固定。

钢梁吊装到位后，按施工图进行就位，并要注意钢梁的靠向（图7–27）。钢梁就位时，先用冲钉将梁两端孔对位，再用安装螺栓拧紧。安装螺栓数量不得少于该节点螺栓总数的30%，且不少于3颗。

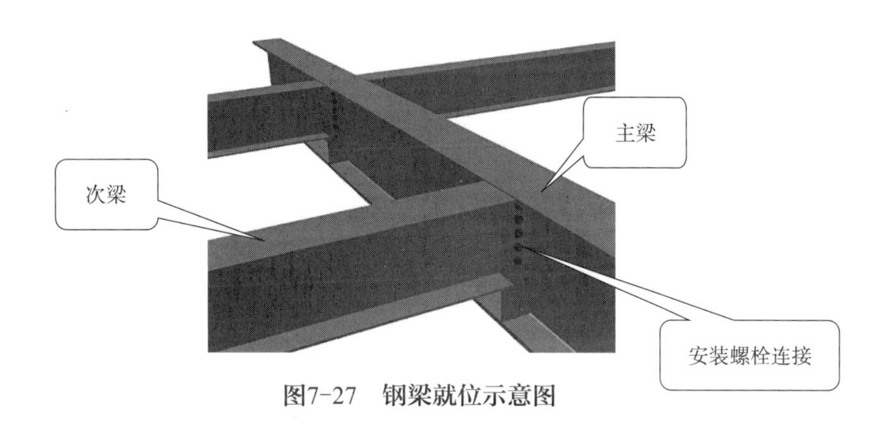

图7–27　钢梁就位示意图

④钢梁其他安装注意事项。

a．地下室及楼层钢梁起吊前应清理干净钢梁上所留污物；

b．钢梁安装时应检查钢梁与连接板的贴合方向；

c．钢梁的吊装顺序应及时形成框架，保证框架的垂直度，为后续钢梁的安装提供方便；

d．处理产生偏差的螺栓孔时，只能采用绞孔机扩孔，严禁采用气割扩孔；

e．安装时应用临时螺栓进行临时固定，不得将高强度螺栓直接穿入。

（3）钢梁安装措施。

①吊篮制作。

吊篮可以采用ϕ12mm圆钢制作（图7–28），要求轻便实用，焊接无缺陷，制作验收合格后方可使用。

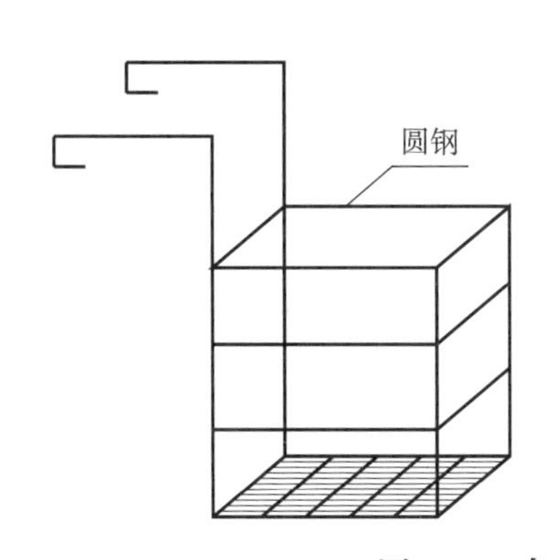

图7–28　自制吊篮示意图

②钢梁上安全绳措施。

楼层钢梁吊装前，在钢梁两端的地面上要用脚手管拉设安全绳，即钢梁两端分别安装脚手管，脚手管间拉设安全绳，如图7–29和图7–30所示。

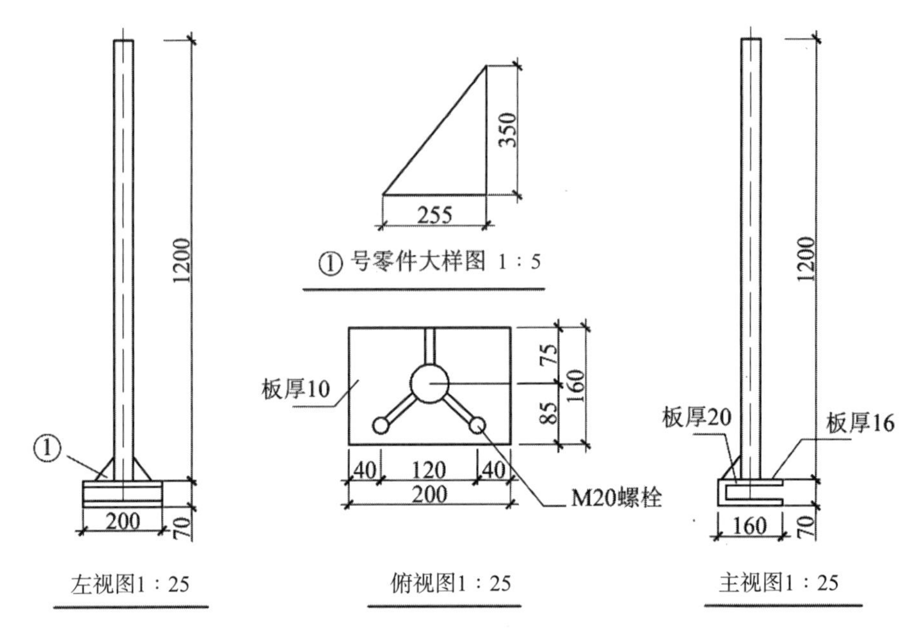

图7–29 安全绳防护立杆加工图

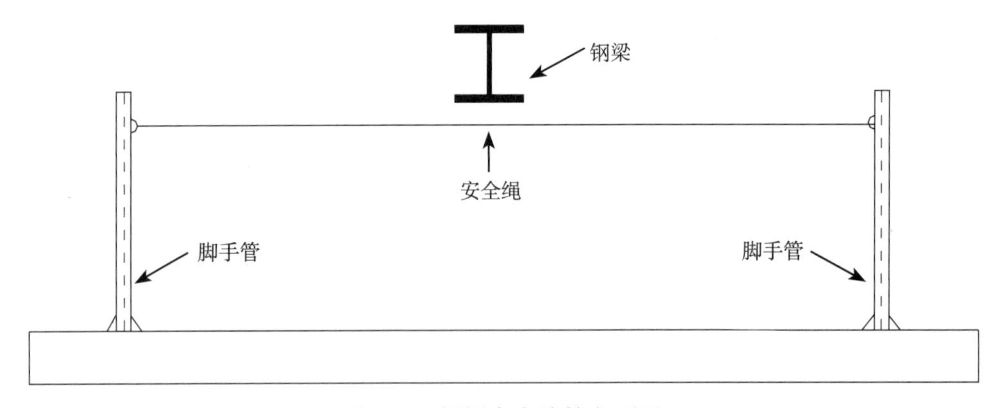

图7–30 钢梁安全防护立面图

7.3 南宁东盟馆空间钢结构

7.3.1　工程概况

东盟馆位于广西壮族自治区南宁市邕宁区顶蛳山地块，建筑高度35m，建筑面积7280m^2。东盟馆2号～11号设计理念为新派仿古园林桥梁建筑，是由10个侗族鼓楼通过桥面层连接而成的多穹顶风雨桥建结构，各个单体在桥面层以下又分隔成独立个体。主体建筑为钢结构+混凝土结构，装饰装修主要为幕墙、铝板等，结构、装饰等各种构件约8万个。东盟馆实景如图7–31所示。

图7–31　东盟馆实景图

东盟馆钢结构效果如图7–32所示。东盟馆钢结构形式为空间钢结构，包括东盟十国各国的展览馆，每个展馆270m^2，每个展厅地上3层，建筑高度27.6m，结构形式复杂，绝大部分钢柱为矩形弯弧构件。主要材质为Q355B，用钢量约2500t。

东盟馆单体整体结构呈异形，且大部分钢构件为弧形构件，如何提高现场施工安装速度、精度，减少了临时支撑用量，是东盟馆施工的难点。

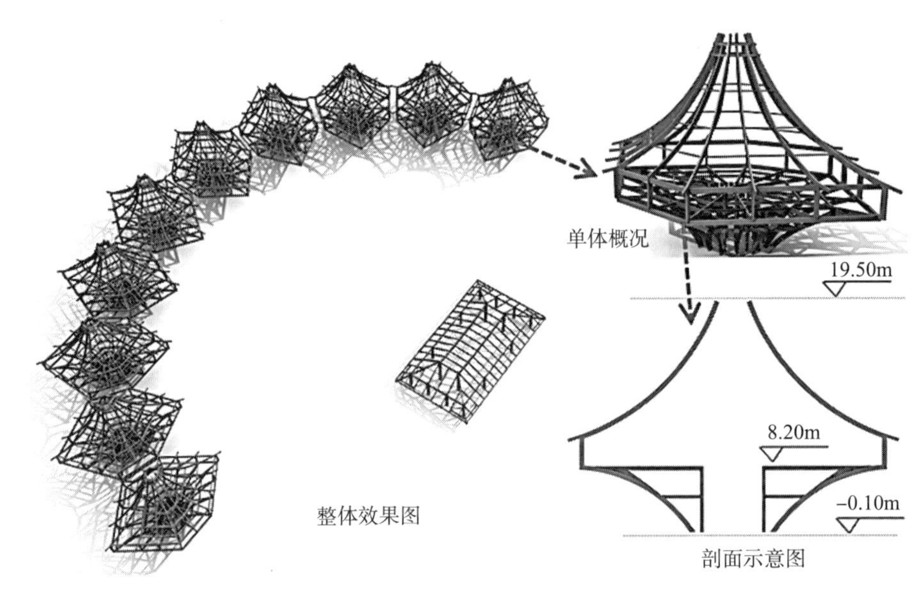

图7-32 东盟馆钢结构效果图

7.3.2 多连体穹顶钢结构的单体施工技术

1. 基于BIM技术异形钢结构吊装施工及放样监测。

针对东盟馆造型独特、新颖，构件形式多，节点复杂且标高不一，施工部署复杂，空间三维定位测量难度大、安装精度要求高等特点，采用Takle软件、BIM管理和MidasGen有限元软件数值分析，对安装全过程进行施工吊装模拟分析，选择合理钢构件安装顺序及施工组织，确定吊装单元及吊点设计，如表7-10所示。

安装过程应用基于高精度全站扫描技术的钢构件数字预拼装及高空监测技术，对现场的拼装胎架进行三维扫描，快速定位及调平钢构，并对关键部位进行原位监测，记录结构变形数据，为下一步安装提供依据。

施工吊装过程模拟 表7-10

第一步：钢柱预埋件安装		第二步：采用汽车起重机吊装两侧对角处箱形钢柱并拉设缆风绳	
第三步：依次向两侧安装钢柱钢梁		第四步：内圈钢柱及钢梁吊装完成	

续表

第五步：吊装第一个拼装单元（钢梁与第1节弧形钢柱拼装单元）		第六步：在支撑胎架设置操作平台、安装下部第2节弧形钢柱	
第七步：吊装2层钢梁并校正		第八步：两侧依次安装第二跨弧形柱及钢梁	
第九步：安装两跨异型钢柱钢梁之间的次梁		第十步：依次往汽车起重机站位方向安装下部弧形钢柱及钢梁	
第十一步：汽车起重机移位到展馆另一侧继续安装弧形钢柱及钢梁		第十二步：根据上述施工顺序依次安装完成下部弧形钢柱及钢梁	
第十三步：安装-0.100m处第一根钢柱（对称安装），同时安装中心位置支撑胎架		第十四步：现场将屋盖弧形钢柱拼装成整体并安装上部弧形钢柱	
第十五步：依次安装第二根屋盖弧形钢柱		第十六步：安装屋盖弧形钢柱之间钢梁	
第十七步：安装上述顺序依次安装完成屋盖弧形钢柱及钢梁		第十八步：安装没有短柱部位钢梁	
第十九步：安装弧形钢柱，弧形钢柱与下面钢梁刚接		第二十步：安装弧形钢柱之间的次梁	
第二十一步：单个场馆钢结构吊装施工完成，卸载临时支撑胎架	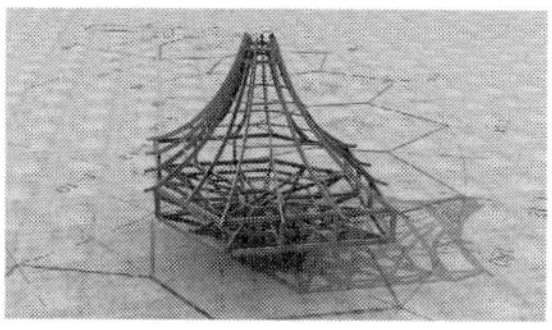		

2．装配格构式支撑胎架设计与应用。

根据朱瑾花穹顶造型结构特征，采用有限元软件设计制作多角度支撑系统，计算构件就位时的胎架受力情况，对整个吊装施工过程进行模拟施工验算，吊装时能够对弧形钢构件起到约束作用，同时通过结构变形、应力以及临时支撑的受力情况，指导吊点位置、临时支撑结构形式、布置位置及卸载顺序。使穹顶造型的吊装、组拼、焊接、测量校正、油漆等工序可在同一胎架上重复进行，既可以提高钢结构的安装质量、改善施工操作条件，又可以增加施工过程中的安全性。

（1）装配格构式支撑胎架的设计。

支撑系统均采用杆单元模拟，采用平面单元传递支撑平台表面均布荷载与风荷载。穹顶结构荷载简化成对支撑系统节点的集中荷载，采用Midas有限元软件进行模拟分析，如图7–33所示。

竖向荷载按恒载考虑，考虑一定的分项系数，胎架高度和胎架节间合理取值，采用节点荷载传递恒载及施工活载。通过对穹顶造型结构安装、卸载的模拟分析，可知胎架需要承担的竖向荷载（设计值，并根据自重的20%考虑施工荷载），胎架结构形式可采用角钢自制胎架装配式支撑胎架。支撑荷载施加及受力应力图如图7–34所示。

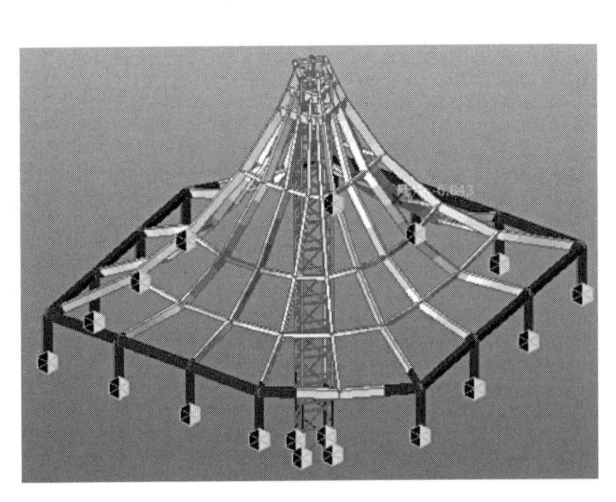

图7–33　支撑计算模型

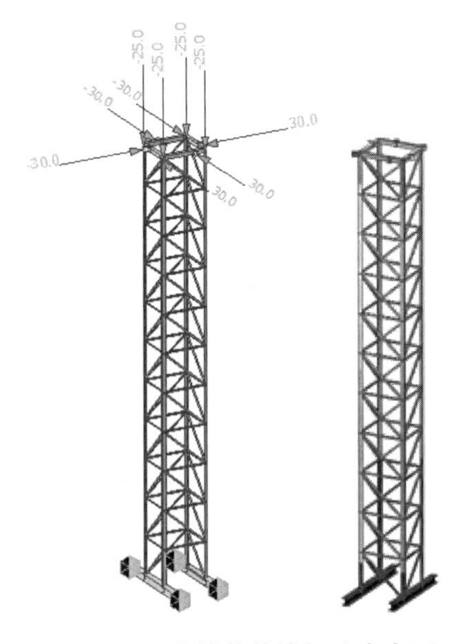

图7–34　支撑荷载施加及应力图

（2）装配式支撑胎架标准节设计及连接。

支撑胎架在满足承载力的条件下，采用节段进行设计，各节段之间采用高强度螺栓连接，设置标准节（长度6m）和调整节（长度3m、2m、1m）不同长度的模数，如图7–35所示。通过标准节与调整节的搭配组合，形成不同长度的支撑胎架高度，以满足现场的支撑高度要求。

图7–35　装配格构式支撑胎架标准节、调整节

（3）支撑系统同步分级卸载。

支撑系统同步分级卸载穹顶结构复杂，卸载过程中结构内力将重新分布，为了保证卸载过程中支撑受力变化的均匀性，防止因局部支撑受力过大而出现主结构变形过大或支撑破坏的情况，采用支撑系统同步分级卸载的施工方法，首先确定临时支撑布置及各工况卸载行程，逐步卸载支撑顶上的支撑牛腿，均分后的值保持在3～4mm为宜，中间部位插值求得。通过调节支撑顶部千斤顶，实现临时支撑同步分级卸载，如表7–11所示。

支点同步分级卸载行程（单位：mm）　　**表7–11**

卸载步骤	卸载行程	累积卸载行程	卸载步骤	卸载行程	累积卸载行程
第一步	3	3	第三步	4	11
第二步	4	7	第四步	支点卸载完成	卸载完成

同时采用有限元软件Midas Gen对卸载过程进行模拟验算，实时监控结构安装过程，确保结构卸载时的变形在误差范围内，并保证支撑的稳定性及安全，如图7–36所示。

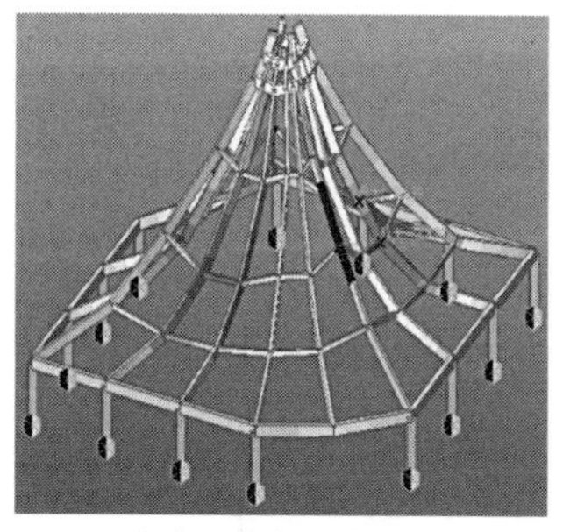

（a）*Z*方向的变形

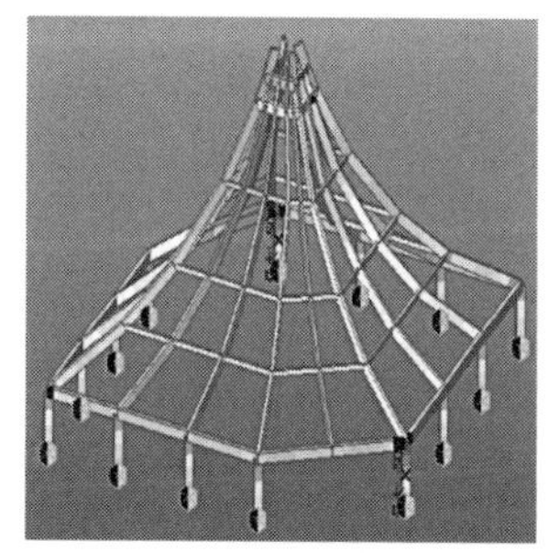

（b）应力分布

图7–36　卸载后–无支撑情况下的受力特性

7.3.3　多边形箱形构件倾斜钢网壳结构施工技术

赛歌台钢结构形式为树状式支撑及屋面网壳结构体系，屋盖结构标高最低点为9m、最高点15.4m，总面积约为2350m^2，赛歌台钢结构效果如图7–37所示；钢结构树状支撑为变截面圆管支撑，钢柱最大截面为ϕ1100 × 28，屋顶钢梁最大截面为□900 × 400 × 20 × 20，主要材质为Q235B，用钢量约为450t。

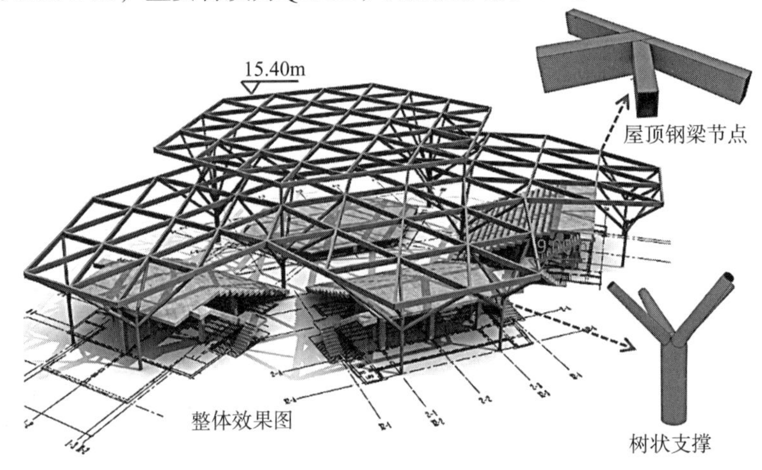

图7–37　赛歌台钢结构效果图

赛歌台屋盖结构为多边形箱形构件倾斜钢网壳，结构节点设计为鼓形相贯节点及插板节点，节点形式复杂，焊接量较大。由于整体结构呈倾斜状态，且构件较大，如何保证安装尺寸的准确性是施工的难点。

1. 基于BIM信息模型的鼓形相贯节点设计及制作。

在钢构件实际安装过程中，由于多根箱形构件交汇而出现焊缝重叠，采用基于BIM信息模型的鼓形相贯节点（图7–38和图7–39），鼓形节点构造简单，节点种类少，适用于节点处多管连接，易于加工和安装。采用Midas–FEA结构计算软件对鼓形节点进行有限元分析发现，该节点能适应构件存在一定扭转角，传递弯矩路径明确，节点刚度较大，受力性能好。

图7–38　鼓形相贯节点示意图

图7–39　鼓形相贯节点现场安装

2. 钢网壳屋盖安装。

（1）网壳单元安装信息。

在BIM三维模型中选取组构件，提取网壳拼装单元杆件数量，杆件长度尺寸，每个杆件组零件坐标数据（图7-40）。根据BIM实体模型提取出来的数据能快速进行拼装胎架制作及高空安装定位，增加网壳拼装单元拼装精度，减小拼装误差，保证网壳拼装安装质量。

（2）全站仪测控节点三维空间坐标。

使用CAD对三维实体模型进行分块单元拆分及三维坐标数据提取，鼓形相贯节点上表面中心粘贴反光片（图7-41），采用全站仪测量其空间坐标，将鼓形节点放置在支撑点上后，调节标高和倾斜度并加固连接。

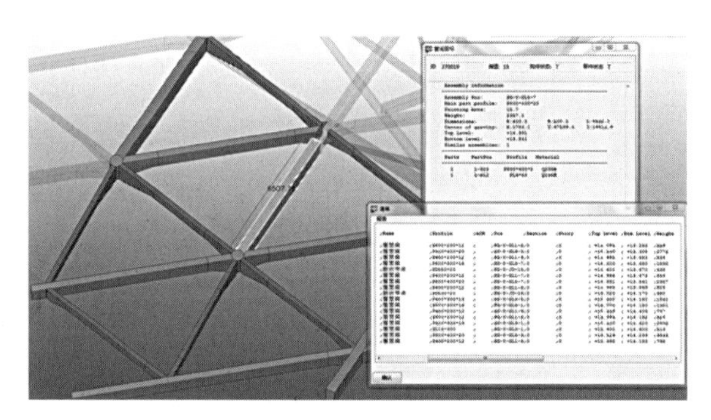

图7-40 提取网壳单元信息

图7-41 测量反光片

（3）网壳现场拼装。

根据设计图及深化加工图，并结合现场场地情况进行拼装，制作现场拼装胎架，将鼓形节点放置在拼装胎架支撑点上后，调节标高和倾斜度并加固连接（图7-42）；整体网壳拼装单元的组装从中心开始，以减小网壳结构在拼装过程中的累积误差，随时校正尺寸（图7-43）。

图7-42 鼓形相贯节点拼装

图7-43 网壳分块单元拼装完成

（4）网壳安装。

网壳单元地面拼装完成后，对拼装单元进行高空安装。根据网壳结构网格形式布局划分拼装吊装单元，对整个吊装施工过程进行模拟，确保施工安全。

将屋盖钢网壳线模型导入整体建筑平面中，取出测量控制点的三维坐标，使用全站仪将提取的支撑点点位放样在支撑胎架上，并制作支撑点。网壳拼装单元吊装时，首先将网壳调整就位到放样点上，然后采用全站仪对网壳鼓形节点的坐标进行精调，将测量数据与理论数据进行比较，将构件安装误差值控制在2mm范围内。相邻两块网壳单元安装完毕后，连接网壳拼装单元之间的联系杆件进行散件吊装。

3. 分步分级卸载。

多边形箱型构件倾斜钢网壳最大跨度为52m，结构受力复杂，卸载过程中结构内力重分布，为了保证卸载过程中支撑受力变化的均匀性，防止因局部支撑受力过大而出现主结构破坏或支撑破坏的情况，采用分步分级卸载的施工方法。为避免卸载时结构内力突变过大，所有区域采用三级卸载，每级卸载行程控制在5mm以内，看台区域支撑点在完成两次卸载后，舞台区域支撑再开始同步卸载，支撑胎架布置如图7-44所示。

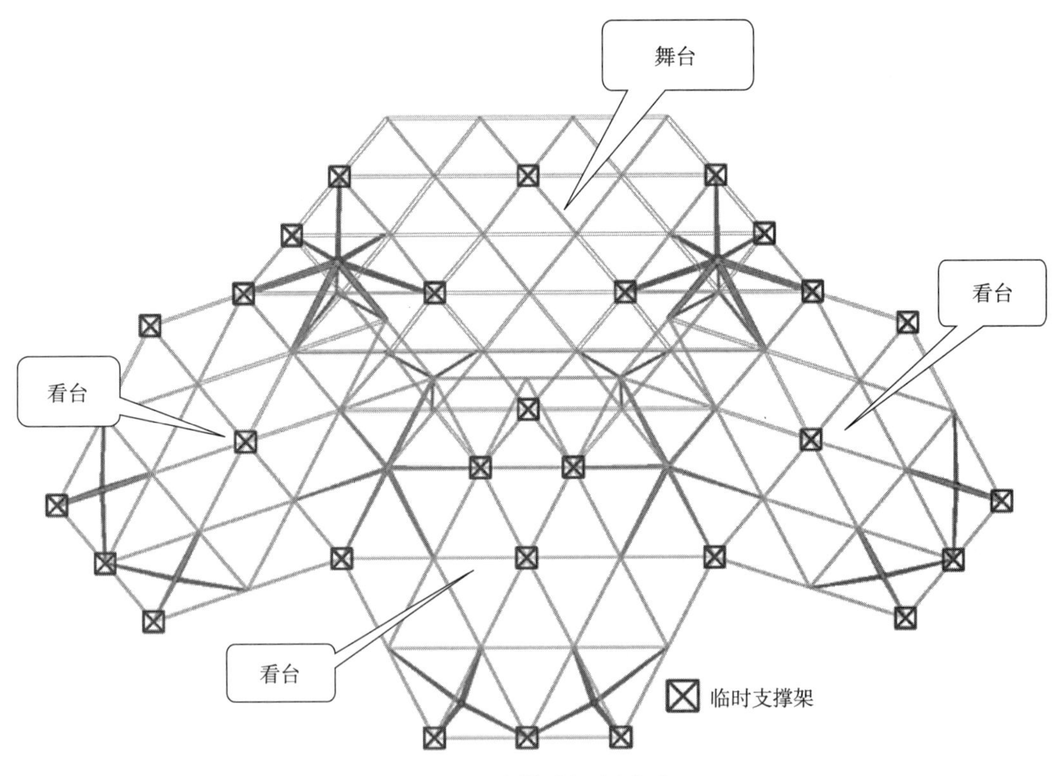

图7-44 支撑胎架布置图

7.4 重庆来福士广场裙房大跨钢结构

重庆市来福士广场位于重庆市朝天门渝中半岛最顶端，直面长江与嘉陵江交汇口，东侧为长江、西侧为嘉陵江，总建筑面积约110万m²，由3层地下车库、6层商业裙楼、8栋超高层塔楼以及3层观景天桥组成。裙房大跨度钢结构位于T6塔楼西北侧电影院区域，处于T6–2施工区，结构形式包括钢柱、钢梁以及钢桁架。其中钢桁架最大截面尺寸为H1400×500×30×50，最大钢桁架高12.3m，单榀桁架最大长度为30m，最大质量为98.8t，材质为Q355B。钢桁架布置及效果如图7–45所示。

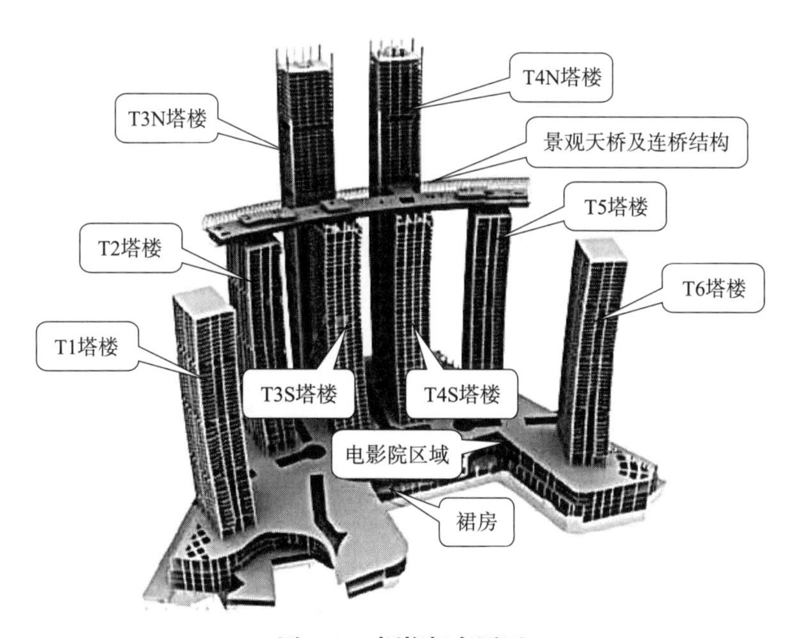

图7–45　钢桁架布置图

7.4.1　施工重难点分析

（1）本工程钢桁架跨度大、截面尺寸大、单榀质量大、预拼装和吊装难度大、安装进度要求高。桁架区域塔式起重机覆盖半径较大、起重量偏小，且紧邻港务售票大厅，周边环境复杂，人员密集，大型汽车式起重机无法进场施工。

（2）现场拼装将产生大量的焊缝、板厚较大，均为高空焊接，焊接工作量巨大，焊接后应力消减及变形控制要求高。

（3）大跨度钢桁架结构体系复杂，依次搭接关系，空间联系紧密，施工顺序复杂，施工过程中桁架间相互影响，且在倾斜结构上进行钢桁架安装，桁架最终安装精度（挠度）控制难度大。钢桁架整体效果如图7–46所示。

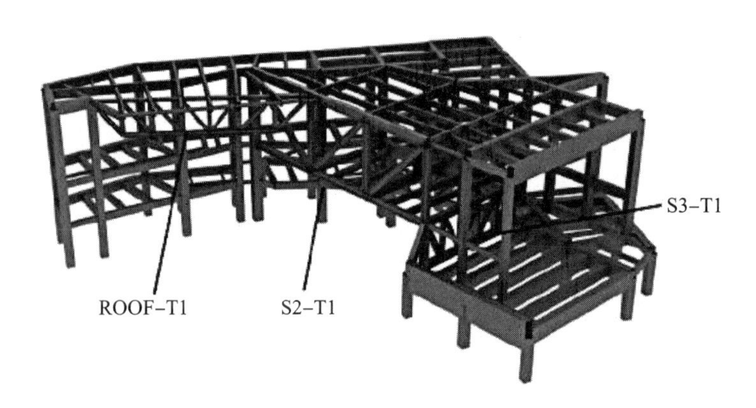

图7–46　钢桁架整体效果图

7.4.2　施工总体思路

本工程电影院区域大跨度钢结构主要分布在T6–2区，安装环境复杂。吊装设备主要采用7号塔式起重机和1号塔式起重机，卸车设备主要采用7号塔式起重机和2号塔式起重机，卸车半径均为35m。钢结构根据塔式起重机卸车半径和塔式起重机覆盖半径进行分段吊装、胎架支撑，如图7–47所示。

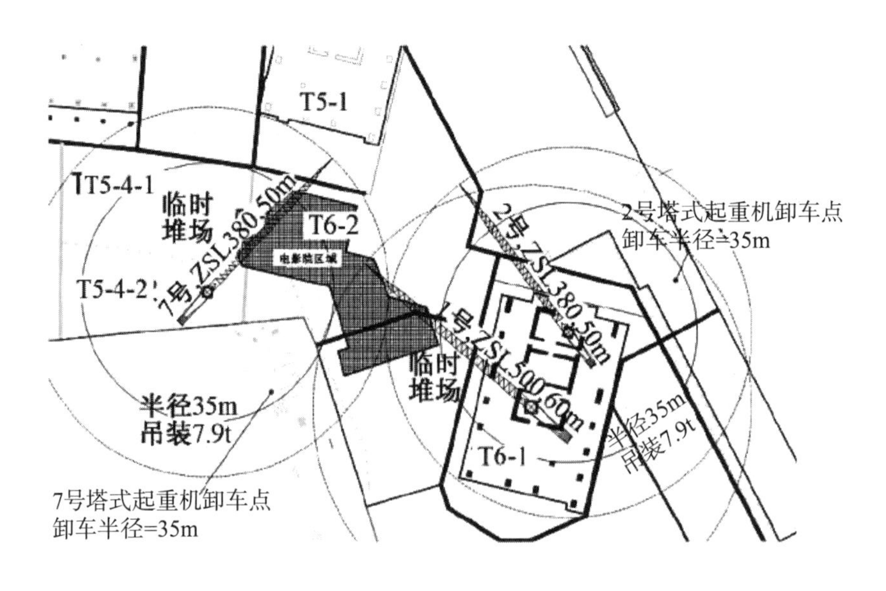

图7–47　施工部署图

根据拼装工况并综合考虑构件运输等因素对超长行架S2-T1、S3-T1、ROOF-T1进行分节分段。其中S2-T1、S3-T1桁架上下弦杆均分为5段，设4个支撑点；ROOF-T1桁架上下弦杆均分为3段，设4个支撑点。每个支撑点均搭设临时支撑胎架，桁架杆件安装采用H型钢进行临时支撑。桁架分段如图7-48所示。

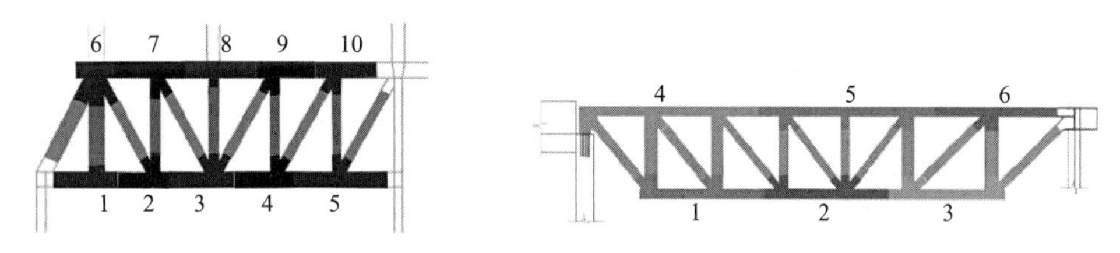

图7-48　桁架分段示意图

7.4.3　桁架安装

1. 施工流程。

（1）整体安装流程。

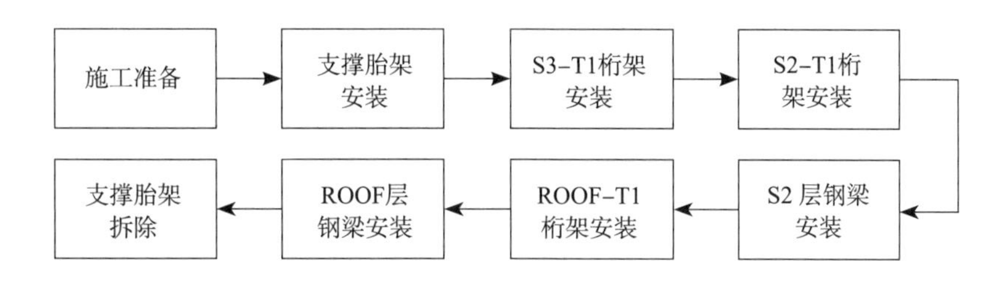

（2）大跨度桁架安装流程。

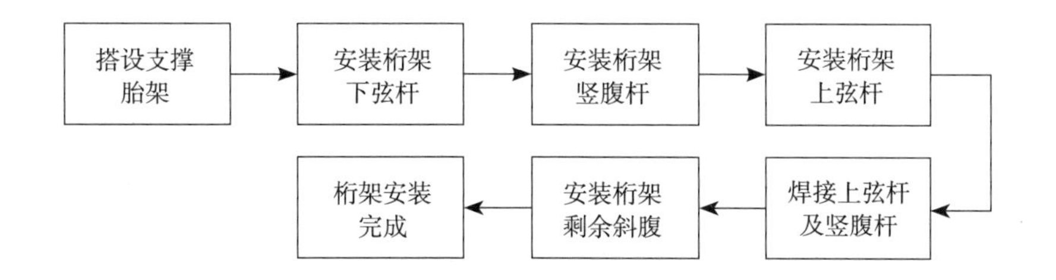

2. 支撑胎架施工。

（1）结构设计。

根据本工程电影院区域大跨度钢桁架现场施工工况，设计了一种可拆卸周转式支撑胎架体系。支撑胎架主要采用PIP76×3.5和PIP140×6的圆管进行制作，底座和胎帽采用HW250×250×9×14制作，胎架表面需涂刷油漆。

为方便胎架的使用、运输及堆放，支撑胎架将做成标准的可拆卸的结构形式，同时结合本工程钢桁架支撑区域的高度情况，设计了1m标准节、2m标准节以及4m标准节三种结构形式。每种标准节又可拆卸成两块标准节片及对应的拉杆和斜杆，各小片杆件之间均通过M20×50的8.8级大六角头高强度螺栓连接。本支撑胎架结构简单、支撑强度大、体积小、占地面积小，便于狭窄的施工现场支护，移动使用方便。其结构形式如图7–49所示。

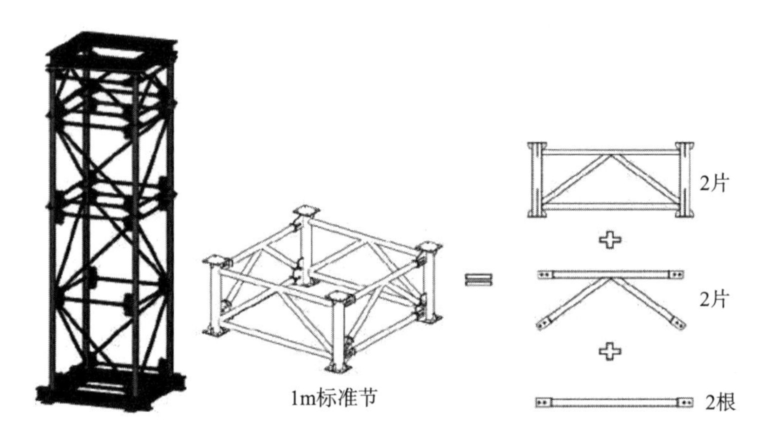

图7–49 支撑胎架结构形式示意图

（2）布置。

支撑胎架设置在大跨度钢桁架分段节点及端部位置，且尽量支撑于混凝土梁上方，底座保证2个点直接作用在混凝土梁上，每榀桁架设置4个支撑点，布置如图7–50所示。

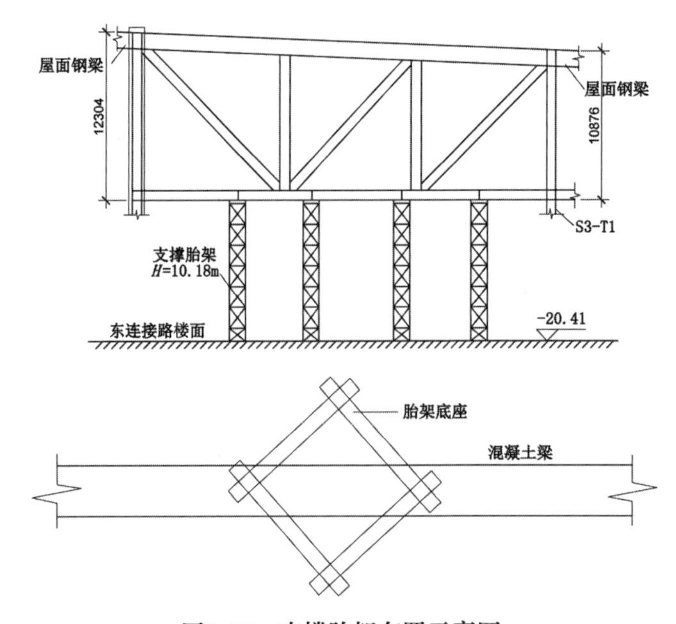

图7–50 支撑胎架布置示意图

（3）安装。

支撑胎架先利用塔式起重机在楼面进行拼装，拼装时架体需置放在楼面上，拼装完毕后再利用塔式起重机整体吊装就位。其底座与胎帽采用HW250×250×9×14型钢焊接而成，底座与混凝土楼面采用膨胀螺栓连接固定，胎帽用于连接顶部工装。

顶部支撑工装采用型钢HW390×300×10×16制作，型钢调整节立杆高度根据胎架高度和桁架下弦标高确定。由于东连接路楼面存在一定坡度，胎架底座需先将楼面进行调平，底座调平采用HW250×250×9×14，现场制作安装，采用4个调平点，调平点采用四颗膨胀螺栓固定。如图7-51所示。

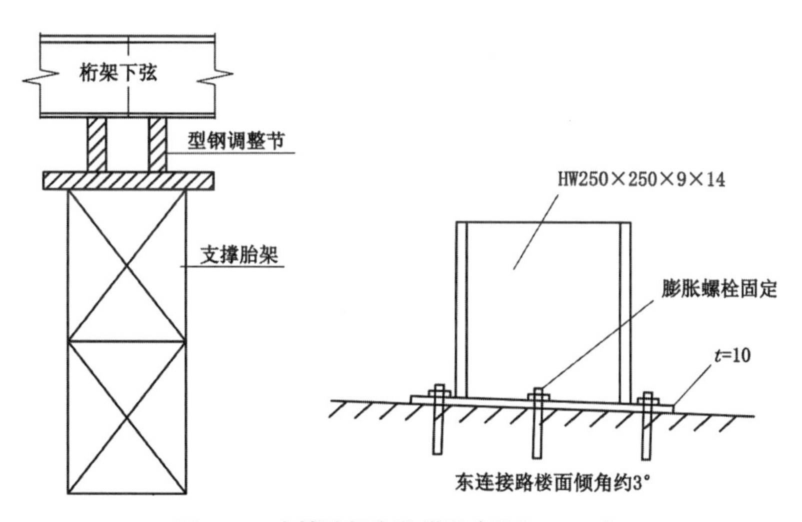

图7-51　支撑胎架安装措施（单位：mm）

3. 钢桁架安装施工。

桁架安装时部分杆件需要设置临时支撑，作为临时固定措施。临时支撑选用HW250×250×9×14，临时支撑端部与两侧钢结构采用三级角焊缝焊接固定，如图7-52所示。

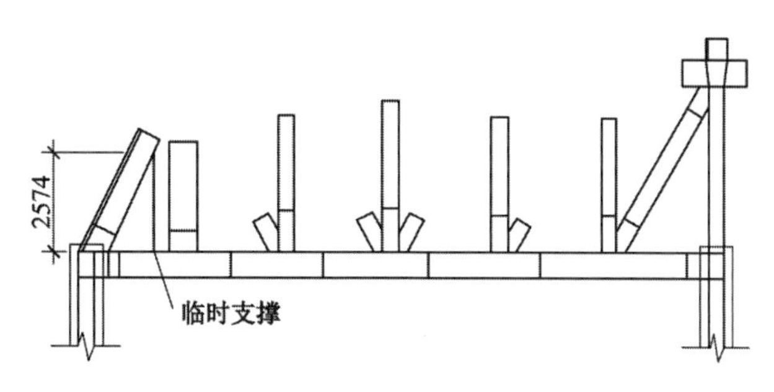

图7-52　临时支撑设置

4. 钢桁架焊接施工。

本工程为防止焊接应力过度集中，减少焊接变形，首先吊装并完成下弦杆的焊接，然后进行上弦焊接，最后进行腹杆焊接，原则上单节桁架相邻两个接头不要同时开焊，待一端完成焊接后，再进行另一端的焊接。钢桁架焊接前对各焊缝进行数字编号，按顺序依次焊接，分成两段的斜腹杆先焊接成整体，再进行腹杆两端的焊接。

焊接注意事项：①焊接平面上的焊缝，要保证纵向焊缝和横向焊缝（特别是横向）能够自由收缩，如焊对接焊缝，焊接方向要指向自由端；②先焊收缩量较大的焊缝，如结构上有对接焊缝，也有角焊缝，应先焊收缩量较大的对接焊缝；③先焊立焊缝，后焊横焊缝；④应力较大的焊缝先焊，使内应力分布合理。

5. 卸载。

大跨度钢桁架支撑胎架拆除顺序按照整体安装流程进行，首先拆除S3-T1桁架支撑胎架，然后拆除S2-T1桁架支撑胎架，最后拆除ROOF-T1桁架支撑胎架。通过千斤顶（20t）对支撑胎架进行逐级卸载，千斤顶的数量应保证和胎架数量一致，卸载顺序为先卸载桁架两端胎架，再卸载中间胎架。卸载完成后，拆除胎架主体。胎架拆除主要通过7号、1号塔式起重机进行，拆除时应将胎架缓慢移动至桁架外部空隙，再整体吊装至构件堆场区转运出场。为了保证钢结构卸载后的变形在设计容许范围内以及钢结构的整体稳定，卸载前对钢结构进行测量原始记录，卸载过程中对钢结构变形进行观测，记录胎架位置处的桁架位移并进行数据分析。分析结果基本符合设计要求，实际位移值偏小。

7.5 虎跳峡金沙江大桥

7.5.1 工程概况

虎跳峡金沙江特大桥是香丽高速公路项目的关键控制性工程，大桥位于虎跳峡景区内，在上虎跳上游跨越金沙江，桥面距江面260m。主桥为主跨766m的悬索桥，主缆孔跨布置766m+160m，是一座独塔单跨地锚式钢桁梁悬索桥。大桥采用独塔结构，充分利用香格里拉岸山体陡峭的地形，将主缆通过集主索鞍与散索鞍于一体的滚轴式复合索鞍转向散索后锚于隧道锚中，减少了香格里拉岸陡峭岸坡上的索塔和边跨，不仅降低了工程造价，而且不破坏香格里拉的植被，符合建设和散索功能，在国内外大跨度悬索桥施工中尚属首次使用。

该桥仅丽江岸设置索塔，为钢筋混凝土门形塔，左塔肢高度161.6m，右塔肢高度145.6m；丽江岸为重力锚，香格里拉岸为隧道锚口；主缆横向布置2根，横桥向中心间距为26m，矢跨比1/10；钢桁梁全长671m；丽江岸引桥为2×（3×41m）结构连续钢–混凝土组合梁桥，全桥总长1017m。虎跳峡金沙江大桥桥型总体布置如图7–53所示。

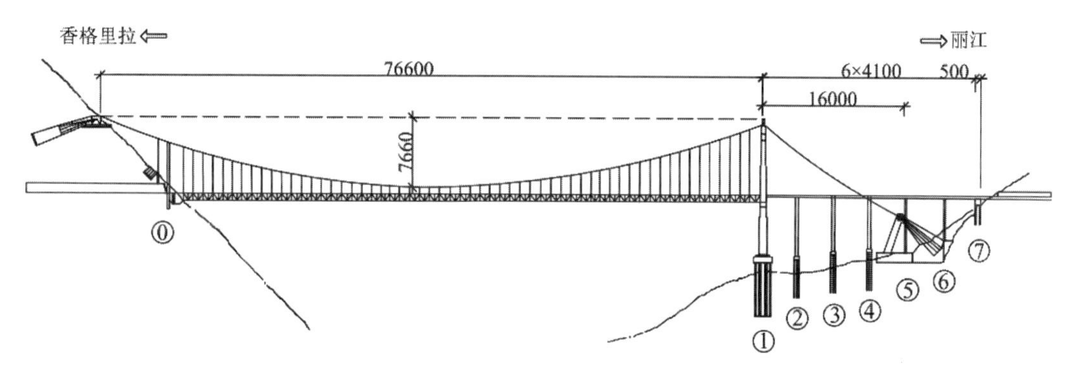

图7–53　虎跳峡金沙江大桥桥型总体布置（单位：cm）

钢桁梁由主桁架、主横桁架、上下平联组成，均采用Q370qD钢材。主桁桁高6.0m，桁宽26m，1个标准节段长11.5m。各杆件之间通过高强度螺栓和节点板进行连接。主桁架为带竖腹杆的华伦式结构，由上弦杆、下弦杆、竖腹杆和斜腹杆组成；主横桁架采用单层桁架结构，由上、下横桁架及竖、斜腹杆组成；上、下平联均采用K形腹杆体系、H形截面。全桥共计59个梁段，自小里程香格里拉侧至大里程丽江侧依次为B1～B59梁段，钢梁杆件共计2468根，节点板共计34430块，高强度螺栓共计334396套；钢桁梁标准节段长度为11.5m，单节段最大重103t。钢桁梁标准断面如图7–54所示。

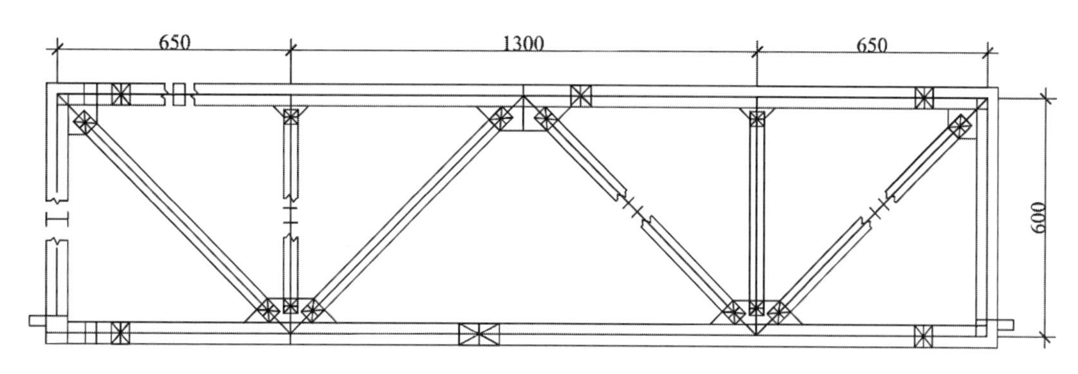

图7–54　钢桁梁标准断面（单位：cm）

除B1、B59梁段无吊索外，其余梁段均设计1组竖向吊索；在跨中区域为限制主梁纵向位移，B24～B28梁段设计有中央扣斜拉索。另外，香格里拉岸还设计有4根地锚吊索，分别锚固于锚墩、0号桥台上。

7.5.2　钢桁梁整体施工方案

鉴于虎跳峡金沙江大桥处于山区峡谷，且香格里拉岸位于虎跳峡景区内、山势陡峭、施工场地狭小、桥面与江面高差高达260m等施工特点，特制订大桥的总体施工方案如下：①钢桁梁各杆件在工厂制造成型后，通过汽车运输至现场组拼，在丽江岸设置1处拼装场，组拼成钢桁架后，通过运梁车运输至起吊点；②B1、B59两个梁段为无吊索吊装节段，吊装前需搭设支架作为钢桁梁存放平台；③采用缆索式起重机整节段吊装钢梁，起吊点设置在丽江岸桥位正下方江边公路旁，待两端B1～B3，B57～B59钢桁梁架设完成后，从跨中向两边对称架设其余节段钢桁梁，合龙设在B4、B56节段处；④钢桁梁节段吊装到位后，与相邻节段钢桁梁上弦临时铰接，根据钢桁梁线形变化情况适时进行刚接。

7.5.3　钢桁梁施工技术

1. 钢桁梁组拼、存放、运输技术。

大桥大角度穿越金沙江深切峡谷，香格里拉岸山势陡峭，平均自然坡度约60°，局部悬崖甚至倒崖，坡面崩积覆盖层主要为碎石角砾土，局部区域存在岩堆体及破碎危岩，无建设钢桁梁拼装场条件；主塔附近区域平均自然坡度约45°，边坡不良地质发育，也不宜建设拼装场。鉴于以上原因，钢桁梁拼装场无法按常规思路布置在桥位正下方，因此，拼装场选址在离桥位约700m金沙江上游一处较平坦区域。

为保证钢桁梁的拼装精度，架设前期拼装场内设2条拼装线同时拼装，分丽江侧和香格里拉侧拼装线，每条生产线配置1台100t门式起重机，均按“1+2”连续匹配拼装，即每轮拼3个吊装节段，留1个整节段作为下一轮次的拼装基准。为加快钢桁梁的拼装速度，在场内将部分杆件预先拼装成一个吊装单元，用履带式起重机吊运至整节间组拼位置，再用门式起重机吊装组拼成一个吊装节段。

由于拼装场场地狭小，若采用单层存梁方案，则场地仅能存梁12个节段，约占全桥59个节段的20%。为缩短施工工期，经过多次讨论和论证，现场提出双层存梁的方案，即充分考虑存梁台座的承载力，将钢桁梁双层存放。在正式吊装架设前一次性可提前存放24个节段的钢桁梁，可缩短工期约45d。

由于拼装场距离起吊点约700m，钢桁梁通过4台轮胎式运梁车沿着江边道路同步运输至起吊点。原江边道路宽度约8m，需提前拓宽至15m，最小拐弯半径≥25m。

2. 缆索式起重机施工技术。

结合现场实际条件，对缆索式起重机的吊装吨位进行比选。若采用双节段钢桁梁整体吊装方案，则缆索式起重机额定吊装吨位需达220t；由于每个节段钢桁梁仅1组吊索，若单节段钢桁梁吊装，高空对接时需将吊装节段钢桁梁与相邻节段钢桁梁连接稳妥后，缆索式起重机才能卸载，则缆索式起重机高空作业占用时间较长。但由于钢桁梁运输道路宽度有限，道路一侧靠山、一侧临江，双节段钢桁梁宽度达23m，通过道路无法运输。因此，采用单节段钢桁梁整体缆索吊装方案。

缆索式起重机主索分为上、下游2组，中心距33.9m，每组最大额定吊重65t。由于地形原因，上、下游缆索式起重机主索跨度不同，具体布置为：上游，0m（香格里拉岸）+797m（主跨）+138m（丽江岸）；下游，0m（香格里拉岸）+801m（主跨）+138m（丽江岸）。缆索式起重机总体布置如图7-55所示。

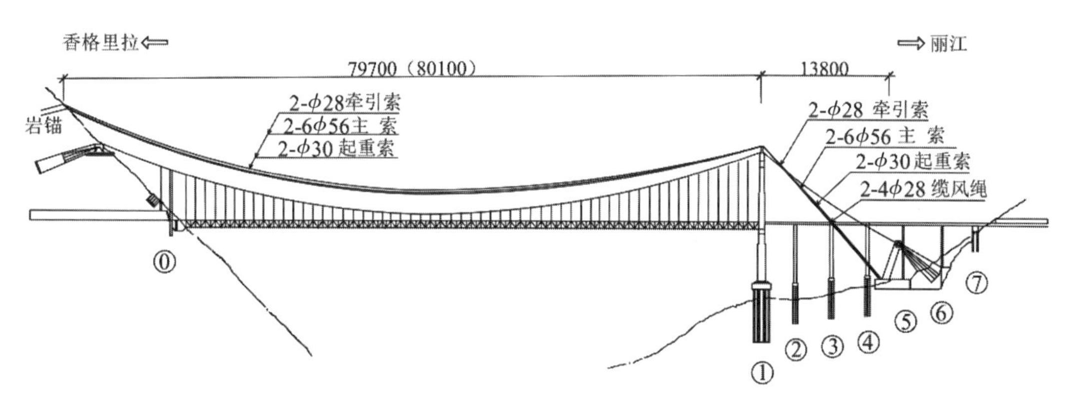

图7-55　缆索式起重机整体布局（单位：cm）

缆索式起重机主要由缆索系统、索鞍、跑车、塔架、岩锚等系统及电动机设备组成。缆索系统由主索、牵引索、起重索等组成，各设2组。每组主索选用6ϕ56麻芯钢丝绳，香格里拉岸无塔架，直接锚固于隧道锚上方的岩锚锚梁处，主索经过丽江岸索塔两侧的塔架到达边跨锚固在重力锚上。缆索式起重机工作状态单根主索最大垂度68m，最大矢跨比1/11.78。每组牵引索走4绕穿滑车组布置，选用ϕ28麻芯钢丝绳，配15t摩擦式双向牵引卷扬机。每套跑车设起重索1根，每根起重索起重段走8绕穿滑车组布置，选用ϕ30麻芯钢丝绳，配15t卷扬机。缆索式起重机跑车共设2台，每组主索上各设1台，双向牵引。跑车选用上挂架与走行架一体式，起吊小车牵引速度5m/min，吊点起升速度3～6m/min。因大桥仅丽江岸设置钢桁梁拼装场，若缆索式起重机塔架设置在索塔内侧上横梁上，则已架设的钢桁梁会影响缆索式起重机纵向移动吊装，故缆索式起重机塔架设置在丽江岸主塔顶两侧，缆索式起重机从主缆外侧通过三角桁架吊具吊装钢桁梁。上、下游共2座塔架，塔架高9.68m，通过型钢牛腿与主桥索塔连接，采用HW414×405型钢作为立柱，连接系采用角钢、工字钢等型钢。香格里拉岸岩锚锚固采用预应力锚索，预应力锚索采用$9\phi^{s}15.24$高强度低松弛钢绞线，每束预应力锚索的设计张拉力为1000kN；岩锚与主索、牵引索之间采用型钢分配梁连接。为实时监测岩锚锚固状态，在锚具与分配梁之间安装有锚索应力计。丽江岸的锚固采用预埋件结构，直接锚固在重力锚基础上。

3. 无吊索节。

段钢桁梁支架法存放施工技术B1梁段位于香格里拉岸0号桥台侧，B59梁段位于丽江岸主塔侧，2个梁段为无吊索吊装节段，吊装前需搭设支架作为钢桁梁存放平台。

4. 香格里拉岸侧。

B1梁段支架B1梁段钢桁梁底离地面约4.5m，采用$4\phi1020$钢管作为临时支撑，每个钢管顶设置1台2001千斤顶作为卸落装置。千斤顶的顶标高根据监控计算B2梁段吊装后梁底的标高确定，钢管底设置1.5m（长）×1.5m（宽）×0.5m（高）C30混凝土基础。

5. 丽江岸侧。

B59梁段支架B59梁段钢桁梁底离地面约67m，若采用常规的落地式支架平台则需投入大量钢结构，因此采用墩旁托架式存梁平台，如图7–56所示。根据计算，单侧墩旁托架采用3层4排贝雷梁，贝雷梁上设置槽钢滑道，单侧滑道上设置2个滑块以调整钢桁梁纵向位移，单侧滑道上设置2台200t千斤顶调整钢桁梁竖向位移。

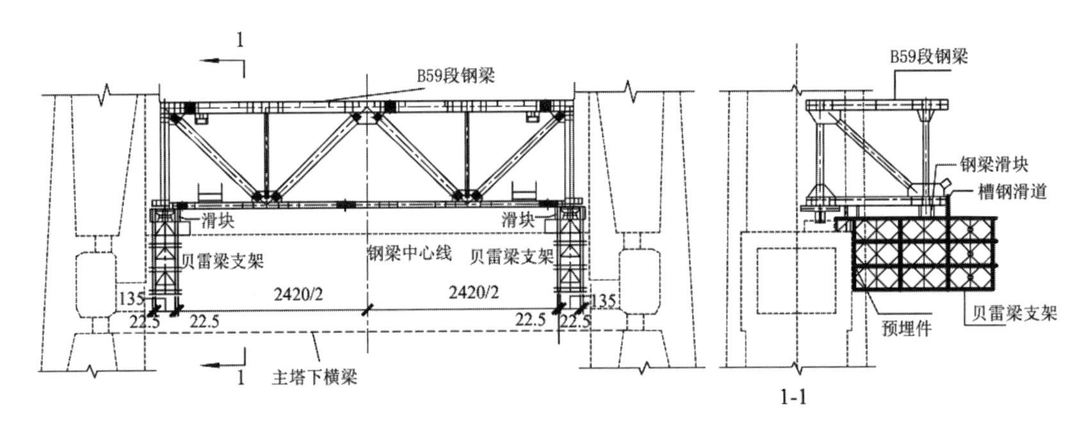

图7–56 B59梁段支架布置（单位：cm）

6. 梁段架设施工技术。

钢桁梁采用缆索式起重机整节段吊装，起吊点设置在丽江岸桥位正下方江边公路旁，起吊高度高达250m。钢桁梁架设顺序为：先架设两端B1～B3、B57～B59边梁，再从跨中向两边对称架设其余节段钢桁梁，合龙口设在B4、B56节段处。

7. 边梁架设。

（1）香格里拉岸边梁B1～B3梁段B1梁段采用缆索式起重机直接吊装至0号桥台侧的存梁支架平台上。根据监控计算，B2梁段吊装完成后，在其与B1梁段连接前，B2梁段比设计成桥位置高约51cm，故B1梁段存梁支架千斤顶的顶标高需与B2梁段吊装完成后的梁底标高一致，确保B2梁段与B1梁段顺利对接形成稳定结构之后拆除B2梁段的缆索式起重机吊具。B3梁段吊装完成后，根据监控计算，此时地锚吊索MS1、MS2的无应力长度大于锚固点到索夹中心的距离，地锚吊索的下销较易安装，为安装地锚吊索的最佳时机。

（2）丽江岸边梁B57 ~ B59梁段根据缆索式起重机设计，距索塔中心线22m范围内为吊装盲区，故B58、B59节段均采用常规的“荡移法”进行吊装团。水平荡移系统采用下横梁上10t卷扬机配置滑车组进行拽拉。荡移最大角度为9°，B59梁段重103t，最大水平牵引力163kN。先吊装B59梁段至设计位置就位，然后再将梁段向引桥侧偏移50cm，便于后续合龙段竖直提升安装。B59梁段吊装完成后，依次吊装B58、B57梁段。

8. 中间梁段架设。

钢桁梁吊装过程中，在上弦杆端头处设有临时铰。加劲梁线形总的变化趋势是“下凹形”→“斜直线”→“上凸形”，与之相对应，加劲梁跨中各设铰处下弦杆开口间距随着吊装施工的进行逐渐减小，直至闭合甚至挤压。因此，在跨中钢桁梁吊装过程中需注意观察钢桁梁下弦开口情况，适时安装钢桁梁高强度螺栓对梁段进行刚接。

随着钢桁梁吊装施工的推进，主缆的荷载随之增加主索鞍将逐步向桥跨中心偏移，施工过程中，定期观测索鞍偏移量，并根据监控单位提供的顶推量及时进行丽江岸主索鞍顶推作业图，以保证主塔偏位在容许范围内。香格里拉岸滚轴式复合索鞍不用顶推，其可随着中跨加载自动慢慢滚动回到设计位置。另外，在架设钢桁梁过程中，需注意适时调整改吊在主缆上的施工步道，使施工步道的线形与主缆线形保持一致。

9. 合龙梁段架设。

0号桥台侧B1 ~ B3节段设计位置与山体距离较近，若将B2作为合龙梁段，则B2梁段被山体阻挡无法吊装至合龙口；若将B3作为合龙梁段，则合龙时B3梁段易与山体发生碰撞，存在安全隐患。主塔侧吊装时缆索式起重机在索塔附近存在22m吊装盲区凹，不宜选择B58、B59节段作为合龙梁段。因此，选择B4和B56梁段作为合龙段。合龙梁段吊装前，先用卷扬机将边梁向边跨侧拉开50cm，合龙梁段先与中跨侧梁段刚接，再对接边梁侧节段。通过边梁下方的竖向千斤顶调整合龙口竖向位移，卷扬机调整合龙口纵向位移，用倒链调整合龙口横向偏位。

综上，香丽高速公路虎跳峡金沙江大桥桥位处于峡谷地形，山势陡峭，施工场地狭小，施工组织及技术难度均较大。在该桥钢桁梁施工过程中，采用单侧拼装场整体拼装、双层存梁、轮胎式运梁车运输、无吊索节段钢桁梁支架法存放、缆索吊装等施工技术，有效解决了以上难题。

7.6 关西互通B2匝道桥

7.6.1 桥型布置

南丹—天峨（下老）高速公路，简称南天高速公路，是广西壮族自治区河池市境内连接南丹县和天峨县的高速公路。关西互通立交位于南天高速公路东起南丹县的八圩乡境内，B2匝道桥孔跨布置：全桥4联：（35+40+35）m+4×30m+（40+40+40+40）m（桥面连续）+（40+40+40）m（桥面连续）；上部结构采用钢结构箱梁+现浇混凝土箱梁+预制T梁的结构形式，0号桥台采用柱式台，14号桥台采用肋板台，桥墩采用柱式墩，墩台采用桩基础。本工程1号桥墩与路线设计线夹角为80°，其他桥台径向布置。桥下交叉：本工程第一联上部结构采用钢箱梁的结构形式，上跨有兰海高速，以及新建关西枢纽匝道A、匝道C。兰海高速路基宽度24.5m，新建关西枢纽匝道A、匝道C，路基宽度为13m，净高为6.0m。现场B2匝道钢箱梁位置，匝道A、匝道C均未开始施工。匝道桥钢箱梁纵立面图、平面图分别如图7–57和图7–58所示。

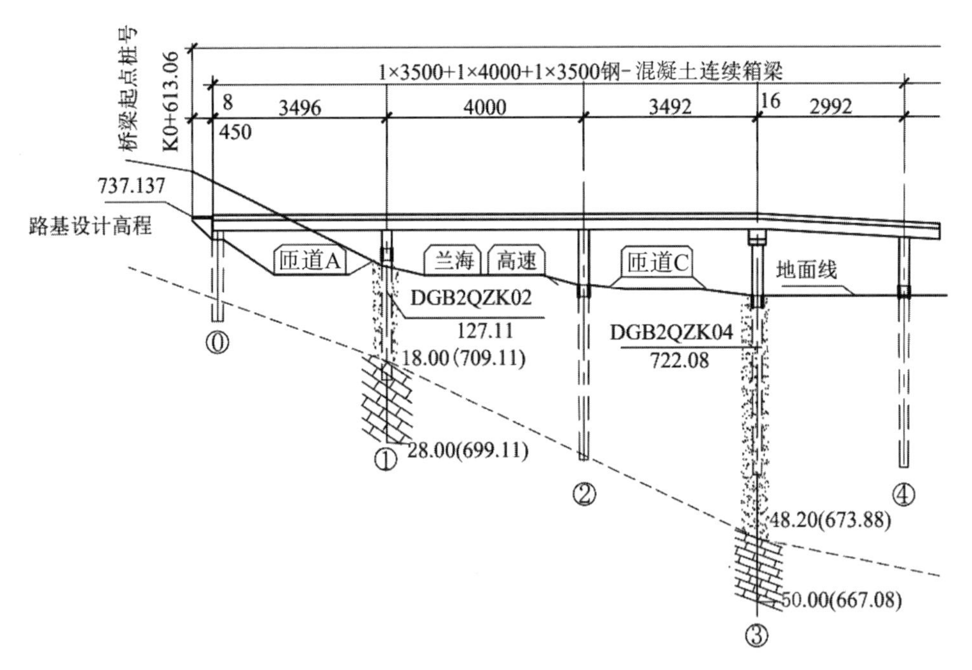

图7–57 B2匝道桥钢箱梁纵立面图（单位：cm）

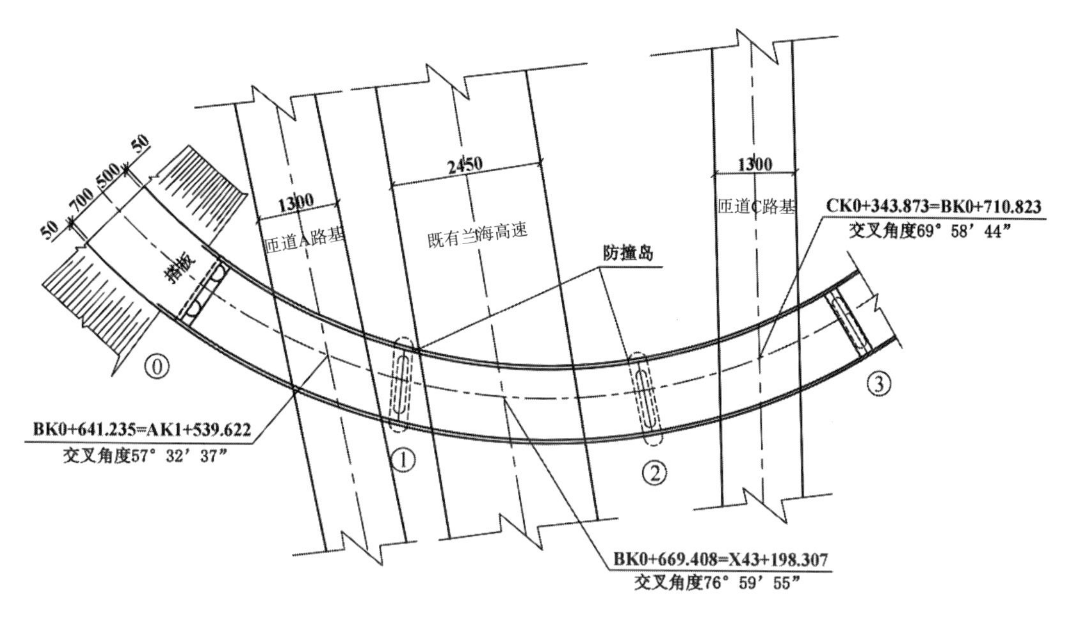

图7-58 B2匝道桥钢箱梁平面图（单位：cm）

7.6.2 主梁设计

B2匝道桥钢箱梁顶宽13m，钢箱梁底宽8.80m，梁底水平。根据路线设置6%的单向横坡，桥面横坡通过调节每个断面处腹板高度来实现。钢箱梁梁高2.06m，钢箱梁梁高用箱梁中心处顶板上缘至底板下缘的竖直距离表示。钢箱梁为单箱三室截面，共设4道腹板。顶板加劲肋采用U肋和板肋形式，底板加劲肋采用板肋形式。箱梁纵向每3m设置一道横隔板，每两道横隔板之间设置顶板横向加劲肋，桥端设置检修人孔，以利于运营期维护。为改善内防腐条件，梁端均采用钢板封闭。钢箱梁两侧悬臂宽2.1m，根部高0.8m，端部高0.37m，纵向每1.5m设置一道悬臂梁，其位置与箱内横隔板、腹板横肋相对应，如图7–59所示。

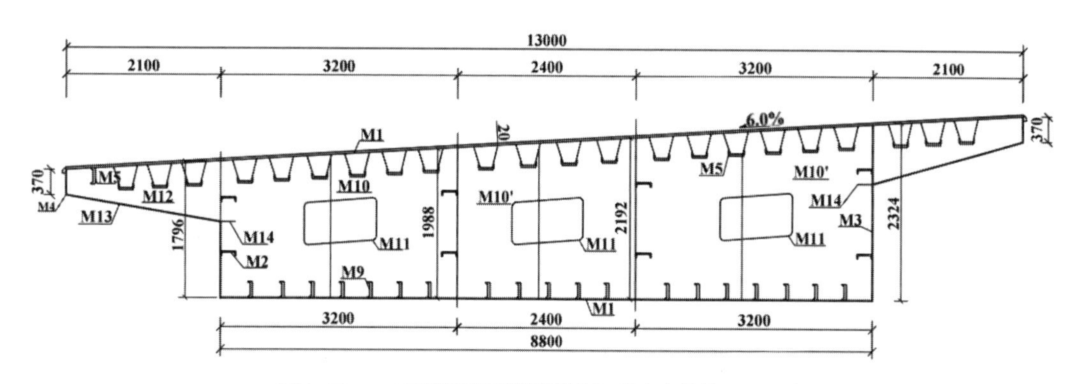

图7-59 B2匝道桥钢箱梁横断面图（单位：mm）

7.6.3　施工工艺技术

1．钢箱梁制造工艺。

（1）钢箱梁制造技术路线。

根据钢箱梁设计特点，结合其他类似钢箱梁桥制作经验，该桥钢箱梁制作分为单元件制作、梁段整体组装预拼、钢箱梁工地安装焊接三个阶段。

钢箱梁单元件在工厂车间流水线制作、检验，节段组装在专用胎架区进行组装成节段，转运至涂装车间进行防腐涂装。根据吊装计划用平板车运输至桥位现场，再用汽车起重机进行节段安装。

（2）钢箱梁单元件划分。

本工程单元划分如图7-60所示。

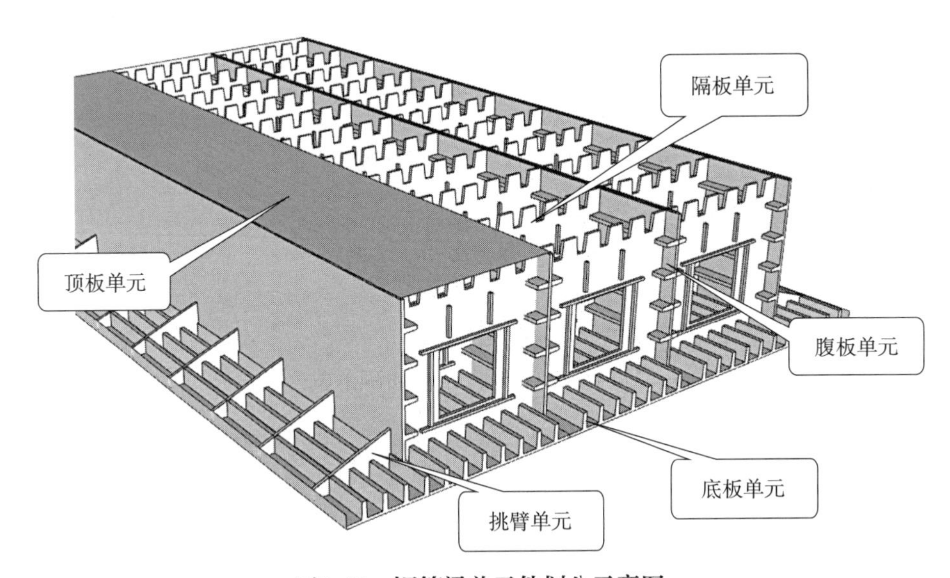

图7-60　钢箱梁单元件划分示意图

顶板单元、底板单元、横隔板单元、腹板单元、挑臂单元及块体制造均采用专用的工装设备在车间内完成，最后在总胎架上组装。

（3）钢材预处理。

钢板进厂复验合格后，方可投入生产。下料前先对钢板的材质、炉批号进行记录，再经赶平机赶平后对钢板进行预处理，钢板在预处理线上进行抛丸除锈、喷涂车间底漆、烘干，除锈等级为《涂装前钢材表面锈蚀等级和除锈等级》（GB 8923.1）标准规定的Sa3.0级，表面粗糙度RZ30～RZ75μm，车间底漆为无机硅酸锌，干膜厚度20～25μm，以避免在制造过程中钢板污染锈蚀。钢板预处理工艺流程如图7-61所示。

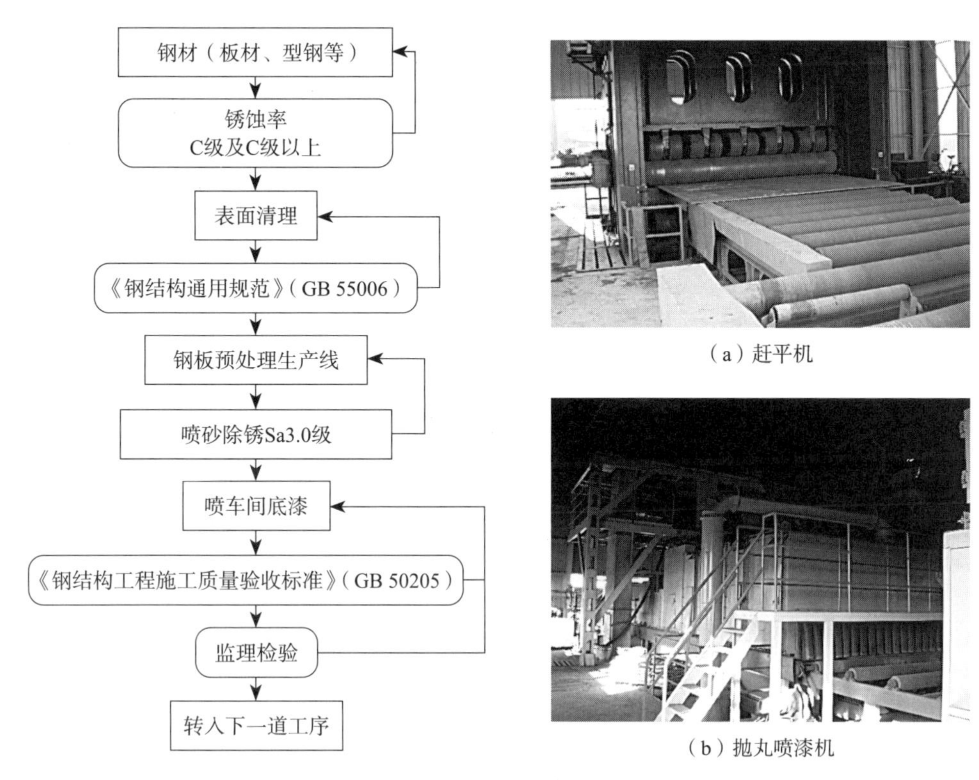

（a）赶平机

（b）抛丸喷漆机

图7-61　钢板预处理工艺流程图

在钢板抛丸除锈前使用赶板机对钢板赶平，消除钢板轧制内应力产生的扭曲变形（尤其是运输吊装过程造成的局部硬弯），保证板件在制造过程中的平整度，同时采用磁力吊配合上下料，不使用吊钩或虎头卡吊装，避免钢板产生局部塑性变形。

（4）放样及号料。

①放样和号料应严格按图纸和工艺要求进行，容许偏差应符合表7-12。

样板、样杆、样条制作容许偏差（单位：mm）　　表7-12

项目	平行线间距离	分段尺寸	对角线	长度	宽度	加工样板的角度
容许偏差	± 0.5	± 0.5	1.0	0 ~ +0.5	0 ~ −0.5	± 10°

②对于形状复杂的零部件，在图中不易确定的尺寸，通过放样校对后确定。

③放样和号料严格按工艺要求进行，预留制作和安装时的焊接收缩余量及切割、刨边和铣平等加工余量。

④号料前检查钢料的牌号、规格、质量，当发现钢料不平直，有蚀锈、油漆等污物，影响号料质量时，对钢材进行矫正、清理后再号料；号料外形尺寸容许偏差为 ± 1mm。

⑤号料时注意钢材轧制方向与拱、梁受力方向一致。

⑥钢板的起吊、搬移、堆放过程中，保持其平整度。

（5）下料。

①对于本工程钢板，不得进行剪切。

②钢箱梁的主要零部件在原则上采用气割切割，并优先采用精密切割、数控自动切割，采用火焰切割的边缘应打磨或用机加工法除去明显的火焰切割痕迹线。手工切割只用于次要零件或手工切割后还须再行加工的零件。

③气割切割零部件边缘容许偏差应符合表7-13的规定。

气割切割零部件边缘容许偏差规定值（单位：mm） 表7-13

类别	精密气割边缘	自动或半自动气割边缘	手工气割边缘
容许偏差	± 1.0	± 1.5	± 2.0

④精密切割边缘表面质量应符合表7-14的规定。

精密切割边缘表面质量规定 表7-14

<table>
<tr><th>项目</th><th>用于主要零部件</th><th>用于次要零部件</th><th>附注</th></tr>
<tr><td>表面粗糙度R_a</td><td>25μm</td><td>50μm</td><td>《产品几何技术规范（GPS）表面结构 轮廓法 表面粗糙度参数及其数值》（GB/T 1031）</td></tr>
<tr><td>崩坑</td><td>不容许</td><td>1m长度内，容许有一处1mm</td><td>超限应修补，按焊接有关规定</td></tr>
<tr><td>塌角</td><td colspan="2">圆角半径≤0.5mm</td><td></td></tr>
<tr><td>切割面垂直度</td><td colspan="2">≤0.05t，且不大于2.0mm</td><td>t为钢板厚度</td></tr>
<tr><td>熔渣</td><td colspan="3">块状的熔渣虽有散布附着现象，但不会残留，易清除</td></tr>
</table>

自动、半自动手工切割边缘表面质量应符合表7-15的规定。

切割表面质量控制（单位：mm） 表7-15

<table>
<tr><th>类别</th><th colspan="2">项目</th><th>标准范围</th><th>容许极限</th></tr>
<tr><td rowspan="4">构件
自由边</td><td rowspan="2">主要构件</td><td>自动、半自动气割</td><td>0.10</td><td>0.20</td></tr>
<tr><td>手工气割</td><td>0.15</td><td>0.30</td></tr>
<tr><td rowspan="2">次要构件</td><td>自动、半自动气割</td><td>0.10</td><td>0.20</td></tr>
<tr><td>手工气割</td><td>0.50</td><td>1.00</td></tr>
</table>

续表

类别	项目		标准范围	容许极限
焊接接缝边	主要构件	自动、半自动气割	0.10	0.20
		手工气割	0.40	0.80
	次要构件	自动、半自动气割	0.10	0.20
		手工气割	0.80	1.50

对于工艺要求再行机加工的气割零部件，按照表7-16和表7-17进行。

气割零部件示意　　表7-16

<table>
<tr><th>序号</th><th>项目</th><th>示意图</th><th colspan="6">容许偏差（mm）</th><th>检验方法器具</th></tr>
<tr><td rowspan="4">1</td><td rowspan="4">切割与号料线的偏差C</td><td rowspan="4">C</td><td colspan="3">切割类型</td><td colspan="3">C</td><td></td></tr>
<tr><td colspan="3">自动半自动切割</td><td colspan="3">± 1.0</td><td>用钢尺检查</td></tr>
<tr><td colspan="3">精密切割</td><td colspan="3">± 1.5</td><td></td></tr>
<tr><td colspan="6">断口截面上不得有裂纹和大于1mm的缺棱</td><td>观察和用钢尺检查，必要时用渗透和超声波探伤检查</td></tr>
<tr><td>2</td><td>切割截面与钢材表面的不垂直度</td><td>C
t</td><td colspan="6">C/t≤1/20，
且不大于1.5</td><td>用直角尺和钢尺检查</td></tr>
<tr><td>3</td><td>精密切割的表面粗糙度</td><td></td><td colspan="6"><0.03</td><td>用样板对比检查</td></tr>
<tr><td rowspan="3">4</td><td rowspan="3">弯曲加工后与样板线偏差</td><td rowspan="3">—</td><td colspan="2">弯曲弦长</td><td colspan="2">样板弦长</td><td colspan="2">间隙</td><td rowspan="3">用样板和塞尺检查</td></tr>
<tr><td colspan="2">大于1500</td><td colspan="2">1500</td><td colspan="2">≤2.0</td></tr>
<tr><td colspan="2">小于1500</td><td colspan="2">≥2/3</td><td colspan="2">≤2.0</td></tr>
<tr><td rowspan="4">5</td><td rowspan="4">刨边之边线与号料线偏差</td><td rowspan="4">刨边线
号料线</td><td colspan="3">类别</td><td colspan="3">偏差</td><td rowspan="4">用拉线和钢尺检查</td></tr>
<tr><td colspan="3">刨边线与号料线</td><td colspan="3">± 1.0</td></tr>
<tr><td colspan="3">弯曲矢高</td><td colspan="3">L/3000且≤2.0</td></tr>
<tr><td colspan="3">刨削面粗糙度</td><td colspan="3">≤0.05</td></tr>
</table>

刨削加工的容许偏差（单位：mm）　　表7-17

项目	零件宽度/长度	加工边直线度	相邻两边夹角	加工面垂直度	加工面粗糙度
容许偏差	±1.0	L/3000且不大于2.0	小于或等于±6	不大于0.025t，且不大于0.5	Ra＜50μm

（6）零件矫正、弯曲。

①零件采用冷矫正或热矫正，其中冷矫正表面不出现层状撕裂裂纹。

②主要受力零件冷作弯曲时，内侧弯曲半径不得小于板厚的15倍，小于者必须热煨。冷作弯曲后零件边缘不得产生裂纹。

③零件矫正后的偏差满足表7-18的规定。

零件矫正容许偏差　　表7-18

项目		容许偏差（mm）
钢板平面度	每米	1.0
钢板直线度	L≤8m	3.0
	L>8m	4.0

④冷矫正后的钢料表面不应有明显的凹痕和其他损伤，否则仍需进行整形。采用热矫时，热矫温度应控制在600～800℃，矫正后零件温度应缓慢冷却。

2. 钢箱梁单元件制作工艺。

根据钢箱梁梁段的结构特点及梁段制作的需要，梁段顶板单元件、底板单元件、横隔板单元件、腹板单元件和挑臂块单元等分别在各自的生产线上制作。

（1）顶、底板单元的制作，如图7-62所示。

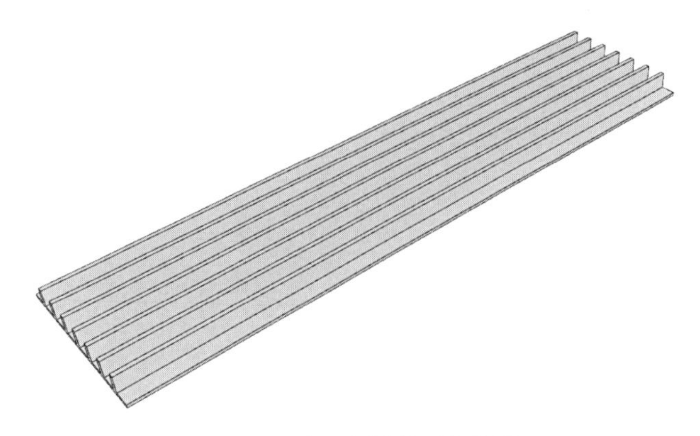

图7-62　顶、底板单元的制作

顶、底板单元制作工艺流程：

①零件检查：检查来料（零件号、外形尺寸、对角线、坡口、材质及炉批号）；

②划线：划线工作在专用划线平台上完成。划线按平台上的标记点配合钢带绘制单元件纵横向定位线、结构装配检查线及端口检查线，按线组装加劲肋；

③单元件置于反变形胎架上，两边用夹具夹紧，用CO_2手工焊和半自动焊机施焊，按《焊接工艺规程及评定的一般原则》（GB/T 19866）中规定的焊接顺序焊接，焊后温度降至室温松卡具，并进行适当修整；

④板单元件矫正及单元件检查：对尺寸偏差超出容许范围的进行校正，校正后吊装至专用平台上检查单元件的长度、宽度、对角线、焊接质量和平整度，合格单元件转至下一道工序。

（2）横隔板单元件制作。

横隔板单元件由横隔板、加劲板组成，如图7-63所示。

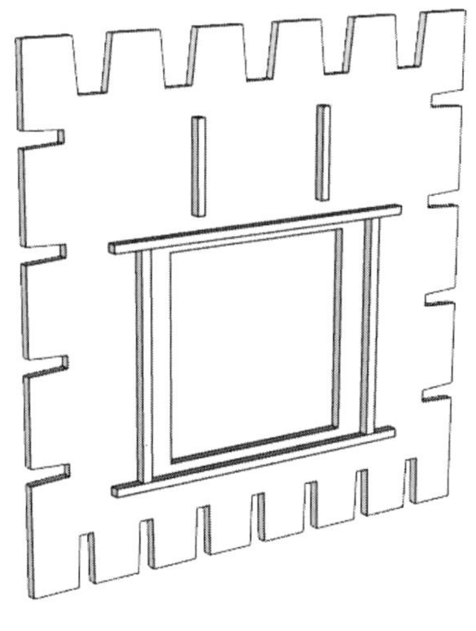

图7-63　横隔板结构

横隔板制作工艺流程：

①零件检查：检查来料（横隔板由于均有大量的T形肋孔，为保证总拼时T形肋能顺利地落进槽口，横隔板采用二次切割工艺，来料为毛料零件号、外形尺寸、对角线、材质及炉批号）；

②画线：画线工作在专用画线平台上完成。在已经下好人孔圈的横隔板零件上画线，首先画出纵横基准线，然后画出劲板位置线，画线检查后组装一侧的劲板，然后翻身返基准线至另一侧，画另一侧基准线、劲板线，画线检查，组装另一侧的劲板；

③按照焊接工艺文件的要求进行加劲肋的焊接；

④板单元件校正及单元件检查：对尺寸偏差超出容许范围的进行校正，校正后吊装

至专用平台上检查单元件的长度、宽度、对角线、焊接质量和平整度，然后转运至总拼区检验合格后转至总拼胎架区。

（3）腹板单元件的制作。

腹板有内腹板、外腹板，腹板单元件由腹板和加劲肋组成，如图7-64所示。

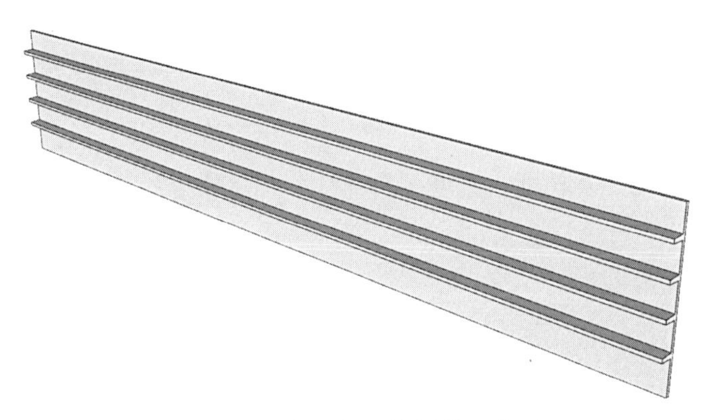

图7-64 腹板单元件制作示意图

腹板制作流程：

①零件检查：检查来料（零件号、外形尺寸、对角线、坡口、材质及炉批号）；

②划线：将内腹板零件平放在划线工作平台上，按图纸先画出结构面的纵横基准线及劲板位置线，按线组装加劲肋；

③按照焊接工艺文件的要求进行加劲肋的焊接；

④板单元件矫正及单元件检查：对尺寸偏差超出容许范围的进行校正，校正后吊装至专用平台上检查单元件的长度、宽度、对角线、焊接质量和平整度。

（4）钢箱梁单元件装配精度及焊接变形控制、矫正。

单元件制作质量直接决定钢箱梁的制作质量，甚至影响全桥质量，因此单元件装配精度、焊接质量、变形控制及矫正显得尤为重要，为此，在板单元件生产线上设置专门的工序和设备工装，保证装配精度和焊接质量，控制和矫正焊接变形。

①顶、底板单元件焊接变形控制。

将底板零件对接成整板单元，划U形肋（底板为I形肋）定位线，再将U形肋（底板为I形肋）在顶底板上定位并焊接，可以通过焊接工艺评定试验确定最优的焊接形式，保证U形肋（底板为I形肋）的焊接达到设计要求。

由于焊缝收缩和残余应力影响会出现横向变形和纵向变形，为了避免和控制单元件出现的横向变形，往往在单元件焊接时施加横向反变形，反变形值根据理论计算并结合以往同类型板单元的制作经验来确定，通过试制加以修正反变形值，可以将横向变形控制在2mm范围内。单元件的纵向刚性强，难以施加纵向反变形，因此，采用刚性固定的方法控制其纵向变形。

②反变形胎架。

为了保证U形肋（底板为I形肋）角焊缝的外观成型以及控制板单元件的变形，在单元件生产线上设置反变形胎架（图7-65）。焊接平台按顶底板单元件尺寸设计，设有反变形模板和对中定位模板，条状压紧，使U形肋（底板为I形肋）与顶底板的焊缝处于焊接位置。工作时将顶底板单元件吊上焊接平台，压紧板边，为单元件施加焊接反变形，在压紧的同时单元件沿对中定位模板自动定位；焊接U形肋（底板为I形肋）时的双面角焊缝要求起弧点、焊接方向相同，焊接速度一致。

图7-65　反变形胎架

③顶底板单元件矫正。

由于采取了一系列的措施，焊接变形得到了较好的控制，但仍有一定的纵向和横向变形需要矫正，顶底板单元矫正以千斤顶门架矫正为主。按顶底板单元件矫正要求，制作专用矫正模具，一次完成纵向、横向变形矫正。部分局部变形辅以火焰矫正。

3. 钢箱梁单元件焊接。

（1）顶、底板单元件的焊接。

①焊缝要求：为了使焊缝满足设计要求而且成型美观，根据以往的成熟经验，该处焊缝要求从焊接方法、焊接规范、焊接位置等各方面进行精心设计，才能保证质量。

②焊接方法：为了保证焊缝的熔透率和减小焊接变形，采用线能量较小且能使根部充分熔合的药芯或实心焊丝二氧化碳气体保护自动焊。焊丝直径为1.2mm，以便取得良好的根部熔深。同时，药芯或实芯焊丝二氧化碳气体保护焊可以减小焊接变形，保证良好的焊缝外观成型，还可以保证焊接质量的稳定性。

③焊接顺序：全桥顶、底板单元件不仅数量多，而且每件的焊缝长，若焊接变形太大，则影响全桥的焊接质量和几何精度，也会大幅增加矫正的工作量，影响工期。合理的焊接顺序可以减少不必要的焊接变形。焊接每条U/I形肋时应同时对称施焊，并且焊

接方向相同，焊接速度一致。

④顶、底板单元件焊接过程中会产生较大的横向和纵向的收/缩变形，最好的控制方法除了采用线能量小的药芯焊丝二氧化碳气体保护焊进行焊接外，就是选用预放反变形措施。考虑到单元件纵向刚性强，不易预放反变形，且横向收缩量较大，因此只进行单元件横向预放反变形，结合U/I肋对焊接位置的要求，采用反变形胎架对底板实施预放反变形，同时对底板的自由边进行刚性固定，减小波浪变形。

（2）横隔板单元件的焊接。

①焊接方法：为保证焊缝外观及焊接变形，可采用药芯或实心焊丝二氧化碳气体保护焊进行焊接；

②焊接顺序：先焊接人孔加劲圈、竖向焊缝，后焊横向焊缝且对称焊接。

4. 钢箱梁组装和预拼装工艺。

（1）钢箱梁组拼场地布置。

钢箱梁组装的胎架区有三条组拼流水作业线，厂房内组拼线上方布置2台16吨行车，2台36吨行车，下方布置一条和钢梁跨径一致的组装胎架。组装场地立面布置如图7–66所示。

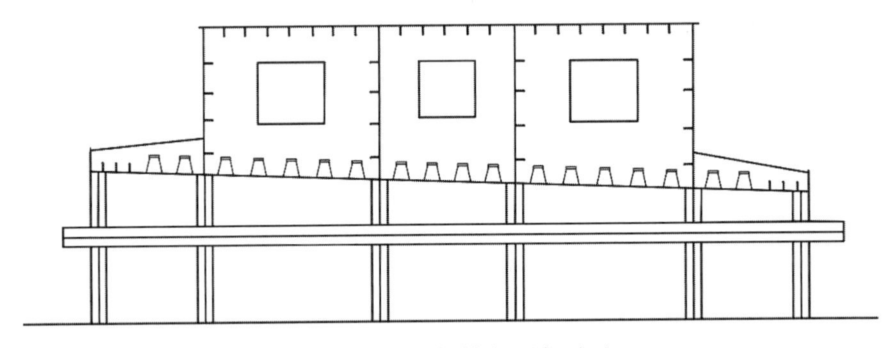

图7–66　组装场地立面布置图

（2）钢箱梁组装控制要点和工艺保证措施。

①控制要点：

a. 钢箱梁组装预拼线型控制；

b. 相邻钢箱梁端口与U/I形肋组装的一致性控制；

c. 钢箱梁端口外形尺寸精度控制；

d. 钢箱梁组装焊接质量与焊接变形；

e. 钢箱梁缓和曲线段和变截面段的线型控制。

②工艺保证措施：

在组拼时，预设置焊接收缩量和预拱度，以保证钢箱梁成桥线型；在桥位焊接过程中选择合适的焊接方法和焊接顺序，也是保证钢箱梁成桥线型重要措施之一。此外，设计合理的胎架和工装，可以保证结构尺寸的一致性，提高安装精度。

5. 钢箱梁单元组装。

钢梁采用长线、反造法，以胎架为建造平台，以顶板外表面为建造基面进行制作，基本制作流程如下：

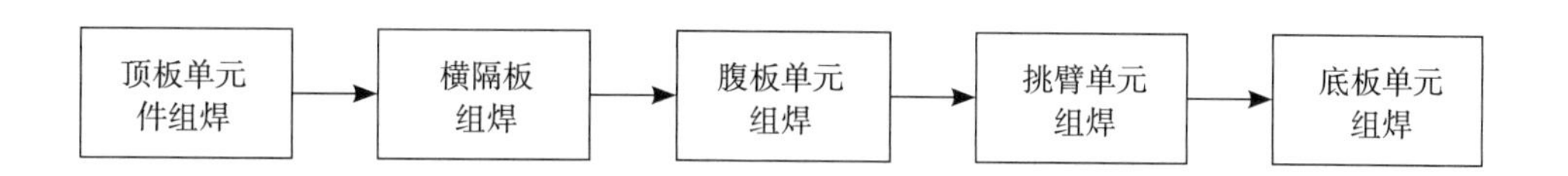

由于全桥梁段结构形式基本相似，下面以中间标准梁段进行组焊说明：

（1）顶板单元的组焊如图7–67所示。

①基准单元件定位：将中心顶板板块置于胎架上，在无日照影响的条件下使其横、纵基线与胎架上的基线精确对齐，用少量的弹性马板将其固定；

②然后依次对称组焊两侧顶板板块，按设计宽度并考虑焊接收缩量精确画线，组焊两端顶板单元；

③顶板装焊定位要求：各单元件定位时必须与预先设置的定位基准线吻合，并用钢带检验两单元件间的纵向定位线间距，保证两相邻单元件T形肋、I形肋的间距；

④梁段顶板纵缝焊接完毕后，矫正局部焊接变形，使顶板紧贴胎架模板并弹性固定。根据地标统一检查底板中心线，以消除累计误差。

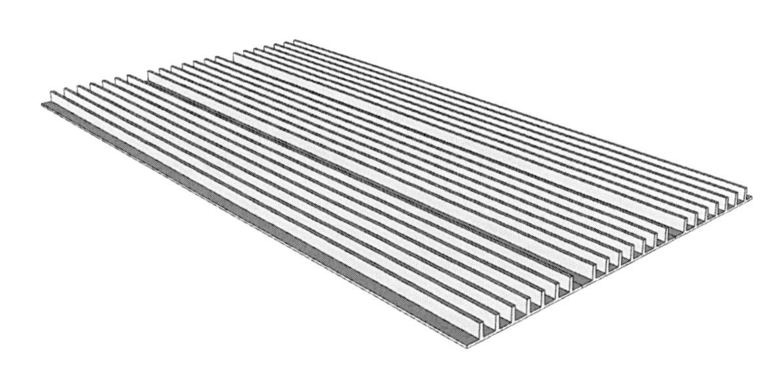

图7–67　顶板单元件组焊示意图

（2）中间横隔板、中间腹板组焊。

组焊中间横隔板：以基准线确定横隔板的位置，同时定位时要严格保证横隔板的铅垂度，主要保证横隔板的铅垂度和横隔板间的间距，采用临时支撑使横隔板固定，用高度标杆确定高度中心线（图7–68）。根据地标点定位外腹板单元件，严格保证外腹板的角度及与隔板密切贴合。

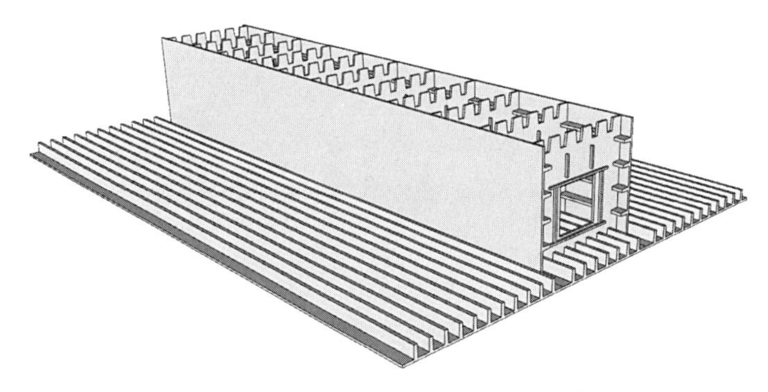

图7-68　**中间隔板单元、腹板单元件组焊示意图**

（3）边箱隔板单元、腹板单元件组焊，如图7-69所示。

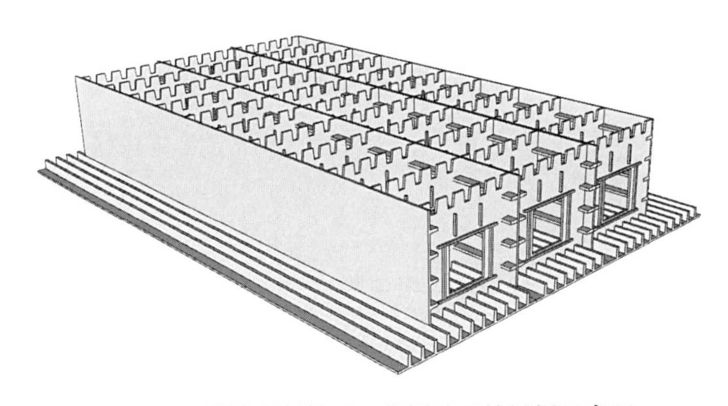

图7-69　**边箱隔板单元、腹板单元件组焊示意图**

（4）挑臂单元件组焊。

以地面基准线，标杆高度为基准，进行挑臂单元件定位，挑臂单元件吊装前翻身180°（图7-70）。

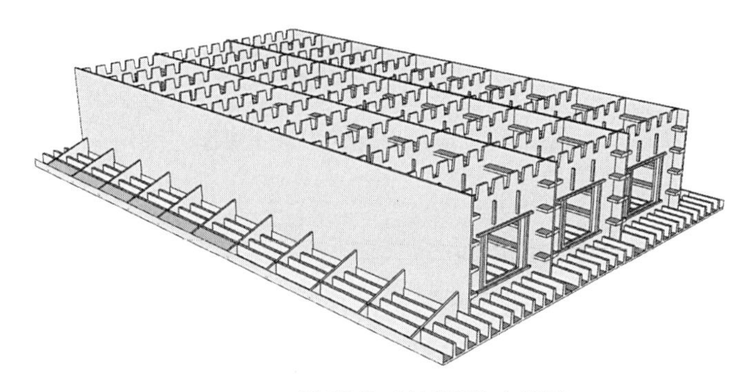

图7-70　**挑臂单元件组焊示意图**

（5）底板单元件的组焊：以基准线首先定位中间底板单元件，依次定位与基准单元件相邻的其他底板单元件，定位中间底板单元时，检查底板单元纵向定位线、端口线等与相应标记线的符合性，检查底板高度与高度标杆相应标记点的符合性，如图7–71所示，确认后由中间向两边对称焊接定位好的底板纵缝。

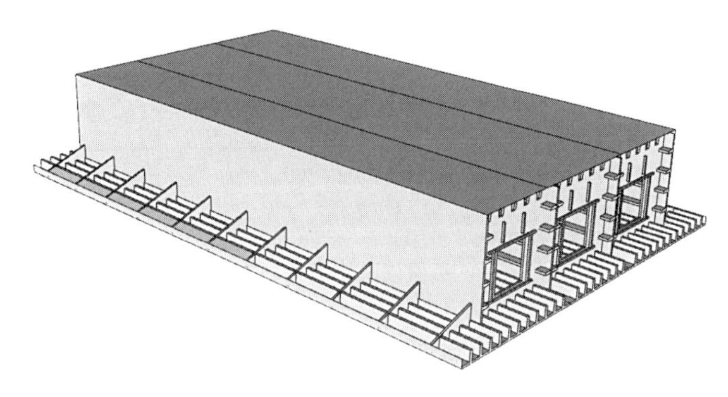

图7–71　类似项目底板单元件的组焊示意图

7.6.4　钢箱梁节段检验

1．钢梁节段验收条件（表7–19）。

钢梁节段验收条件　　　　表7–19

项目	容许偏差（mm）	条件	检测工具和方法
梁高（H）	±1	工地接头处	钢卷尺、水平尺
	±2	其余部分	
跨度（L）	±5	五段试装时最外两吊点中心距	钢盘尺、弹簧秤
	±2	分段时两吊点中心距	
全长	±10	分段累加总长	钢盘尺、弹簧秤 当匹配试装分段累计部长超过规定时，要在下段试装时调整
	±2	分段长	
腹板中心距	±3		钢盘尺
横断面对角线差	≤2	工地接头处的横断面	钢盘尺
旁弯	3+0.1L 最大5	桥面中心连线在平面内的偏差。 L（m）五段试装长度	紧线器、钢丝线（经纬仪）钢板尺
	≤2	单段箱梁	

续表

项目	容许偏差（mm）	条件	检测工具和方法
拱度	超过的+{3+0.15L 最大5 不足的−{3+0.05L 最大5	L：跨度（m） 或试装匹配时 五段的长度	（立着测量时应该加上自重的下挠） 水平仪、钢板尺
左右支点高度差（吊点）	≤4	左右高低差	平台、水平仪钢板尺
盖板、 腹板平面度	{H/250−最小值 2t/3	H—加劲肋间距，mm t—板厚，mm	平尺、钢板尺
扭曲	每米不超过1且每段≤4	每段以两边隔板处为准	垂球、钢板尺
工地对接板面高低差	≤1	安装匹配件后板面高差	钢板尺
钢横梁工地接口板面位置差（上下、左右、间隙）	≤1	安装匹配件后板面位置差	钢板尺

2. 钢箱梁段制作检查项目（表7-20）。

钢梁节段验收条件　　表7-20

<table>
<tr><th colspan="2">检查项目</th><th>规定值或容许偏差</th><th>检查方法和频率</th></tr>
<tr><td colspan="2">梁长（mm）</td><td>±2</td><td>钢尺：检查中心线及两侧</td></tr>
<tr><td colspan="2">梁段桥面板四角高差（mm）</td><td>4</td><td>水准仪：检查四角</td></tr>
<tr><td colspan="2">挑臂直线度偏差（mm）</td><td>L/2000且≤6</td><td>拉线、尺量：检查各风嘴边缘</td></tr>
<tr><td rowspan="4">端口尺寸</td><td>宽度（mm）</td><td>±2</td><td rowspan="4">钢尺：检查两端</td></tr>
<tr><td>中心高（mm）</td><td>±3</td></tr>
<tr><td>边高（mm）</td><td>±3</td></tr>
<tr><td>横断面对角线差（mm）</td><td>≤6</td></tr>
<tr><td rowspan="4">吊点位置</td><td>吊点中心距桥中心线距离偏差（mm）</td><td>±4</td><td>钢尺：检查吊点断面</td></tr>
<tr><td>同一梁段两侧吊点相对高差（mm）</td><td>±5</td><td>水准仪：逐对检查</td></tr>
<tr><td>相邻梁段吊点中心距距离偏差（mm）</td><td>±2</td><td>钢尺：逐个量测</td></tr>
<tr><td>同一梁段两侧吊点中心连接线与桥轴线垂直度误差</td><td>±2′</td><td>经纬仪：每段检查</td></tr>
</table>

续表

检查项目		规定值或容许偏差	检查方法和频率
梁段匹配性	纵桥向中心线偏差（mm）	1	钢尺：每段检查
	顶、底、腹板对接间隙（mm）	+3 −1	钢尺：检查各对接断面
	顶、底、腹板对接错边（mm）	2	钢尺、水平仪：检查各对接断面
焊缝	焊缝尺寸	符合设计要求	量规：检查全部
	探伤		超声：检查全部 射线：按设计规定；设计无规定时按10%抽查

注：*L*—量测长度。

7.6.5　钢箱梁的焊接工艺方案

1．焊接材料。

（1）选择焊接材料时，其熔敷金属的屈服强度、抗拉强度、延伸率及冲击韧性与母材的匹配相当，并不低于母材的各项机械性能。

（2）焊接材料根据设计要求和焊接工艺评定试验结果最终确定，并按规定程序报监理工程师审批。

（3）焊接材料应符合现行国家标准GB/T5117、GB/T8110、GB/T10045、GB/T14957、GB/T5293等相关技术规定，并且要求主要构件的焊接熔敷金属扩散氢含量≤5ml/100g（水银法测试）。

（4）焊接材料进入制造厂时，除必须有生产厂的出厂质量证明书外，承包人按有关技术标准进行抽查复验，作为复验检查记录备查。

（5）焊接材料的保洁和干燥。

①焊条、焊丝和焊剂应随用随拆除包装，若被污染应清理干净在后使用，焊条油污后不得使用。

②焊条应用低氢焊条，焊条干燥条件如表7–21所示。

焊条干燥条件　　表7–21

焊条	干燥状态	干燥条件			备注
		干燥温度	干燥时间	保温温度	
Q235、Q355等钢材使用的低氢焊条	开封后，或从干燥箱、保温箱取出后在大气中经过4h	300 ~ 400℃	1.0 ~ 1.5h	120℃	容许再干燥一次

③埋弧焊焊剂干燥条件如表7-22所示。

埋弧焊焊剂干燥条件　　表7-22

焊剂		干燥状态	干燥条件			备注
			干燥温度	干燥时间	保温温度	
Q235、Q355等钢材使用焊剂的低氢焊条	烧结型	大气中经过4h	200～250℃	≥1.0h	—	中性熔剂时干燥温度为150～200℃

2. 制定焊接工艺。

钢箱梁为全焊结构，结构焊缝较多，所发生的焊接变形和残余应力较大，因此，在保证焊接质量前提下，尽量采用焊接变形小和焊缝收缩小的焊接工艺。焊接工艺依据焊接工艺评定试验结果制定。焊接工艺评定试验报告按规定程序批准后，以此编写焊接工艺指导书。焊接工艺指导书经监理工程师批准后，根据焊接工艺指导书的内容组织焊接施工。

（1）工艺评定的试验接头形式必须与本工程的连接构造相对应。

（2）为保证钢箱梁在运行期间的有效性及桥面铺装层的长久性，顶底板的纵横焊缝均需熔透，并采用焊缝金属量少、焊后变形小的坡口，横隔板与顶板及T形加劲肋间的组装间隙不得大于1.0mm，两者之间采用角焊缝焊接，从顶板到T肋应连续施焊至弧形切口端部，在T肋与顶板交接处80mm范围内不得起熄弧，焊缝在弧形切口端部围焊，并打磨匀顺。对横隔板与T肋相交处的弧形缺口棱边应打磨倒圆角，$R \geq 2.0$mm，弧形切口不得有凹凸等缺口，否则应打磨匀顺。

（3）在保证焊接质量的情况下，宜采用焊接变形小的焊接方法和CO_2气体保护焊。所有坡口焊接的坡口形式及尺寸均应满足现行国家标准《气焊、焊条电弧焊、气体保护焊和高能束焊的推荐坡口》（GB/T 985.1）的要求。为保证焊接质量，焊前应做焊接工艺评定试验。

（4）本工程中对接接头表面在焊缝全长上要求齐平。打磨后的增强量不得超过0.5mm，且增强量应平滑过渡到板的表面，边缘无咬边；对有疲劳受力要求的受拉部位焊缝必须进行打磨。

（5）对20mm厚度以上的板件焊前应预热，其预热温度应通过焊接工艺评定确定。预热范围一般为焊缝两侧各100mm以上，测温点在加热侧的背面，距焊缝75mm。为防止T形接头出现层状撕裂，在焊前预热中应特别注意厚板一侧的预热效果；所有的预热与层间温度的偏差为0～50℃，定位焊的焊前预热温度，比正式施焊预热温度高50℃，修补时碳弧气刨前的预热温度与施焊相同。

（6）焊接工作宜在室内或有防风防雨设施的屋内进行，焊接施工环境相对湿度不高于80%，焊接低合金钢的环境温度不低于5℃。当环境温度或湿度不能满足上述要求时，必须采取严格的工艺措施后方可施焊。

（7）临时连接火焰拆除时应距母材1～3mm，用砂轮磨光与钢板齐平，最后经磁粉探伤合格。

（8）所有对接焊缝的两端均应装上引、熄弧板，焊接时不得在焊缝以外的母材上引、熄弧。

3. 焊接工艺要求。

（1）作业准备要求。

①焊接作业前确认：钢材的种类及特性，焊接方法、坡口形状，板材的加工、组装精度、焊接部位的清洁和干燥状态，焊接材料的种类和特性以及干燥状态、焊接条件和焊接顺序。

②选择合理的焊接顺序和焊接方向，以减少焊接变形和残余应力。

③焊工熟悉图纸和焊接工艺规程，明确焊接方法、焊接材料、焊接设备、施焊位置以及有无特殊要求等。

④焊接工作开始前要在废钢板上进行焊接工艺参数调试，确保焊接工艺执行的正确性。

⑤焊接时严格按照焊接工艺规定的参数进行，工艺参数在焊接过程中不得随意变更。

⑥构件焊接前必须清除焊接区的有害物，连接接触面和焊缝边缘每边不小于30mm范围内的铁锈、毛刺、污垢等要清除干净，露出钢材金属光泽。焊接部位除锈范围如图7–72所示。

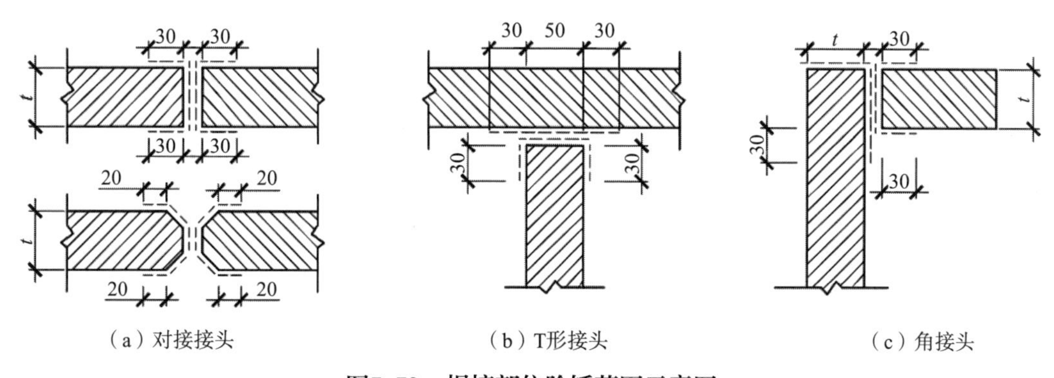

图7–72　焊接部位除锈范围示意图

（2）焊接操作要求。

①焊接施工时必须注意焊缝的始端、终端和焊缝接头处不得产生缺陷。

②角焊和对接焊时角变形应≤1/100。

③采用埋弧焊焊接角焊缝和对接焊时，应选择符合接头形式的合适焊接道数，焊接

出焊缝外观合格焊接变形小的焊缝。

④采用CO_2焊接多道角焊或坡口角焊时，应根据接头形状选择合适的焊接道数，并确定各层焊道的焊接参数，确保各焊道间的熔合和外观形状。

⑤不应在母材上产生弧坑。

⑥焊接电弧必须沿焊缝中心线运行。

⑦焊接中及冷却时，板材或构件不得承受有害的冲击及振动。

⑧施焊时母材的非焊接部位严禁焊接引弧，应在引弧板、引出板或焊缝的焊接起点部位引弧、熄弧。

⑨多道、多层焊接宜连续施焊，尽量控制焊缝接头。每一道焊缝焊完后及时清理检查，清除药皮、熔渣、溢流和其他缺陷后再焊接下一道，若存在缺陷，则首先修补缺陷、打磨，然后进行后续工作。清理工作要在温度冷却到低于道间温度上限后才可进行。

⑩多层多道焊时，每一道或每一层的接头尽量错开，至少30mm。

⑪构件的焊接顺序使焊缝能够处于自有收缩的状态，接头部位有对接焊缝和角接焊缝时，要先焊接对接焊缝，后焊接角接焊缝；先焊接横向对接焊缝，后焊接纵向对接焊缝。

⑫同一构件的焊接方向尽量保持一致，焊缝较长时采取分中、分段、对称的方法焊接，焊接方向从中间向两端进行。顶板、腹板、底板，主要受力纵横焊缝要求焊透，除去余高，并顺应力方向磨平；现场组拼顶板、腹板、底板，主要受力纵横焊缝采用陶瓷衬垫单向施焊双面成型工艺，保证其全熔透。

⑬主要构件组装后要在24h之内焊接，超过时要重新进行除湿、除锈处理，必要时解体后除湿、除锈，重新组装。

⑭对接焊缝的埋弧自动焊需在焊缝端部加装同材质、同厚度和同坡口形式的引弧板和引出板，其大小为60mm×120mm，焊缝在引弧板和引出板上的长度不能小于80mm。

⑮埋板自动焊和CO_2自动焊时，原则上中途不得断弧，不得已断弧时，焊缝端部（断弧处）应用碳弧气刨和砂轮打磨成50mm长的斜坡后再进行焊接。

⑯所有构件的角焊缝端部应围焊密封，不能实施者应用连续定位焊密封，以免现场连接时造成根部无法清除。

⑰所有坡口焊接的坡口形式及尺寸均应现行国家标准依照《气焊、焊条电弧焊、气体保护焊和高能束焊的推荐坡口》（GB/T 985.1）的要求处理。

⑱横隔板与底板U肋焊接时，起、熄弧点应设在1/2焊缝长度处，弧形缺口端部应同时打磨圆顺。曲线形T形加劲肋的焊接应采取有效措施减少焊接的残余应力。

⑲支承加劲板与底板之间采用熔透的双面坡口贴角焊缝；支承加劲板与横隔板、

顶板之间采用部分熔透的双面坡口贴角焊缝。

（3）定位焊。

①组装定位焊是在组装固定构件几何形状和尺寸的焊接连接，后续的正式焊接应熔化定位焊缝或者完全熔合定位焊缝，一般情况下定位焊缝大部分残留。在正式焊缝内定位焊缝必须与正式焊缝一样进行严格管理。

②焊前必须按施工图及工艺文件检查坡口尺寸、根部间隙等，如不合要求应处理。

③定位焊缝距设计焊缝端部30mm以上，焊缝长为≥80mm，其焊脚尺寸不得大于设计焊脚尺寸的1/2，定位焊缝的间距约400mm，并应确保在焊接、吊运中不得产生裂纹。

④定位焊的预热温度比正式焊缝的预热温度高50℃。

⑤定位焊不得有裂纹、气孔、夹渣、焊瘤、未填满的弧坑等缺陷，如有焊缝开裂应查明原因，采取措施后清除开裂定位焊缝，重新定位焊接。

⑥组装定位焊与正式焊之前的间隔时间应符合下列要求：

a．厂房内焊接作业时应在24h内完成，并且相对湿度≤80%，气温不低于露点温度；

b．室外或桥上焊接作业时，应在焊定位后立即进行正式焊缝的焊接；

c．露天作业和桥上现场作业情况下，宜采用实心焊丝CO_2焊接方法。

（4）引弧板及清根。

①主要构件的对接焊，以及采用埋弧焊的角焊缝两端，应设置Q235级以上钢材和相同坡口的引弧板，引弧板长度≥80mm。

②焊接的起点和终点在引弧板上不少于50mm，且弧坑不得进入构件本身。

③引弧板安装时与构件之间的组装间隙≤1mm。

④焊接完成后用焰切除引弧板，不得伤及构件母材，切除后用砂轮打磨匀顺。

⑤对双面全熔透坡口对接焊和角焊缝，背面应用碳弧气刨清根。

参考文献

［1］韩奇峰．钢结构现场施工快速入门与技巧［M］．北京：机械工业出版社，2022.

［2］张苏俊．钢结构与施工［M］．南京：南京大学出版社，2014.

［3］上官子昌．实用钢结构施工技术手册［M］．北京：化学工业出版社，2013.

［4］韩古月．钢结构工程施工［M］．北京：北京理工大学出版社，2020.

［5］田瑞斌，崔永强，张原，等．钢结构制作安装质量常见问题及应对策略［C］//中国建筑金属结构协会．2022年全国建筑钢结构科技创新大会论文集．施工技术，2022：3.

［6］李明欢，张大兵．虎跳峡金沙江大桥钢桁梁施工技术［J］．施工技术，2021，50（12）：72–75.

［7］贾福兴．建筑钢结构防火涂料的涂装保护与质量控制［C］//中国建筑金属结构协会钢结构专家委员会．装配式钢结构建筑技术研究及应用．北京：中国建筑工业出版社，2017：5.

［8］李卫阳，徐灵童，纪刚，等．京津合作示范区城市展馆钢结构施工技术［C］//中国建筑金属结构协会．2022年全国建筑钢结构科技创新大会论文集．施工技术，2022：5.